イラスト図解

よくわかる
気象学

気象予報士
中島俊夫 著

専門知識編

ナツメ社

はじめに

　本書のもとになる『イラスト図解 よくわかる気象学 予報技術編』の第一版を出版したのは、2009年のことです。あれからもう10年近くの歳月が流れましたが、このように改訂版を出版できることとなり、大変嬉しく思います。これもこの本を手にとっていただける読者の皆さまがいてのことです。感謝しかありません。

　最近は随分と進歩したSNSを通して感想をいただくことも多く、随分と励みになっています。全国で気象学を勉強している人たちの存在を知ることができ、そのような方たちのためにもわかりやすく、為になるための本をつくらなければ、という勝手な使命感に燃えて(笑)…本書を執筆しておりました。

　この本は気象予報士試験の中でも主に学科の専門知識に対応しています。専門知識と聞くと何だか難しく感じるかも知れませんが、簡単にいうと「天気予報がどのようにしてつくられているか」を学んでいくことになります。普段、何気なく見聞きしている天気予報、ニュースの中でもその時間は2分くらいで、長くても5分程度ですよね。しかしその数分の天気予報をつくるために、実際には数時間という長い時間がかかっていることをご存じでしょうか。

　今の天気予報の根幹(大もと)は「数値予報」とよばれるもので「コンピュータが行う天気予報」です。この数値予報は気象予報士試験の中でも必須の内容なのですが、コンピュータの話なのでどうしても専門用語なども頻繁に出てきてとても難しくなっています。私がまだ受験生だった頃にこの数値予報を勉強したときは、とても難しく感じました。はっきりいって意味もわからず、その言葉をただ暗記しているだけだったように思います。現在、私は気象予報士試験の受験対策の講師として受講生たちに気象学をお伝えしていますが、みんなの反応を見ていても、やはり数値予報の内容は特に難解なようです。

　そのような理由から、**本書では専門知識の中でも数値予報のようにつまずきやすいところほど、いちから丁寧に解説をしています。また専門知識はコンピュータの発達とともにその情報が随時更新されていきますから、最新の**

情報にも対応させて書いております。

　また、近年、気象庁のホームページからもよく出題されていることを考えると、専門知識の合格のポイントのひとつに気象庁のホームページを正しく見られるようになることが求められていると感じます。特に気象庁のホームページの中の「知識・解説」は見ておくことをおすすめします。

気象庁ホームページ「知識・解説」
http://www.jma.go.jp/jma/menu/menuknowledge.html

　さてこの本には2人の登場人物が登場します。博士と学君です。『よくわかる気象学』のシリーズを読んでくださっている方にはお馴染みのキャラクターですよね。今では私の代名詞にもなっています。

　博士と学君は難解な気象学を楽しく学んでいただきたいという思いからつくったのですが、最近は「博士と学君と一緒に勉強をがんばっていきます！」という感想も多くて、そのように考えると博士と学君は読者の皆さまを励ますために存在している意味もあることを実感しています。学君はこの本の中で「難しいところほど、たくさんがんばらないとね！」と笑顔でいっています。これは確かに私が書いたものですが、学君から読者の皆さまへのメッセージのような気がしてなりません。そんな学君に負けないように、せっかくですから楽しい気持ちで気象学の専門知識について学んでいただけたらとても嬉しいです。

　最後になりましたが、本は絶対にひとりでは書けません。私が受験生だった頃から講師になったあとでもしっかりとサポートしていただいた船見信道先生、中西秀夫先生、岡本治朗先生、本当にお世話になりました。今の私がいるのは先生方のおかげです。また編集をお手伝いいただいたヴュー企画の佐藤友美さま、この本の出版に関わってくれた皆さま、マンガ部分の消しゴムかけを一緒にお手伝いいただいた皆さま、そして、この本を世に出す機会をくださったナツメ出版企画の山路和彦さま、本当にありがとうございました。

中島俊夫

目　次

はじめに ･･ 2

第1章　地上気象観測 ･･････････････････････････････ 9

マンガ　天気予報はどのようにしてつくられているの？ ･･････････ 10

第1節 ● 地上気象観測 ･･････････････････････････････････ 12

マンガ　風は強さとどの方向から吹いてくるかを観測する ･･････ 16

第2節 ● 風の観測 ･･･････････････････････････････････････ 18

マンガ　雲は形と量と高さを観測する ････････････････････････ 24

第3節 ● 雲の観測 ･･･････････････････････････････････････ 26

マンガ　4種類の大気現象を観測する ･･････････････････････ 30

第4節 ● 大気現象の観測 ･･････････････････････････････････ 32

マンガ　雲と視程、大気現象は目で見て観測するけれど… ･･･ 38

第5節 ● 目視観測と気象測器による観測 ･･････････････････ 40

第2章　海上気象観測と航空気象観測 ･･････････ 51

マンガ　海上気象観測を実施する海洋気象ブイって？ ･･････････ 52

第1節 ● 海上気象観測 ･･････････････････････････････････ 54

マンガ　波には風浪とうねりの2種類がある ････････････････ 60

第2節 ● 風浪とうねり ･･････････････････････････････････ 62

マンガ　航空機の離発着時の安全確保を目的とした気象観測って？ ･･････ 74

第3節 ● 航空気象観測 ･･････････････････････････････････ 76

第3章　高層気象観測 ……………………………………………… 77

- マンガ　高い場所ってどうやって気象観測しているの？ ……………… 78
- 第1節 ● 高層気象観測 ………………………………………………… 80
- マンガ　気球の位置をGPS信号で観測する ……………………………… 84
- 第2節 ● GPSゾンデ観測での風向と風速の観測 …………………… 86

第4章　気象衛星観測 ……………………………………………… 89

- マンガ　極軌道衛星と静止気象衛星・ひまわり ……………………… 90
- 第1節 ● 気象衛星観測 ………………………………………………… 92
- マンガ　ひまわりには可視画像、赤外画像、水蒸気画像がある ……… 96
- 第2節 ● 衛星画像 ……………………………………………………… 98
- マンガ　ステファン・ボルツマンの法則を思い出そう ……………… 104
- 第3節 ● 赤外画像 ……………………………………………………… 106
- マンガ　大気による吸収が弱い"大気の窓領域"って？ ……………… 114
- 第4節 ● 大気の窓領域 ………………………………………………… 116
- マンガ　水蒸気画像の中でも明るく写るものがある理由は？ ……… 118
- 第5節 ● 水蒸気画像 …………………………………………………… 120
- マンガ　衛星画像で見られる特徴的な雲、いろいろ ………………… 128
- 第6節 ● 雲パターン …………………………………………………… 130
- マンガ　温帯低気圧の発達3条件って？ ……………………………… 138
- 第7節 ● 温帯低気圧にともなう雲域 ………………………………… 140

● 目次　5

第5章　気象レーダー観測 ……………… 143

| マンガ | 降水の強さってどうやって測っているの？ ……… 144
第1節 ● 気象レーダー観測 …………………………… 146

| マンガ | レーダー反射因子から何がわかる？ ……… 152
第2節 ● レーダー反射因子 …………………………… 154

| マンガ | レイリー散乱について思い出しておこう ……… 158
第3節 ● レーダーの電波の特徴 ……………………… 160

| マンガ | 気象レーダーでどうして誤差が出るの？ ……… 166
第4節 ● 気象レーダーの誤差 ………………………… 168

| マンガ | ドップラー効果を利用したレーダー ………… 176
第5節 ● 気象ドップラーレーダー …………………… 178

第6章　降水短時間予報 ………………… 189

| マンガ | レーダー＋アメダスなど地上の雨量計＝解析雨量 ……… 190
第1節 ● 解析雨量 ……………………………………… 192

| マンガ | 降水短時間予報で使う3つの予測方法 ……… 196
第2節 ● 降水短時間予報 ……………………………… 198

第7章　数値予報 ……………………… 209

| マンガ | 観天望気から数値予報へ ………………… 210
第1節 ● 数値予報の流れ ……………………………… 212

| マンガ | さまざまな場所にある観測所のデータを利用する ……… 218
第2節 ● 客観解析 ……………………………………… 220

| マンガ | 数値予報で表現できる現象は5～8倍のスケールが必要 ……… 226
第3節 ● 数値予報で表現できる現象 ………………… 228

| マンガ | コンピュータが天気を予測する際に用いるプログラム | 236 |
| 第4節 | 数値予報モデル | 238 |

| マンガ | 予測範囲のもっとも外側にある気象要素を決める | 242 |
| 第5節 | 数値予報モデル2 | 244 |

| マンガ | 式はどんな要素を考慮して計算しているのか？ | 248 |
| 第6節 | プリミティブ方程式 | 250 |

| マンガ | 上昇流や下降流は予測していない!? | 254 |
| 第7節 | 静力学平衡と連続の式 | 256 |

| マンガ | 鉛直流を起こす積乱雲 | 260 |
| 第8節 | 非静力学モデル | 262 |

| マンガ | 小さな現象が大きな現象に及ぼす影響を見積もる | 268 |
| 第9節 | パラメタリゼーション | 270 |

第8章　ガイダンス　277

| マンガ | 過去のデータをもとにして作成された式で予測する | 278 |
| 第1節 | ガイダンス | 280 |

| マンガ | MOS に学習機能をもたせた KLM と NRN | 286 |
| 第2節 | KLM と NRN | 288 |

| マンガ | 地点確率と地域確率 | 294 |
| 第3節 | 確率予報 | 296 |

第9章　予報精度評価　301

| マンガ | 天気予報が当たる確率ってどのくらい？ | 302 |
| 第1節 | 予報精度評価 | 304 |

| マンガ | 発生することの少ない現象の適中率はどのくらい？ | 308 |
| 第2節 | スレットスコア | 306 |

● 目次　7

| マンガ 誤差が小さく精度のよい予報とは？ | 314 |
| 第3節 ● 量的予報と確率予報の精度評価 | 316 |

第10章　季節予報　321

マンガ 1カ月程度よりも長い期間を対象としたアンサンブル予報	322
第1節 ● アンサンブル予報	324
マンガ 季節予報では平均天気図を用いる	330
第2節 ● 季節予報で用いる天気図	332

第11章　気象災害　341

マンガ 気象現象が原因となる被害・気象災害	342
第1節 ● 気象災害	344
マンガ 雪や氷が原因の気象災害にはどんなものがあるの？	348
第2節 ● 雪や氷が原因で発生する気象災害	350

第12章　注意報・警報　357

マンガ とても大切な注意報・警報	358
第1節 ● 注意報・警報	360
マンガ 注意報・警報の基準は地域ごとに異なる	374
第2節 ● 注意報・警報の注意点	376

| さくいん | 381 |
| 巻末資料集 | 385 |

●本文デザイン
　DTP　　　　　中村文（tt-office）
●編集協力　　　佐藤友美（有限会社ヴュー企画）
●編集担当　　　山路和彦（ナツメ出版企画株式会社）

METEOROLOGY

第 1 章

地上気象観測

天気予報はどのようにしてつくられているの？

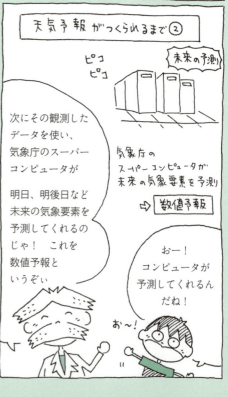

1-1 地上気象観測

地上気象観測

　地上で気圧や気温などの気象要素を観測する**地上気象観測**は、日本全国にある気象台や測候所などで行われています。

　低気圧や高気圧などの気象現象の把握には、「大気に国境が無い」といわれるように、その一部分（日本なら日本）だけの観測だけではなくて、地球規模の観測による監視と解析（細かく理論的に調べることでその本質を明らかにすること）が必要なのです。そのような理由から定められた時刻に定められた気象要素の項目（気圧や気温など）を観測して、その結果を直ちに世界各国で相互に交換しています。

　ではここで、協定世界時についてお話しします。**協定世界時（記号：UTC）**とは世界共通の標準時のことです。この協定世界時を基準として、世界各国の標準時間が決められています。

協定世界時（記号：UTC）
→世界共通の標準時

日本標準時（記号：JST）
→協定世界時から9時間先の日本の標準時

　例えば日本の場合は、この協定世界時を9時間進めた時間を日本全国の標準時間としており、その時間のことを**日本標準時（記号：JST）**とよんでいます。または中央標準時や、単純に日本時間とよぶこともあります。

　では協定世界時が00時を指しているとします。これを日本時間（日本標準時）に直すといったい何時のことを指していることになるのでしょうか？

　日本時間というのは協定世界時を9時間進めた時間のことですから、日本時間では09時（朝9時）を指していることになります。協

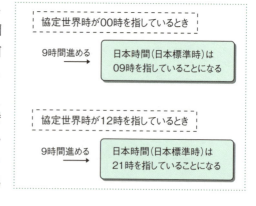

12

定世界時が12時を指していれば、この時間を9時間進めた時間が日本時間だから、日本時間では21時(夜9時)を指していることになるのです。

気圧の観測

　気圧には**現地気圧**と**海面気圧**の2種類があります。ではなぜ2種類もあるのでしょうか？　それを今からお話しします。
　一般的に気圧というのは、気象台などの観測所で測られているものなのですが、高度の高いところや低いところといったようにいろいろな場所に、その気圧を測る観測所はあります。そのいろいろな場所(高度)にある観測所の現地で測られた気圧そのもののことを、現地気圧といいます。
　けれどこの観測所で測られた気圧(現地気圧)を、そのまま地上天気図などに用いてしまうと、そこでいろいろと問題が生じてしまうのです。それはなぜかというと、いろいろな高さの場所にその気圧を測る観測所があるからなのです。

　気圧というのは空気の重さを表す言葉ですから、高度が高くなると高くなった分だけ空気が少なく軽くなるので、気圧は低くなります(右図参照)。逆にいうと高度が低くなると低くなった分だけ、空気は多く重たくなるので気圧は高くなります。

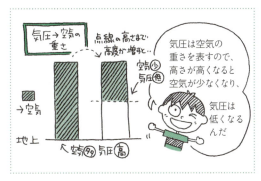

　このように高度によって気圧の値は変化しますので、気圧を測る観測所がある高度の違いによって、それだけで気圧の値は変化してしまうのです。
　私たちの生活している地上(約0m)の気圧は約1000hPa(hPa：気圧の単位)です。そして高度が約1500mまで上昇すると、それだけで気圧は約850hPaまで減少します。そのようにして考えると、極端な例ではありますが、地上(約0m)に観測所があれば、その観測所で測られる気圧は約1000hPaとなり、約1500mの高さに観測所があれば、そこで測られる気圧は約850hPaということになります。

このように気圧というのは、観測所の高さによって変化するものであり、その観測所で測られた気圧（現地気圧）を、そのまま地上天気図などに用いてしまうと、高度の高い観測所の気圧はそれだけで低かったり、高度の低い観測所の気圧はそれだけで高かったりと誤解が生じやすいのです。
　そのような理由からいろいろな高さにある観測所の現地気圧を、ある一定の高さの気圧に直す作業が行われます。ある一定の高さとは平均海面（日本では東京湾の平均海面）の高さのことです。そして観測所の現地気圧を平均海面の高さの気圧に直す作業のことを **海面更正** といいます。

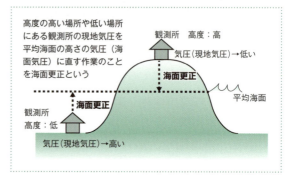

　そして、その平均海面の高さに直された気圧のことを海面気圧といいます。
　地上天気図（記号：ASAS）には **等圧線**（気圧の等しい場所を結んだ線）が引かれていますが、ここで用いられている気圧が、実は海面気圧です（右図の実線と破線が等圧線を表す）。
　つまりいろいろな高さの気圧ではなくて、平均海面という高さを一定にした気圧の値がここでは用いられているのです。

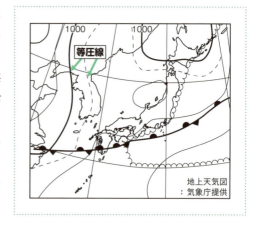

地上天気図
：気象庁提供

気温の観測

　気温は1.5mの高さで観測されています。ではなぜ1.5mの高さで観測されているのでしょうか？　その理由は地表面に近すぎると地表面の影響を大きく受けてしまって（夏のよく晴れた日中の地表面は暖かいなど）正確な観測ができないのです。だからといって、極端に高いところ（例えば10mの高さ

など）に気温計を設置してしまうと、私たちの感覚から外れすぎてしまうために、その両者の間をとって、1.5ｍの高さで観測されているのです。

また山に登れば低くなるように、気温は一般的に高度とともに低くなります。つまり高い場所に位置している観測所で測られた気温は周囲に比べて低くなるはずです。けれどこの気温は、気圧のように高度による

更正はせずに、観測所で測られた現地の気温がそのまま採用されています。

日照時間の観測

　日照時間というのは、その漢字が意味しているとおり太陽の光が照っている時間のことで、もう少し具体的にその定義をいうと直達日射量が120W/m^{2}以上の値を示した時間のことを表しているのです。

　例えば、太陽の光が照っているとします。けれど、この太陽の光はすべてがすべて、地表面にまで届くわけではなくて、途中に雲があればその雲によって太陽の光は反射（白い物体は太陽の光をよく反射）し、空気の粒（窒素や酸

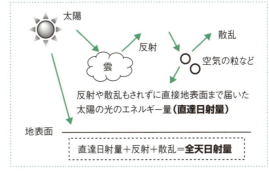

素など）に当たれば、散乱する（太陽の光がいろいろな方向に反射されること）という性質があります。そして反射や散乱もされずに地表面まで直接届いた太陽の光のエネルギー量のことを、特に**直達日射量**といいます。つまりこの地表面まで直接届いた太陽の光のエネルギー量（直達日射量）が120W/m^{2}を超えていれば、日照時間として計測されるのです。ちなみに120W/m^{2}以上の直達日射量というのは、物体の影が映るかどうかが目安となります。またその直達日射量と、反射や散乱された太陽の光をすべて含めたものを**全天日射量**とよんでいます。

風は強さとどの方向から吹いてくるかを観測する

では次に、風の観測についてお話ししていくよ

O.K 風の観測だね！

まず風についてお話ししよう！風は風速と風向の2つの要素で表されるものじゃ！

風 ダダ ビュー
→ 風速と風向

つまり風がどのくらいの強さ（風速）でどの方向から吹いてくる（風向）のかっていうことだね！

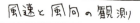

風速と風向の観測
→ 10分間平均値

その風速と風向の観測なのじゃが、基本的に10分間平均として観測しているのじゃ！

へぇー！どうしてなの？

朝9時の風速・風向
朝8時50分〜9時までの平均

風はその瞬間によってコロコロ変化するので、10分間の平均をとらないとその時間を代表する値がわからないのじゃよ！

じゃあ例えば、朝9時の風速・風向は8時50分〜9時までの10分間を平均したものになるね

1-2 風の観測

風速の観測

　風速というのは、その風がどのくらいの速度で吹いているのかということを表したもので、1秒間（1秒間のことを単位時間ともいう）に何m進むのかという秒速（単位：m/s）で、一般的には表されています。

　ひとことで風速というと、10分間平均風速のことを指しているのですが、それとは別に**瞬間風速**という風の速度を表す言葉があります。

　瞬間風速というのはそのままではありますが、瞬間的な風の速度を表した言葉なのです。ではいったいどのくらい瞬間的なのでしょうか？　まず、風速というのは具体的には1秒間に4回観測（つまり0.25秒間隔で観測）されています。それを3秒間分（風速は0.25秒間隔で観測されているので、3秒間分ということは12回分）観測して平均したものが瞬間風速です。

　そして一定期間、その瞬間風速（3秒間平均風速）を観測し続けて、その観測し続けた中で最も大きなものを**最大瞬間風速**といいます。また同じように10分間平均風速（単に風速）を観測し続けて、その観測し続けた中で、最も大きなものを**最大風速**というのです。

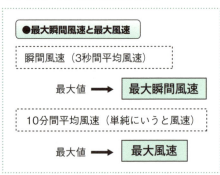

　特に1日の中で最も大きな瞬間風速のことを**日最大瞬間風速**とよび、1日の中で最も大きな10分間平均風速のことを**日最大風速**とよびます。

　では次に**突風率（ガストファクター）**についてお話しします。突風率とは10分間平均風速と最大瞬間風速の比率のことで、一般的に1.5～2倍の目安で最大瞬間風速のほうが大きくなります（※場所によっては1.5～2倍よりも大きくなることもあります）。

　例えば10分間平均風速が5m/sだった場合に、最大瞬間風速というのは

1.5倍～2倍ほどの大きさになるので、7.5m/sから10m/sの大きさになると見当をつけられるのです。

また、ここでは10分間平均風速と最大瞬間風速の比率のことを突風率と記述

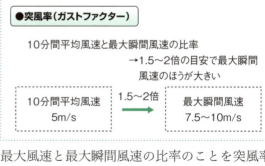

しましたが、場合によっては最大風速と最大瞬間風速の比率のことを突風率と表現する記述もあります。

突風率とは、さらに詳しくいうと最大瞬間風速が、その最大瞬間風速を観測した時間帯の10分間平均風速に対して、どのくらい大きいのかというのを表した目安のことです。最大瞬間風速が観測される時間帯に、10分間平均風速の最大値である最大風速も観測されることが多いので、最大風速と最大瞬間風速の比率も10分間平均風速と最大瞬間風速の比率も、似たような比率になります。そのため、結局は同じようなことを意味しているのです。

また風速というのは秒速以外にもノット（単位：kt）という、また別の速度を表す言葉を用いて表される場合があります。ちなみに1ノットとは風が1時間に1海里（1海里は1.852km　海里の記号：NM　読み方：ノーティカルマイル）進む速さを表しており、これがノットの基準の速度となります。

ではここで、秒速（単位：m/s→1秒間に何m進むか）と時速（単位：km/h→1時間に何km進むか）と、ノットとの対応関係についてお話ししておくことにします（右図参照）。

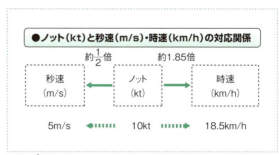

ノットの値を約半分（つまり約$\frac{1}{2}$倍）にすると、それは秒速にほとんど等しくなります。そしてノットの値を約1.85倍すると、それはほとんど時速に等しくなるのです。つまりノットの値が仮に10ktだとすると、それを約半分にしたものが秒速にほとんど等しくなるので、秒速は5 m/sとなります。そしてノットの値（10kt）を約1.85倍したものが時速にほとんど等しくなる

ので、時速は18.5km/hとなるのです。

　地上天気図などでは、風速は矢羽根という記号で表されています。

　その矢羽根がそれぞれ何を表しているかは右図を参考にしてください。

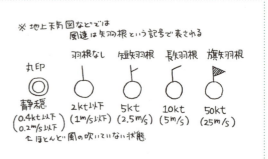

風向の観測

　単純に風向というと、それは10分間平均風向のことを表しています。まずこの風向のところで、特に注意しなければいけないことがあります。

　それはこの風向というのは、風が進んでいく方角ではなくて、風が吹いてくる方角を表しているという点です。

　つまり北風というのは、北から南に吹く風を指していることになります。

　そして、この風向には16方位と36方位の2種類があります。16方位というのは、風の吹いてくる方角を16の方向に区切ったもので、36方位とはさらに詳しく36の方向に区切ったものということになります。

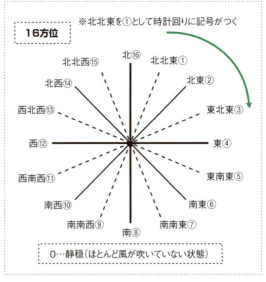

20

特に風向で用いる16方位については前ページの下図を参照してもらいたいのですが、ここで大事なことがあります。

　それは16方位にしても36方位にしても風の吹いてくる方角(つまり風向)に、それぞれ対応した番号がついているということなのです。

　そして、この番号のつけかたには法則みたいなものがあります。まず16方位の場合は北北東を1として、あとは時計回りに番号がついていきます。つまり東は4、南は8、西は12、そして北が16ということになります。ここで注意しないといけないことが、私たちの感覚では何となく北が1というイメージがあるのですが、北の番号は16方位の番号でいうと最後の16ということになります。

　ちなみに0は**静穏**(0.2m/s以下または0.4kt以下)という意味でほとんど風が吹いていない状態(記号：CALM)であり、静穏時は風向は求めません。

　次に36方位の場合の番号のつけかたについてお話ししていきます。まずこの36方位というのは、方角を36の方向に細かく区切ったものです。方角というのは角度で表すと360°ですから、つまり、この36方位というのは方角(360°)を10°ごとに区切ったようなもの(下図参照)です。

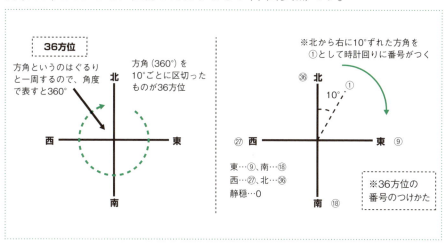

　そして北から右に10°ずれた方角を1として、あとは時計回りに番号がついていきます。ここでは36方位と方角に数が多すぎるため、代表的な方角の番号だけを紹介しておくことにしますが、東は9、南は18、西は27、そして北は36ということになります。

この36方位の場合においても、北の番号は最後の36ということになりますので注意してください。また静穏は36方位でも0になります。
　そしてこの36方位と16方位には右図のような関係式があります。つまり、この関係式を使えば36方位を16方位に変換することができるのです。
　例えば36方位で27という方角から風が吹いてきたとします。ではこの27と

> **●36方位と16方位の関係式**
>
> 16方位の方角×9＝36方位の方角×4
>
> Q：36方位で27の方角から風が吹いてきて
> 　　それを16方位の方角に直すには？？
>
> x（16方位の方角）×9＝27（36方位の方角）×4
> x＝27×4÷9＝12
> A：16方位では12の方角となる
> 　　（12は16方位では西の方角）

いう方角から吹いてきた風を16方位に変換するには、この関係式の右辺にある36方位の方角のところに27を代入します。そして左辺にある16方位の方角がわからないわけですから、ここをxとして、このxについて式を解きます。すると12という答え（計算の仕方は上図を参照）になります。ここでの12という答えは16方位での方角の番号であり、16方位で12の方角というのは、つまり西の方角を意味することになります。
　そして、この風向は地上天気図などでは風速と同じように、矢羽根という記号で表されており、この矢羽根の羽根のついている方角から風が吹いてくることを意味しています。つまり下図では、矢羽根の羽根が北東の方角についていますので、風は北東の方角から吹いていることになります。
　そして風向というのは風が吹いてくる方向を指していましたから、ここでの風向は北東ということになります。つまり矢羽根の羽根のついている方角から風が吹いてきて、風向とは、その風の吹いてくる方角を意味していましたから、矢羽根の羽根のついている方角が風向ということになるのです。

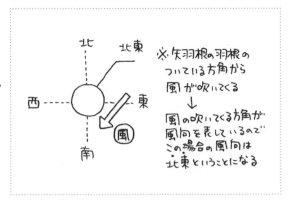

気象庁風力階級

　風速の単位は、秒速(m/s)やノット(kt)を用いることが多いのですが、気象庁は**ビューフォート風力階級**をもとにして、0〜12までの13段階で風の強さを表しています。これを**気象庁風力階級**といいます。

気象庁風力階級表

風力	相当風速（m/s）	相当風速（ノット）	備考
0	0.0から0.3未満	1未満	
1	0.3以上1.6未満	1以上4未満	
2	1.6以上3.4未満	4以上7未満	
3	3.4以上5.5未満	7以上11未満	
4	5.5以上8.0未満	11以上17未満	
5	8.0以上10.8未満	17以上22未満	
6	10.8以上13.9未満	22以上28未満	
7	13.9以上17.2未満	28以上34未満	海上風警報に相当
8	17.2以上20.8未満	34以上41未満	海上強風警報に相当
9	20.8以上24.5未満	41以上48未満	〃
10	24.5以上28.5未満	48以上56未満	海上暴風警報に相当
11	28.5以上32.7未満	56以上64未満	〃
12	32.7以上	64以上	海上暴風警報または海上台風警報に相当

（気象庁HPより抜粋）

雲は形と量と高さを観測する

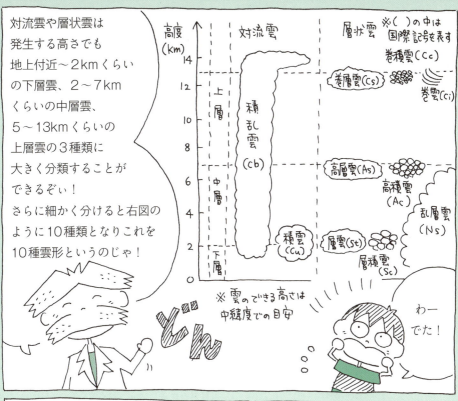

1-3 雲の観測

雲量の観測

　単純に**雲量**というと、それは**全雲量**のことを指しているのですが、全雲量というのは空を見渡したときに空全体（空全体のことを全天ということもあります）が、どのくらい雲に覆われているのかというのを、割合で表したものです。

　具体的には、空を見渡したときに空にまったく雲がない状態を0（つまり空を雲が0割覆っているということ）とし、逆に空全体を雲が覆っている場合を10（つまり空を雲が10割覆っているということ）として、0〜10の整数で雲量を表しています。これを**10分雲量**といいます。全雲量がもし仮に

10分雲量と天気

雲の割合	10分雲量の番号	対応する天気
空に雲がまったくない（0割）状態	0	快晴
雲が1割に満たない状態	0⁺	
雲が1割ある状態	1	
雲が2割ある状態	2	晴
雲が3割ある状態	3	
雲が4割ある状態	4	
雲が5割ある状態	5	
雲が6割ある状態	6	
雲が7割ある状態	7	
雲が8割ある状態	8	
雲が9割ある状態	9	曇 （上層雲主体なら薄曇となる）
雲が10割よりわずかに隙間がある状態	10⁻	
雲が空全体にある（10割）状態	10	

8と表されていたら、空全体の8割を雲が覆っているということです。同様に、雲が1割にも満たない場合は雲量0よりもわずかに雲があるという意味で0⁺(読み方：ゼロプラス)、また空全体を雲がほとんど覆っているが、わずかに隙間がある場合は10⁻(読み方：ジュウマイナス)と記録されます。

また大気現象(雨や雪など)がない場合には、空を覆う雲の割合(つまり全雲量のこと)によって天気を決定することもできます。まず全雲量が0～1(0⁺を含む)の場合を快晴、2～8の場合を晴、9～10(10⁻を含む)の場合を曇というように天気を決定することができるのです。

ただし、全雲量が9～10(10⁻を含む)でも、その空を覆っている雲が上層雲主体(巻雲・巻層雲・巻積雲は空が透けて見えるほどの薄い雲であることが多い)であれば、それは薄曇という天気になります。

また、このように0～10の10分雲量で雲量を表すのは観測をする段階での話であって、その観測した結果を地上実況気象通報式(記号：SYNOP 意味：地上の実況データを報告するための電文)で、国際的に通報(情報などを

第3節 雲の観測

10分雲量(観測)と8分雲量(通報)の関係とそのときの天気

10分雲量(観測に使用)	8分雲量(通報に使用)	対応する天気
空に雲がまったくない(0割)状態…0	0	快晴
雲が1割に満たない状態…0⁺	1	
雲が1割ある状態…1		
雲が2割ある状態…2	2	晴
雲が3割ある状態…3		
雲が4割ある状態…4	3	
雲が5割ある状態…5	4	
雲が6割ある状態…6	5	
雲が7割ある状態…7	6	
雲が8割ある状態…8		
雲が9割ある状態…9	7	曇(上層雲主体なら薄曇)
雲が10割よりわずかに隙間がある状態…10⁻		
雲が空全体にある(10割)状態…10	8	

第1章 ● 地上気象観測　27

知らせること)したりするときなどには、雲量の表し方が少し変わります。

　まず空にまったく雲がない状態を0とすることは10分雲量の場合とまったく変わらないのですが、空全体を雲が覆っている場合を8として、0～8の整数で雲量を表しています。これを**8分雲量**といいます。

　そして、この8分雲量を用いて国際的に通報などをしているのですが、10分雲量(観測で使用)から8分雲量(通報で使用)に直す方法については、前ページの表を参考にしてください。

　このようにして雲量というものは観測されており、一般的に雲量というとそれは全雲量を指しているのですが、雲量の観測にはその全雲量のほかにも**雲形別雲量**についても観測されています。雲形別雲量というのは、その名前のとおり、ある雲形(10種雲形のこと)の雲だけに注目して、その雲に空全体がどのくらい覆われているのかというのを割合で表したものです。

　ここで注意しなければいけないことがあります。それは、先ほどお話しした全雲量と雲形別雲量の合計は必ずしも一致しないということです。

　では、なぜそのようになるのでしょうか？　まず結論をいうと、雲はいろいろな高さにできていて、部分的に重なっていることが多いからなのです。

　例えば右図のように層雲(下層雲に分類)が空全体を覆っているものとします。

　つまり、この層雲は空全体を覆っていることになりますので10分雲量でいうと10という番号が当てはまります。

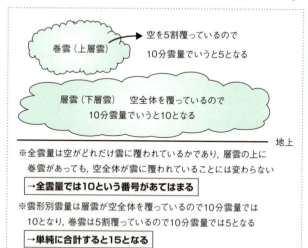

　そしてこの層雲の上には、巻雲(上層雲に分類)があり、空を5割だけ覆っているものとします。つまり、この巻雲は空を5割だけ覆っていることになりますので、10分雲量でいうと、5という番号が当てはまります。

全雲量というのは、空を見上げたときに空全体がどのくらい雲に覆われているのかというのを、あくまでも雲の種類に関係なく割合で表したものですから、層雲の上に巻雲があったとしても空全体を雲が覆っていることには変わりありませんので、全雲量は10分雲量でいうと10になります。

　ただこれを雲形別雲量で見ると、層雲が空を覆っている割合は10分雲量でいうと10、そして巻雲が空を覆っている割合が10分雲量でいうと5ということになって、雲形別雲量の数字を単純に合計すると15となるのです。

　このように雲というのはいろいろな高さにできていて、部分的には重なっていることが多いので、全雲量と雲形別雲量の合計は必ずしも一致しません。

雲高の観測

　雲高というのは雲の高さのことであり、具体的には観測地点の地面からその雲の雲底(雲の最も低い部分)までの高さを観測しています。また雲の高さはよい精度で観測することが難しく、山や高い建物などを目安に観測しています。

降水量の観測

　降水とは、溶かせば水になるものすべてという意味があります。つまり雨はもちろんのこと、雪やひょう、あられなども溶かせば水になるのでこの降水の中に含まれます。そのようにして考えると**降水量**とは雨だけではなく、雪やひょう、またはあられなどが降る量のことを表しています。もし雨だけなら雨量や降雨量、雪だけなら降雪の深さや積雪の深さという言葉が用いられます。

　この降水量の単位にはmm(ミリ)が用いられています。つまり雨などの降水がどこにも流れなかった場合の高さで表しています。また、この降水量は面積によらずどこでも同じ値になります。例えばある地域で10mmの降水が予想された場合、その地域ではどこでも10mmの高さに該当する降水があることを意味しています。

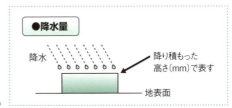

4種類の大気現象を観測する

大気水象は水滴や
氷粒が大気中を落下したり
地表から吹き上げられ浮遊したり
地面などに付着する現象の
ことをいうぞい！ 雨や雪
などじゃ！

大気水象

水滴や氷粒が大気中を落下したり
地表から吹き上げられ浮遊したり
地面などに付着する現象

大気じん象

水滴や氷粒をほとんど含まない
粒（砂など）が大気中に浮遊したり
地面から吹き上げられたりする現象

大気じん象とは水滴や氷粒を
ほとんど含まない粒（砂など）が
大気中に浮遊したり、
地面から風によって吹き上げ
られたりする現象のことを
いうぞい！ 黄砂などじゃ！

大気光象とは太陽または月の光の反射、
屈折などにより生じる現象のことで
暈（かさ）や虹などじゃ！
大気電気象とは大気中の電気現象のうち
目視または聴音（音を聞くこと）により
観測される
現象で雷電（雷）
などじゃ！

大気光象

太陽または月の光の反射
屈折などで生じる現象

大気電気象

大気中の電気現象のうち目視
または聴音により観測される現象

ではこの大気現象
について詳しく
お話ししていこう
かの！

がんばろう〜！

おー
やるよ！

1-4 大気現象の観測

大気水象

　大気水象というのは水滴や氷粒が大気中を落下したり、地表から吹き上げられ浮遊したり、地面などに付着している現象のことをいうのですが、この大気水象にはどのような種類があるのでしょうか？　今から、その現象の定義も含めてお話ししていきます。

1 雨（あめ）

　雨とは水滴からなる降水のことをいいます。その水滴の大きさは直径0.5mm以上であることが多いのですが、それよりも小さなものがまばらに降ることもあります。

2 着氷性（ちゃくひょうせい）の雨（あめ）

　着氷性の雨とは0℃より低い温度で降る雨のことを指します。このような雨（着氷性の雨）というのは、何かに当たると着氷（物の表面で凍りつくこと）などの現象を起こすことがあり、地面や飛行中の航空機などにあたって、そのような現象を起こすこともあります。

3 霧雨（きりさめ）

　霧雨とは多数のきわめて細かい水滴（直径0.5mm未満）だけが、ほぼ一様（どこも同じような状態という意味）に降る降水のことで、かなり濃い層雲（下層雲に分類）から降ることが多いのです。また、この層雲の高さは普通は低く、場合によっては地面に達して霧とよばれることもあります。

4 雪（ゆき）

雪とは、空気中の水蒸気が昇華（水蒸気から氷に変化すること）するなどしてできた、氷の結晶からなる降水のことです。

5 みぞれ

みぞれとは雨と雪とが混在して降る降水のことです。また、融けかけの雪のこともみぞれということがあります。

6 あられ

あられとは直径が5mm未満の氷の粒による降水のことをいいます。また、このあられには白色で不透明（透明ではないこと）な雪あられと、半透明の氷あられがあります。

7 ひょう

ひょうとは直径が5mm以上の氷の粒による降水のことで、その大きさは一般的に直径5〜50mmの範囲です（まれにこの大きさを超えます）。

8 凍雨（とうう）

凍雨とは、水滴が凍結（水から氷に変化すること：凝固ともいいます）したり、雪片（読み方：ゆきへん　意味：氷の結晶が多数付着している状態）の大部分が融けて再び凍結したりしてできた、透明または半透明の氷の粒の降水のことをいいます。この凍雨は一般的に、高層雲か乱層雲（いずれも地上気象観測では中層雲に分類されている）から降ります。

9 細氷（さいひょう）

細氷とは晴れた空から降ってくるごく小さな氷の結晶のことで、大気中に浮遊しているように見えます。この細氷は非常によく晴れた風の弱い寒い日（気温が−10℃未満）に発生しやすく、太陽の光の中では、きらきらと輝いて見えるのでダイヤモンドダストともよばれます。

10 地(じ)ふぶき

地ふぶきとは、地面に積もった雪が再び吹き上げられる現象のことです。細かくはこの地ふぶきには、地表からわずかに吹き上げられる**低い地ふぶき**と地表から高い位置まで吹き上げられる**高い地ふぶき**の2種類があります。

11 ふぶき

ふぶきとは高い地ふぶきと雪とが、同時に起こっている現象のことです。

12 露(つゆ)と霜(しも)

大気中の水蒸気が凝結(水蒸気から水に変化すること)して、地面などに水滴となり付着したものが**露**であり、また大気中の水蒸気が昇華(水蒸気から氷に変化すること)して、地面などに氷の結晶となり付着したものが**霜**なのです。

13 霜柱(しもばしら)

霜柱とは地中の水分が柱状の氷粒となって、地中または地面などに突出したものです。

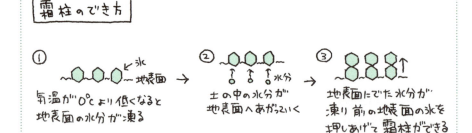

14 霧(きり)ともや

ごく小さな水滴が地上付近の大気中に浮遊する現象のことをいいます。この小さな水滴によって視程(大気中の見通しのこと)が1km未満なら**霧**とよばれ、1km以上なら**もや**とよばれます。また、このごく小さな水滴が氷晶(氷の結晶のこと)の場合は**氷霧**(ひょうむ)とよばれます。

大気じん象

大気じん象とは、水滴や氷粒をほとんど含まない固体の粒(砂など)が大気中に浮遊していたり、地面から風によって吹き上げられたりする現象のことです。この大気じん象の種類について、その現象の定義も含めてお話ししていきます。

1 煙霧(えんむ)

煙霧とは肉眼では見えないごく小さい乾いた粒子(エアロゾルなど:エアロゾルとは空気中に浮遊する微粒子のことで簡単にいうとちりやほこり)が、大気中に浮遊している現象のことをいいます。また、煙霧の中の湿度(空気の湿り具合)は低い場合が多いのです。

2 黄砂(こうさ)

黄砂とは主として中国大陸の黄土地帯で吹き上げられた多量の砂が、空中に飛来して空を覆い、徐々に降下する現象のことです。

3 降灰(こうばい)

降灰とは火山の爆発によって火山灰が空気中に吹き上げられて、それが徐々に地面に降下する現象のことをいいます。

4 風(ふう)じん

風じんとは、ちりまたは砂が地面から吹き上げられる現象のことです。この風じんには細かくは、地表からわずかに吹き上げられる低い風じんと、地表から高い位置まで吹き上げられる高い風じんの2種類があります。

5 砂じん嵐(さじんあらし)

砂じん嵐とはちりまたは砂が、空中高く、強い風のために激しく吹き上げられる現象のことをいいます。

第1章 ● 地上気象観測　35

大気光象

　大気光象とは、太陽または月の光の反射（はねかえること）や屈折（折れ曲がること）などによって生じる現象のことです。この大気光象の種類にはどのようなものがあるのか、その定義も含めてお話ししていきます。

❶ 暈（かさ）
　上層雲（主に巻層雲）は高度が高く雲の中が氷晶でできています。その氷晶の中を太陽や月の光が進むとプリズム現象のように屈折して、太陽や月の回りに光の輪のようなものができることがあります。これを暈といいます。

❷ 虹（にじ）
　太陽の光が比較的大きな水滴の中に入り込むと、屈折や反射をして空に虹ができることがあります。虹の最も内側は紫、最も外側は赤色をしています。

大気電気象

　大気電気象とは、大気中の電気現象のうち目視（目でみること）や聴音（音を聞くこと）により、観測される現象のことをいいます。では、この大気電気象の種類について、その定義も含めてお話ししていきます。

❶ 雷光（らいこう）
　雷光とは雲と雲の間、または雲と地面との間の急激な放電による発光現象のことをいいます。簡単にいうと稲光のことです。

❷ 雷鳴（らいめい）
　雷鳴とは雷光に伴う鋭い音、またはゴロゴロとなる音のことです。

❸ 雷電（らいでん）
　雷電とは雷光が見えて雷鳴が聞こえる、急激な放電現象のことをいいます。

視程の観測

視程というのは大気中の透明度を距離で表したものであり、もう少し簡単にいうと大気中の見通しのことです。例えば右図で学君の場所から100m離れた

場所に木があるとします。そしてこの木から先が何らかの理由によって見えなければ、このときの視程は100mということになるのです。

視程は、観測する場所の方位によって異なる場合があります。このような場合は、全方位を観測した中で最も小さな値(これを**最短視程**という)をその観測時間の視程とします。

観測は、あらかじめ目標となる建物などの距離を調べておき、その目標を識別することで行われます。

雪水比

雪水比(読み：ゆきみずひ　単位：cm/mm)とは降雪量(単位はcm)を降水量(単位はmm)で割った値のことで、何mmの降水量が何cmの降雪量に相当するかを表す指標のことです。

たとえば降水量が10mmでその際の降雪量が20cmの場合、雪水比は20cm÷10mm＝2cm/mmとなります。つまりこの場合の雪水比2cm/mmとは1mmの降水量が2cmの降雪量に相当する意味になります。雪水比が大きいほど降水

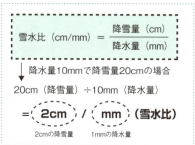

量1mmに相当する降雪量が大きく、一般的にそのような雪はサラサラした**乾いた雪**です。乾いた雪はその中に空気を多く含んでいてフワフワしており降雪量も多く、逆に水分を多く含んだ雪は**湿った雪**とよばれベタベタとしているため、降雪量は小さく雪水比も小さいことが特徴です。

雲と視程、大気現象は目で見て観測するけれど…

では次に目視観測※と気象測器による観測についてお話ししていくよ

何それ？

目視観測は実際に目で見て観測することで、気象測器による観測は機械が自動で観測してくれることじゃ！

◎目視観測
→目で見て観測
◎気象測器観測
→機械による自動観測

へぇーそうなんだ！

つまり今までお話ししてきた気圧や気温、雲などの観測は目視と気象測器による観測に分けることができるということじゃ！

なるほど〜

それでは目視観測についてお話ししていくよ！これにはまず雲の観測があり、雲形、雲量、雲高について観測しているぞ

目視観測①
◎雲（雲形・雲量・雲高）

雲形
雲量
雲高
地表面

つまり雲の形と雲の量と雲の高さだよねー！

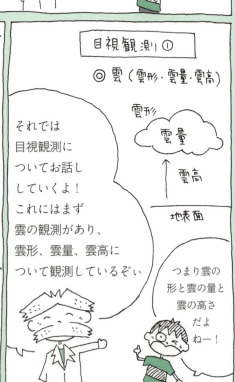

38　※2024年7月現在、目視観測は東京と大阪の管区気象台の2地点で実施している

1-5 目視観測と気象測器による観測

気象測器による自動観測

　気象測器による自動観測というのは、先ほど博士もお話しされていましたように、機械が自動で観測してくれることをいいます。

　そして、この気象測器によって自動で観測される気象要素には、具体的には気圧・気温・湿度・風（風速・風向）・降水量・降雪の深さ・積雪の深さ・日照時間などがあります。

> **●気象測器による自動観測**
>
> 気圧・気温・湿度・風（風速・風向）・
> 降水量・降雪の深さ・積雪の深さ・
> 日照時間など

　また、このように気象測器によって気象要素を観測する際には、建物や地形などによって正確な測定ができない可能性もありますので、そのような建物や地形などの影響の少ない場所に気象測器を設置する必要（建物や地形の影響を考え、地域特有を生かした観測などはまた別の話です）があります。

　このため、自然風を妨げないように柵などで観測場所を仕切って、その観測場所には芝生などを植えて、日射の照り返しや雨などの跳ね返りを少なくしているのが一般的です。この観測場所のことを露場といいます。

気圧を観測する気象測器

　気圧の観測には**水銀気圧計（フォルタン型）**、**アネロイド気圧計**、**電気式気圧計**、**振動式気圧計**などの気象測器が用いられており、この気圧の観測に関しては一般的に観測室の中で観測されています。

　ガラス管の中を水銀で満たして、それをまた別の水銀を入れた容器の中に差し込んで立てると、ガラス管の中の水銀の高さはある一定の高さで止まります。このある一定の高さとはそのときの気圧によって変化し、気圧が1000hPaのとき、ガラス管の中の水銀の高さは約75cmの高さで止まります。このように水銀の高さを求めることによって気圧の大きさがわかるので、

これを応用して気圧を測る測器が水銀気圧計とよばれるものです。

次にアネロイド気圧計ですが、密閉した缶の中を真空状態(空気などの物質がまったく存在しない状態)にしておくと、気圧によってへこみます。このへこみ具合から気圧を測定するという測器です。

最後に電気式気圧計と振動式気圧計ですが、これは真空になった薄い金属性の円の筒などの振動数が気圧によって変化することを利用したもので、現在は電気式気圧計を利用することが多くなっています。

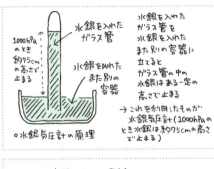

気温を観測する気象測器

この気温の観測には近年、**白金抵抗温度計(はっきんていこうおんどけい)**が用いられています。これは気温を測る感部(センサー)が電気の流れている白金線になっていて、気温により、この白金線を流れている電気の抵抗が変化することを利用したものです。この白金抵抗温度計によって自動観測が可能となりました。また、この白金抵抗温度計のことを**電気式温度計**ということがあります。

この気温の観測は、風通しがよく日射に当たらないよう(日射に当たると気温が上昇して周囲の気温と違う値を示す)にし、雨や雪などから保護するため、その昔は百葉箱(ひゃくようばこともいいますが、正し

くはひゃくようそうといいます)という白い 1 m³ ほどの大きさの箱の中で観測されていたのですが、今はその百葉箱は使われていません。

第1章 ● 地上気象観測　41

今では、百葉箱の変わりに**通風筒（つうふうとう）**というものが一般的に用いられています。この通風筒は2重構造の金属に断熱材を入れた外壁を持つ円筒になっていて、雨や日光などの熱から守られる構造になっています。そしてこの中心部に白金抵抗温度計が設置されているのです。また、この通風筒の上部にはファンが取りつけられており、下部から上部へと風が流れるようにして、通気性もよくしているのです。

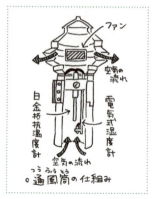

そして気温というのは、この第1章の第1節の中の気温の観測のところでもお話ししましたが、1.5mの高さで観測（積雪があるような場合は、積雪の上から1.5mの高さになるように温度計を設置して観測しています）されています。つまり天気予報などで発表されている気温は、実は地表面ではなくて1.5mの高さの気温なのです。

例えばよく晴れている日中というのは太陽の光によって、最も地表面が暖められます。そのような場合、天気予報などで発表された気温（1.5mの気温）よりも、地表面の気温は高い場合があります。

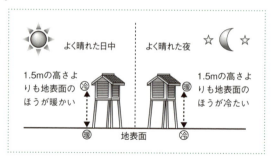

同じようによく晴れている夜というのは、地表面から熱が放出（これを地球放射といいます）されるため、地表面が最も冷えます。なので、天気予報などで発表された気温（1.5mの高さの気温）よりも、地表面の気温は低い場合があります。また、気温の観測値は観測時刻の気温の値であり、風速や風向のように10分間平均値などの平均値ではありませんので注意してください。

そして、**最高気温**とはある一定期間のうちで最も高い気温のことであり、**最低気温**とはある一定期間のうちで最も低い気温のことをいいます。

ここで**時定数**という言葉についてお話ししておきます。例えば気温が急激に変化すると温度計はすぐには正しい値を示すことができません。このときの気温の変化量の約63％の値に温度計が達するまでの時間のことを時定数

といいます。つまり0℃の気温の場所から100℃の気温の場所に、瞬時に温度計を移動させたときに、温度計が63℃に達するまでに要する時間のことなのです。

湿度を観測する気象測器

　一般的に湿度というと、相対湿度（記号：Rh　単位：％）のことを表しており、空気の湿り具合を％で表します。この湿度を観測する測器には、**毛髪湿度計**や**乾湿湿度計**、そして**電気式湿度計**などがあります。毛髪湿度計とは、湿度が高くなると人間の毛髪が伸び、逆に湿度が低くなると毛髪が縮むという性質を利用して、湿度を測るという測器のことです。

　2本の同じガラス製の温度計を隣り合わせで設置し、（何もしない）一方を**乾球温度計**、気温を測る感部に水で湿らせた布（ガーゼ）を巻いたもう一方を**湿球温度計**と呼びます（右図参照）。

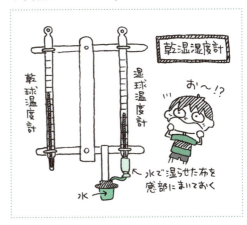

　空気が乾いていればいるほど（空気が水蒸気をあまり含んでいない状態）、水というのはよく蒸発（水が水蒸気に変化すること）するという性質があります。

　ここでポイントとなるのが、水が蒸発する際には熱を吸収するということです。この熱のことを**潜熱**といいます。または蒸発のときの熱のことですから蒸発熱（蒸発のことを気化ということもあるので、気化熱ともいいます）ということもあります。例えば何か運動をして汗をかいたあとに、その汗が蒸発（簡単にいうと乾くということ）すると少し体が寒く感じませんか？これは汗という水分が蒸発する際に、私たちの体の熱を吸収して、体から熱を奪ってしまうからなのです。

　つまり空気が乾いていればいるほど湿球温度計の布に含まれた水が蒸発して、その際に熱（潜熱）を吸収するため湿球温度計の示す温度（これを**湿球温**

度という)は乾球温度計の示す温度(これを乾球温度という)よりも、より低くなります。

　この両者(乾球温度計と湿球温度計)の温度の差から経験式を用いて、空気の湿り具合(つまり湿度のこと)を測る測器が乾湿湿度計とよばれるものです。

　電気式湿度計というのは高分子化合物フィルムや多孔質のセラミックを電極で挟み、その高分子化合物フィルムや多孔質のセラミックが水分を吸ったときと放出するときの誘電率や電気抵抗の変化から湿度を求める測器のことです。

　またこの湿度は地上から1.5mの高さで観測しており、現在主に使われている電気式湿度計は、白金抵抗温度計と同じく通風筒の中に設置しています。

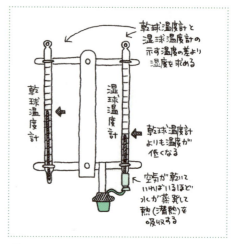

風(風向・風速)を観測する気象測器

　この風(風速・風向)の観測には、風車型風向風速計や超音波風向風速計などが用いられています。

　風車型風向風速計とは、日本で一般的に用いられている風を測る測器のことで、この風車型風向風速計の先端には飛行機のプロペラのようなものがついており、この回転数から風速を求めているのです。また後部には尾翼(飛行機などの後端付近につけられた翼のこと)がついており、これによって風が吹いてくる方向に先端が向き、その胴体の向きから風向を求めています。

　超音波風向風速計とは音波(音をだすものが振動することにより、周囲に伝わる波のこと)が空気中

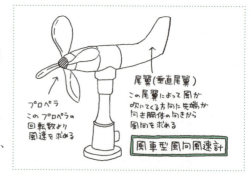

を伝播(読み：でんぱ　意味：伝わり広まること)するときに、その速度が風速によって変化することを利用して、風速を求めています。また、東西方向や南北方向などの音波の伝播速度の差を求めることにより風の吹いてくる方向(つまり風向)を知ることができるのです。

降水量を観測する気象測器

　第1章の第3節の中の降水量の観測のところでもお話ししましたが、降水量とは雨だけでなく雪やひょう・あられなどの融かせば水になるものすべてに対する量のことを意味しています。雨はもとから、水の姿をしていますので、そのままでいいのですが、雪やひょう・あられなどの固形物は一度融かして水にしてから、その量を降水量として観測しています。

　この降水量の観測には、その昔は**貯水型雨量計**という測器に、降ってきた雨などを貯めて、その量を測るという方法(雪などの固形物はぬるま湯を注いで融かし、その注いだ分だけ差し引いて降水量を計測する)が用いられていました。

　現在では**転倒ます型雨量計**という測器が用いられており、これにより自動的に降水量を計測しています。

　この転倒ます型雨量計というのは日本庭園などにある「ししおどし」と同じような原理で、0.5mmに相当する雨などが、この転倒ます型雨量計の中にあるますに貯まったら、そのますが傾いて中を空にします。

　その瞬間にスイッチが1度入る仕組みになっていて、スイッチが入った回数を数えることによって降水量を計測しているのです。

　つまり、スイッチが7回入ったとしたら、それは0.5mmに相当する雨などが7回貯まって、ます

転倒ます型雨量計は0.5mmに相当する雨などが貯まり、空にするとスイッチが1度入る仕組み

もしスイッチが7回入るということは
0.5mmに相当する雨などが
7回分だけ貯まり空にしたということ

0.5mm×7回（スイッチが入った回数）
　　＝3.5mmの降水量ということになる

の中を空にしたということですから、このときの降水量は0.5mm×7回（スイッチが入った回数）=3.5mmの降水量ということになります。

　そのようにして考えると、0.5mmに相当しない雨などが降った場合はスイッチが1度も入らないことになるわけです。しかし0.5mmに相当しなくても雨などが降っていることには変わりはないわけですから、そのような場合は0.0mmと計測されます。

　つまり、ここでいう0.0mmというのは雨などが降っていないわけではなくて、0.5mmに相当しないということを意味していますから注意してください。もし雨などがまったく降っていなければ、降水なしと計測されます。

　またこの転倒ます型雨量計の中にはヒーターが組み込まれており、雪などの固形物の場合は、このヒーターによって暖められて溶かして水にしてから降水量として計測されています。

降雪の深さと積雪の深さを観測する気象測器

　降雪の深さと積雪の深さは降り積もった雪の量を高さ（一般的にcm）で表したものです。

　確かに降雪の深さも積雪の深さも、同じ雪の降り積もった高さを表しているのですが、少し意味が違います。

　降雪の深さとは一定時間（例えば1時間なら1時間あたり）に降り積もった雪の高さを表しています。そして積雪の深さとは、その観測時間に今までに降り積もった雪の合計のような高さを表しているのです。

　例えば現在すでに雪が100cm積もっていて、そこにさらに雪が降ってくるものとします。

　その雪の降ってくる状態がしばらく続いて1時間後に再び雪の高さを測ると110cmだったということにします。

　つまり、この1時間の間で雪は100cmから110cmというように10cm降り積もったことになります。降雪の深さというのは一定時間（ここでは1時間）に降り積もった雪の高さなので、この場合の1時間の降雪の深さは10cmということになります。そして、積雪の深さというのは観測時間に今までに降り積もった雪の合計のような高さを表していますので、1時間後に

観測した積雪の深さは110cm（すでに積もっていた100cm＋この1時間に降り積もった10cm）ということになります。

では、今からこの降雪の深さと積雪の深さの観測の方法についてお話ししていくことにします。

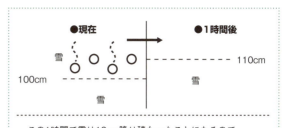

この1時間で雪は10cm降り積もったことになるのでこの1時間の降雪の深さは10cmになる。
1時間後の積雪の深さは、今までに積もっていた100cmとこの1時間で降り積もった10cmを足した110cmになる。

まず降雪の深さは**雪板（ゆきいた）**という気象測器を用いて観測されています。雪板に積もっている雪の高さを雪板についている目盛りから読み取り、それを前回観測した時間から（1時間前だったら1時間前から）の降雪の深さとしています。そ

して、観測終了後は雪板上に積もった雪をすべてはらい落として、次の降雪の深さの観測に備えるのです。

次に、積雪の深さの観測には**雪尺（ゆきじゃく）**や**超音波式積雪計**という気象測器が用いられています。

雪尺というのは目盛りのついた柱のことで、大きなものさしのようなものだと思ってください。この雪尺は下部が地中に埋められて垂直に立ててあり積雪の深さは、雪面の高さをこの雪尺の目盛りから読み取り計測しています。

超音波式積雪計とは超音波を雪面に向かって発射し、その雪面から反射されて戻ってくるまでの時間によって、積雪の深さを求めるというものです。

第1章 ● 地上気象観測　47

日照時間を観測する気象測器

　日照時間とは、直達日射量（太陽光線が反射や散乱されることなく、直接地表面に届いたエネルギー量）が120W/m²以上の値を示した時間（※詳しくはこの第1章の第1節の中の日照時間の観測の内容を参照してください）のことです。

　この日照時間を観測する測器には、**回転式日照計**と**太陽電池式日照計**がありますが、現在、気象庁では回転式日照計を多く使用しています。

　回転式日照計というのは、ガラスの円の筒があって、この中に回転する鏡が取りつけられています。この鏡によって太陽の光を反射させて、受光部に太陽の光を集めます。その受光部に入った太陽光線（詳しくは直達日射量）のエネルギー量が基準値（120W/m²以上）を超えると、日照ありの信号が記録装置に出力されるような仕組みになっています。

　太陽電池式日照計とは、太陽電池を用いて、その太陽電池の出力の大きさから日照の有無を判別するような仕組みになっています。

　また、太陽の中心が東の地平線または水平線に現れてから（日の出）西の地平線または水平線に沈む（日の入り）までの時間のことを**可照時間**といいます。この可照時間は緯度（簡単にいうと場所）や季節によって決まっていて、地形などによる補正はしていません。実際に観測された日照時間とこの可照時間との比率のことを**日照率**といい、実際に観測された日照時間を可照時間で割れば、この日照率を求めることができます。

アメダス（地域気象観測システム）

　天気予報などでよく耳にするアメダスとは、AMeDAS（AMeDASとはAutomated Meteorological Date Acquisition Systemの頭文字をとって略したものです）のことで、日本語でいうと地域気象観測システムといい、無人の自動観測システムのことです。このアメダスは気象災害の防止や軽減を

目的として1974年（昭和49年）から、その運用を開始しはじめた、世界でもまれにみる高度な観測システムです。

現在、日本全国の約1300カ所の地点（約17km四方に1カ所の割合）にこのアメダスは配置されており、そこではアメダスの基本となる降水量を観測しています。

その降水量を観測している約1300カ所のアメダスのうち約840カ所（約21km四方に1カ所の割合）のアメダスでは、降水量のほかにも気温・風（風速・風向）・湿度を観測（気圧は観測されていないことに注意）しています。アメダスで観測している降水量・気温・風（風速・風向）・湿度を気象要素のことを特に**アメダス四要素**といいます。また雪の多い地域を中心にして、約330カ所の地点にあるアメダスではこれらの気象要素のほかに、積雪の深さも観測されています。

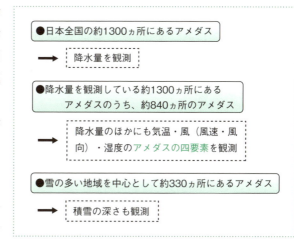

これらの観測されたデータは電話回線などを通じて、気象庁内部にある地域気象観測センター（通称：アメダスセンター）に集計されます。その後、品質管理（異常値などがないかのデータチェックのこと）を受けたあとで、全国の気象台や、報道機関、民間気象事業所などに配信されて利用されています。

気象庁では令和3年から湿度の観測も開始し、これまで観測していた日照時間については気象衛星等のデータを基に推計（推定して計算すること）した推計気象分布（日照時間）から得る推計値をアメダスのデータ画面では提供しています。

自動観測による天気などの判別

特別地域気象観測所とは無人化された**測候所**（気象観測などを行う機関）の

ことで、自動で観測を行う施設です。このように近年は観測機器の発達や通信技術の向上などに伴い自動で観測を行う施設が増加してきており、一部の**気象台**(主に各府県の県庁所在地にあり、府県内の天気予報などを行う機関)でも自動観測が行われています。ここでは自動観測による天気などの判別をどのようにして行っているかについてお話しします。

◎晴・曇の判別

気象衛星観測(詳細は第4章を参照)による雲の有無等を推定した情報(高分解能雲情報)および日照時間の観測による前1時間の日照率に基づいて晴や曇の天気を判別します。気象衛星観測による雲の有無等の情報を取得で

> **●自動観測による晴・曇の判別**
>
> ・気象衛星観測の雲の有無等の情報
> ・前1時間の日照率
>
> ➡ 晴・曇の判別をしている

きない場合は、前1時間日照率から判別します。また、夜間など日照時間を観測していない時間帯は、気象衛星観測による雲の有無等の情報のみから判別しています。

◎雨・みぞれ・雪の判別

感雨器(かんうき)により降水現象を観測した際に、気温および湿度の観測値から雨、みぞれや雪を判別します。

また、感雨器とは雨や雪が降ってきたことを観測する機器のことで、これにより雨(雪)の降りはじめから降り終わりまでを観測しています。

◎雷の判別

一部の地方気象台では気象台を中心とした半径40kmの範囲を対象に、**雷監視システム(LIDEN:ライデン)**による**対地雷**(落雷のこと)及び雲間雷(雲と雲の間などでおきる雷)の観測結果と気象レーダー観測(詳細は第5章を参照)による対流雲の情報を組み合わせて気象台で観測した雷としています。

また、雷監視システムとは雷により発生する電波を受信して、その位置や発生時刻などの情報を作成するシステムのことです。この情報を航空会社などに提供し、空港における地上作業の安全確保や航空機の安全運航に利用されています。

METEOROLOGY

第 2 章

海上気象観測と
航空気象観測

海上気象観測を実施する海洋気象ブイって？

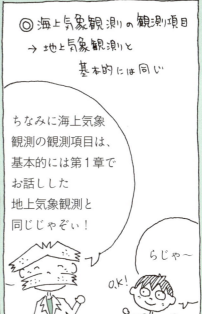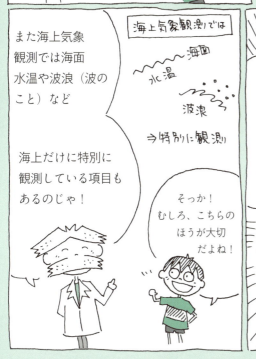

2-1 海上気象観測

海面水温の観測

　この**海上気象観測**では、先ほど博士もお話ししていたように、海上というだけあって**海面水温**を観測しています。また、海面水温というのは、その漢字が意味しているとおり海面の温度のことなのですが、もう少し具体的にいうと海面から1～2mの深度のよく混合された海水の温度のことをいいます。

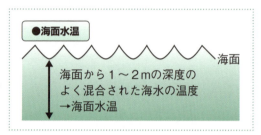

波浪の観測

　波浪（はろう）というのは、ひと言でいうと波のこと（詳しい意味については第2章の第2節の「風浪とうねり」のところでお話しします）なのですが、この波浪の観測は、具体的には①波向（はこう）②周期（しゅうき）③波高（はこう・なみだか）の3つの要素に分けて観測しています。

　では、その3つの要素（波向・周期・波高）が、いったいどのようなことを表しているのか、今からそれぞれお話ししていきます。

※波浪（波）の観測は次の3つの要素に分けて観測されている

①波向（読み：はこう）
②周期（読み：しゅうき）
③波高（読み：はこう・なみだか）

1 波向

　波向というのは風向によく似ていて、波のやってくる方角を表しています。
　例えば波向が西というように表されているとします。つまり、それは西からやってきた波が、東に進むという意味です（次ページ上図参照）。

2 周期

波というのは一般的に連続して（途切れないという意味）やってくるものですが、ひとつ波がやってきてその次の波がやってくるまでの時間のことを**周期（単位：秒）**といいます（詳しくは波の頂上から次の波の頂上がくるまでの時間を周期といいます）。

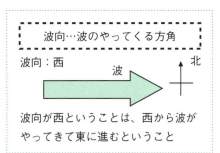

そのように考えると周期が長いということは、ひとつ波がやってきてその次の波がやってくるまでの時間が長いということですから、それは波と波の間隔が大きいということになります。

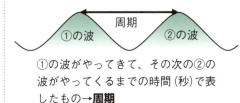

逆に周期が短いということはひとつ波がやってきてその次の波がやってくるまでの時間が短いということですから、それは波と波の間隔が短いということになります。

また波と波の間隔のことを**波長**とよんでおり、波長が長いということは波と波

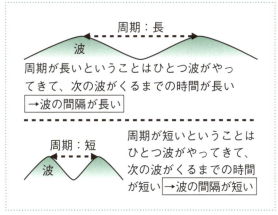

の間隔が大きいことであり、波長が短いということは波と波の間隔が短いということです。つまり周期が長いということは、波と波の間隔が長いということでしたから、波長が長いといい換えることもできます。逆に周期が短いということは、波と波の間隔が短いということでしたから、波長が短いといい換えることもできるのです（詳しくは波の山から山、または谷から谷までの長さを波長という）。

つまり周期と波長は似た意味を表している言葉なのです。

3 波高

波高というのは波の高さを表すものですが、もう少し具体的にいうと波の底から波の頂上までの高さのことをいいます。この波高というのは、ある一定期間（普通は20分間）観測して、その観測した結果を、平均波高・最大波高・有義波高などのようにいろいろな形で表示しているのです。

波の高さというのは、風速のように、そのときそのときによってさまざまな高さであることが普通です。つまり平均波高というのは、一定期間観測された、そのさまざまな波の高さを平均したものなのです。

最大波高というのはそのままですが、一定期間観測された、そのさまざまな波の高さの中で最も高いもののことです。

有義波高というのは、一定期間観測された波の中の波高の高いほうから $\frac{1}{3}$ を選んで、平均した波という意味があります。そのような理由からこの有義波高のことを $\frac{1}{3}$ **最大波高**ということもあります。

> **有義波高（ゆうぎはこう）**
> 一定期間観測された波の中の波高の高いほうから1/3を選んで平均した波

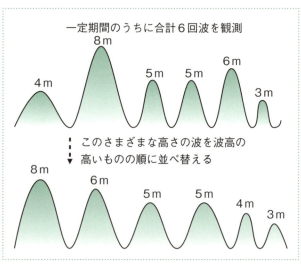

例えば右図のように一定期間、波を観測して、合計6回波を観測したものとします。そして、その6回観測された波の波高がそれぞれ4m・8m・5m・5m・6m・3mだったということにします。

まずこのさまざまな高さの波を、波高の高いほうから順に並べ替えます。すると8m→6m→5m→5m→4m→3mの順に並べ替えることができます。有義波高というのは、一定期間観測された波の中の波高の高いほうから $\frac{1}{3}$ を選んで、平均した波という意味でしたから、次に、この8

m→6m→5m→5m→4m→3mという波の、波高の高いほうから$\frac{1}{3}$を選びます。

　$\frac{1}{3}$を選ぶということは、もし何か物が3つあればその3つの中から1つを選ぶということであり、もし何か物が6つあればその6つの中から2つを選ぶということです。

　そのようにして考えると、波高の高いほうから$\frac{1}{3}$を選ぶということは、ここでは6回観測された波の中の、波高の高いほうから2つを選ぶということになりますので、つまり8mと6mの波を選ぶということになります。

　そして次に、この8mと6mの波を平均します。平均するとは簡単にいうと、それぞれの値の真中をとるという意味であり、それぞれの数字を足し合わせた値を、合計の数で割り求めます（右図参照）。

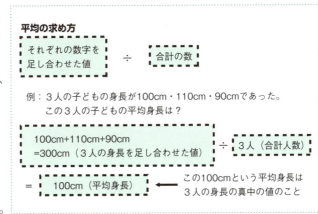

　つまり、この8mと6mの波の平均というのは8m＋6m（それぞれの波高を足し合わせたもの）÷2（波の数の合計）＝7mということになります。

　そして、この7mというのが、ここでの有義波高（一定期間観測された波の中の波高の高いほうから$\frac{1}{3}$を選んで平均した波）ということになります。

　このようにして有義波高というのは求めることができるのですが、ではなぜ有義波高という波の高さが必要なのでしょうか？

　それは、この有義波高という波の高さがちょうど私たちの目で見た波

の高さのイメージと一致するからなのです。そのような理由から天気図や天気予報などで発表される波の高さは、一般的にこの有義波高のことであり、単に波高というと、この有義波高を表していることが多いのです。

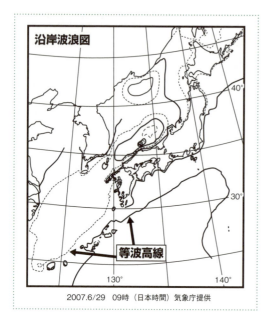

左図は**沿岸波浪図（記号：AWJP）**という波の情報が書かれた天気図です。この図の中の実線と破線が**等波高線**（波高の等しいところを結んだ線）であり、波高を表しています。そしてこの波高というのが、ここでいう有義波高にあたります。

では、ここでこの有義波高を用いるときの注意点をお話ししておきます。それは実際の波の高さというのは、この有義波高よりも高いことがあるということです。つまり天気図などで有義波高がもし1mと表されていても、実際はそれ（1m）よりも、高い波が発生することがありえるということです。

では、なぜそのようになるのでしょうか？　まずこの有義波高というのは一定期間観測された波の中の波高の高いほうから$\frac{1}{3}$を選んで、平均した波のことであり、波高の高いほうから$\frac{1}{3}$を選んだという条件がつくものの、波高の値を平均した波のことです。

先ほどもお話ししましたが、平均するということは、それぞれの値の真中をとるということ（右図参照）であり、有義波高もいわば波高を平均した波のことですから、波高の高いほうから$\frac{1}{3}$を選んだ波の中のそれぞれの値の真中をとった波になります。

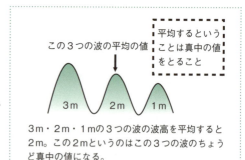

3m・2m・1mの3つの波の波高を平均すると2m。この2mというのはこの3つの波のちょうど真中の値になる。

有義波高がそれぞれの波高の真中の値（正確には波高の高いほうから$\frac{1}{3}$を選んだ中での話）をとった波ということは、つまり真中の値をとっているわけですから、その有義波高よりも、実際は低い波も観測されているし、逆に

高い波も観測されているということです。
　そのような理由から、この有義波高よりも実際は高い波（まれに有義波高の2倍をこえるような波もある）も観測されていることになるので、この有義波高を用いる際には注意が必要です。

有義波周期と有義波

　一定期間観測された波の中で波高の高いほうから$\frac{1}{3}$を選び、その中で平均した周期（簡単にいうと波と波の間隔のこと）を**有義波周期**といいます。有義波周期は私たちの目で見たときの周期と近いために天気図や天気予報などで使用されてます。

> ●有義波周期
>
> 一定期間観測された波の中で波高の高いほうから1/3を選び、その中で平均した周期
>
> 有義波高と有義波周期を合わせて
> → **有義波（1/3最大波）**という

　また、先ほどお話しした有義波高とこの有義波周期を持つ仮想的な波を**有義波**（または$\frac{1}{3}$**最大波**という）とよんでいます。

沿岸波浪予想図の縦線の意味について

　沿岸波浪24時間予想図（FWJP）には、波高が1m以上で波と逆向きの流れにより波高が5％以上増大する海域を縦線（縦ハッチ）で表しています。

　右図が、その沿岸波浪図24時間予想図の一部になり、この図中の縦線で表した部分が上記のような内容の海域にあたります。

　このように波と逆向きの流れのある海域では、波高の増大とともに波の変化が急で激しくなります。場合により、三角波（詳細はP67を参照）などの突然の大きな波が発生し、その近辺を航行する船舶は注意が必要になります。

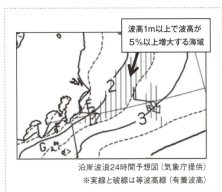

沿岸波浪24時間予想図（気象庁提供）
※実線と破線は等波高線（有義波高）

波には風浪とうねりの2種類がある

2-2 風浪とうねり

風浪について

風浪とはその場の風で発生する波のことをいいます。

風浪には波の先端がとがっている、多くは風向と波向が一致する、また、周期（波長）が短いという特徴があります（右図参照）。

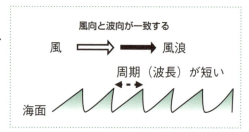

風浪はその場の風で発生するので、その場の風の状況により発達が異なります。具体的には①風速が大きい②吹走距離が長い③吹続時間が長いと、この風浪は発達することになります。

波は一般的にその海面上で吹く風により発生します。そのような波のことを風浪といいますが、そのときの風速が大きいほど波は強く押されるため、大きく発達します。

風浪の発達
① 風速が大きい
② 吹走距離が長い
③ 吹続時間が長い

吹走距離とは同じような風向・風速の風が吹いている距離のことをいいます。要はこの吹走距離が長ければ長いほど、波はその風によって、より長い距離だけ押されることになるため大きく発達します（下図参照）。

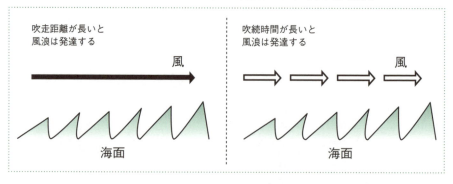

吹続時間とは同じような風向・風速の風が吹いている時間のことをいいます。この吹続時間が長いほど、波はその風によって、より長い時間だけ押し続けられることになり、大きく発達していきます（前ページ下図参照）。

うねりについて

うねりとは遠くから伝わってきた波のことをいいます。

うねりには波の先端が丸い、多くは風向と波向が一致しない、また周期（波長）が長い、という特徴があります。目安としてうねりの

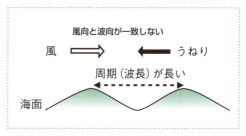

周期は8秒以上のものが多く、逆にいうと、風浪はその周期が8秒未満ということになります。またこのうねりはその場の風で発生した風浪が発達して遠くまで伝わってきた波というように表現されることもあります。

いずれにしてもこのうねりは遠くから伝わってきた波であるため、例えば台風のように日本から遠く離れた南の海上に位置していたとしても、うねりとして日本付近までその台風が位置している海上で発生した波（風浪）が伝わってくることがあるため、注意が必要なのです

浅海効果

波が海の沖（岸から遠く離れた海上）から進んできて、やがて岸に近づいてきます。その際に、海底の影響を受けて、波高・波速（波の速度のこと）・波長などが変化することを**浅海効果**といいます。

この浅海効果という現象は、いつでもどこでも発生するわけではなくて、波の波長（波と波の間隔）と海の水深（海の深さ）の関係で決まります。もう少

し具体的にいうと、この浅海効果というのは、波の波長の$\frac{1}{2}$(半分)よりも浅い水深のところで発生します。

つまり、波の波長がもし6mだったとしたら、この浅海効果というのは、その6mという波長の$\frac{1}{2}$よりも浅い水深、つま

●浅海効果

波の波長の$\frac{1}{2}$よりも浅い水深のところで発生

| 波の波長
6m | 浅海効果は？
- - - → | 3mの水深よりも
浅いところで発生 |

| 波の波長
3m | 浅海効果は？
- - - → | 1.5mの水深よりも
浅いところで発生 |

つまりこの浅海効果は、水深が浅いところほど発生しやすい

り3mの水深よりも浅いところで発生するということです。

そして、波の波長がもし3mだったとしたら、浅海効果とは3mという波長の$\frac{1}{2}$よりも浅い水深、つまり1.5mの水深よりも浅いところで発生します。これらをまとめると、この浅海効果は波の波長が6mのときは水深が3mよりも浅いところで発生し、波の波長が3mのときは水深が1.5mよりも浅いところで発生することになります。つまり水深が浅いところほど、この浅海効果は発生しやすくなるのです。

日本の沿岸地域のほとんどでは、岸から数km以内の海域では、海の水深が急速に浅くなることから、この浅海効果という現象が発生しやすいのです。しかし沿岸波浪図(第2章の第1節の中の波浪の観測の部分にのせている沿岸波浪図を参照)という波の情報が書かれた天気図には、この浅海効果という現象は考慮されていないので、岸から数km以内の海域の波についてはこの浅海効果というものに注意が必要なのです。

そしてこの浅海効果というものには、具体的には①浅水変形、②屈折、③砕波などの現象があります。では今からこれらの現象について詳しくお話ししていきます。

1 浅水変形

波の波高というのは、海の水深によって変化していきます。具体的にいうと波が沖から進んできて、水深が浅くなると、まず波高がやや低くなります。ちなみに海の水深が波長(波と波の間隔)の$\frac{1}{6}$になるところまで波が進んでく

ると、その波高は最も低くなります。

つまり波長がもし6mだとしたら、その波の波長（6m）の$\frac{1}{6}$の海の水深、つまり1mの水深のところで、その波高が最も低くなるのです。

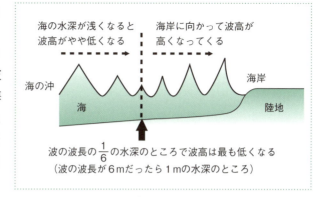

その後、海岸（海と陸地が接しているところ）に向けて、波高は高くなります。このように海の水深が浅くなることの影響により、沖から侵入してきた波高が変化する現象を浅水変形といいます。

2 屈折

屈折というのは、波の進行方向が変化することをいいます。波というのは水深が浅いほど、波速（波の速度）は遅くなる性質があります。

つまり海の水深が浅いほど波速というのは遅くなるので、それを逆にいうと水深が深いほど波速というのは速くなるということです。このように水深によって波速が変化するので、もし水深が同じ場所ならば波速はどこも同じということになります。

例えば、右図のように陸地と海があります。この陸地と海が接するところを海岸といいます。そして破線のように、この海岸から平行に水深が深くなるものとします。

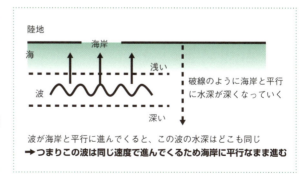

もしこの海岸と平行に波が進んでくるものとすると、この波の左端も中央も右端もどこでも同じ深さになり、同じ深さということは同じ波速なわけですから、この波はこのまま海岸に平行に進んでくることになります。

第2章 ● 海上気象観測と航空気象観測　65

では次に、先ほどと同じように海岸があり、破線のようにこの海岸と平行に海の水深が深くなり（右図参照）、そして波がこの海岸と平行ではなくて、斜め（波の左端のほうが先に進んでいる状態）になって海岸に進んでくるものとします。

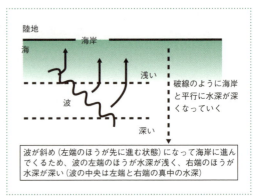

つまり水深は海岸に平行になるように深くなると仮定していましたから、波が斜めに進んでくるということは、波の左端と中央と右端で水深に違いが生じてきます。もう少し具体的にいうと、波の左端のほうがここでは陸地により近いですから、水深が浅いはずであり、波の右端のほうが陸地からより離れているわけですから水深が深いはずです（波の中央は、左端と右端の真中の水深になります）。

そして波というのは、水深が浅いほど波速は遅く、水深が深いほど波速は速いという性質があるため、ここでは波の左端のほうが水深が浅いので波速が遅く、波の右端のほうが水深が深いので波速が速いことになります（波の中央は左端と右端の真中の水深になり、波の波速も真中になります）。

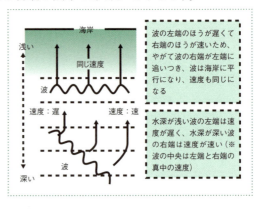

つまりここでは波の右端のほうが波速が速いことになるので、やがて波の左端の位置に追いつくことになり、そのときには波は海岸に平行になっています。そして、海岸に平行になるということは、この波の左端も中央も右端も、どこでも同じ水深になっているものであり、同じ水深になるということは、波の波速もこのときにはどこでも（左端・中央・右端）同じになっているものなのです。その後この波は、海岸に平行に同じ速度のまま海岸まで進んでいくことになります。

このような理由から波が海岸に平行ではなくて、たとえ斜めに進んできたとしても海岸に近づく頃には波というのは、その海岸に平行になっています。

　このため、海に突き出た岬のような場所の先端部分（右図参照）では、波が海岸に平行になるという性質から、波が収束（波が集まってくること）しやすくなります。

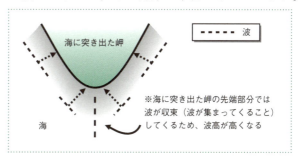

　つまり、そのような場所では波が集まってくる（波が集まれば海水の量がその場所で多くなる）ことから波高が高くなるので、特に注意が必要です。

　そして波が集まるということは、そこで波と波がぶつかり合うということですから、**三角波**という波にも注意しなくてはいけません。

　三角波というのは、進行方向の異なる２つの波がぶつかり合ったときにできる波高が高い、先端

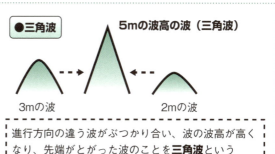

がとがった波のことをいいます。ちなみに波というのは足し算であり、３mの波高の波と２mの波高の波がぶつかり合うと、その２つの波の波高をそれぞれ足し合わせた５mの波高の波（三角波）が、その間に発生することになります（上図参照）。

　逆に湾（左図参照）などでは、波が海岸に平行になるという性質から波が発散（波が離れていくこと）しやすくなります。そのような湾などでは、波が離れていく（波が離れていけば海水の量が少なくな

る)ことから、波の波高が低くなるのです。

3 砕波(さいは)

波が海の沖から進んできて、海の水深が浅くなると、浅水変形(P64～65の浅水変形を参照のこと)によって、波高に変化が生じてきます。

そして、海の水深が波の波高に近づくと、波の形は不安定になり、波は前方に崩れるようになります。これを波の**砕波(さいは)**といいます。

よくサーフィンなどをしている映像で、白波をたてて前に崩れるようになっている波がありますが、実はこれが砕波という現象なのです。

場合によっては、砕波したときの波の波高が、海の沖での波の波高の2倍以上になることもありますので、注意が必要です。

潮位と高潮

潮位というのは、ある基準面からの海面の高さを示しています。また、ここでいうある基準面というのは、東京湾の平均的な**海面高度**(**東京湾平均海水面**ともいい、記号では**TP**と表すこともできます)のことをいいます。

高潮というのは、海面の高さ(潮位)が異常に上昇する現象のことをいいます。そして、この高潮が発生する原因には3つ考えられます。

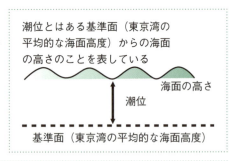

●高潮…海面の高さ(潮位)が異常に上昇
3つの原因がある
①満潮 ②吸い上げ効果 ③吹き寄せ効果

まず、この高潮の原因には月の引力による満潮が考えられます。次に台風などの接近により、海上の気圧が低下して海面がもち上がる現象が考えられます。これを**吸い上げ効果**とよび、気圧が1 hPa低下すると、1 cm海面が上昇するといわれています。例えばそれまで気圧が1000hPaだった海上に、950hPaの台風がくれば、50hPa気圧は低下したことになりますから、海面は50cm上昇することになります。

この吸い上げ効果を利用したものに実はストローがあります。

ストローの先を飲み物につけてストローを吸うことにより、このストローの中の空気が少なくなります。

気圧というのは空気の重さのことでしたから、ストローの中の空気を吸うことにより、

ストローの中の空気が少なくなって軽くなるので、このストローの中の気圧が低下します。これにより、その気圧が低下した分だけ、飲み物がこのストローの中を上昇してくるのです。

最後に台風などの暴風により、海水が山のように盛り上がりながら（盛り上がるということは海面が上昇するということ）海岸に吹き寄せる現象が考えられます。これを**吹き寄せ効果**といいます。

特にV字型になっているような湾（右図参照）では、湾の奥にいくほど、その地形が狭くなっています。

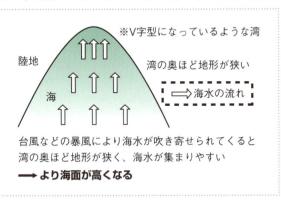

そのような場所に、台風などの暴風によって、山のように盛り上がりながら海水が吹き寄せられてくると、湾の奥にいくほど、その地形が狭くなっていますので、海水が集まりやすく、より海面が高くなります。

また、この吹き寄せ効果による海面上昇の割合の変化は地形だけが原因ではなくて、風速の2乗に比例するといわれています。

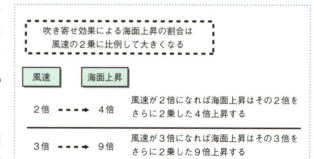

　つまり海面上昇の割合が風速の2乗に比例するということは、風速が2倍になれば海面はその2倍をさらに2乗した4倍上昇するということです。そして風速が3倍になれば、海面はその3倍をさらに2乗した9倍上昇するということです。

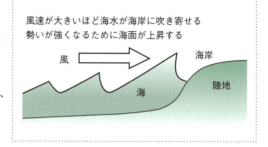

　つまり簡単にいうと、風速が大きくなるほど、海水が海岸に吹き寄せる勢いが大きくなって、より海面が上昇するということです。

海上での風の観測

　海上気象観測というのは基本的に船の上で観測しており、つまり今からお話しする海上の風というのも船の上で観測していることになります。ではこの風

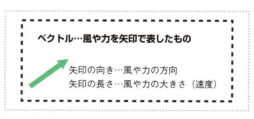

の観測についてお話ししていく前に、まずはベクトルというものについてお話ししていきます。
　ベクトルというのは、風や力を矢印で表したものです。
　そして風や力の方向を矢印の向きで表し、風や力の大きさ（速度）を矢印の長さで表しています。
　ではこのベクトルという考え方を踏まえた上で、この海上での風の観測と

いうものについてお話ししていくことにします。

右図のように破線の矢印の方向に、破線の矢印の長さの速度で移動する船があるとします。

この船の付近の海上では、太実線の矢印の方向に、太実線の矢印の長さの速度で、実際の風が吹いているものとします。

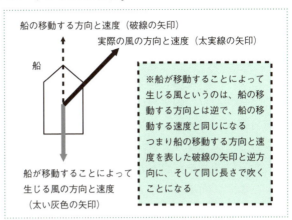

例えば私たちも船に乗り、その船が動きだすと肌に風を感じるように、この船が移動することにより生じる風というものがあります。そしてその風というのは、この船が移動することによって生じるわけですから、上図の太灰色線の矢印のように船が移動する方向とは逆に、そして船が移動する速度と同じ大きさで吹くことになります。

このように移動する船の上では、船が移動することによって生じる風というものがあるために、もともと吹いていた実際の風に、この船が移動することによって生じる風というものが足されてしまうことになります。

そのため、移動する船の上では、もともと吹いていた実際の風とは、また違う見かけの風というものが観測されてしまうのです。

では、この移動する船の上で観測される見かけの風というのはいったいどのような吹き方をするのでしょうか？ それを今からお話しします。

まず上図で確認すると、もともと吹いていた実際の風というのは太実線の矢印で表されており、この船が移動することによって生じる風というのは太灰色線の矢印で表されています。つまりこの2つの風（もともと吹いていた実際の風と、この船が移動することによって生じる風）を足したものが、移動する船の上で観測される見かけの風になりますから、この2つの風を表した矢印を足し合わせればよいのです。

だけど、ここでひとつ注意点があります。それは上図のように、もともと吹いている実際の風と、この船が移動することによって生じる風というのは、

第2章 ● 海上気象観測と航空気象観測

それぞれが違う方向に吹いており、このように違う方向に吹いている風どうしというのは、単純に足し合わせることができないのです。

まずはこの2つの風を表している矢印を2辺とした平行四辺形を描き、そして白矢印で表された(右図参照)この平行四辺形の対角線が、この2つの風を足し合わせた風になります。

ちなみにこれを**ベクトル合成**とよびます。簡単にいうと、矢印で表された風や力の足し算のことです。そしてこの白矢印が、移動する船の上で観測される見かけの風の吹き方になります。

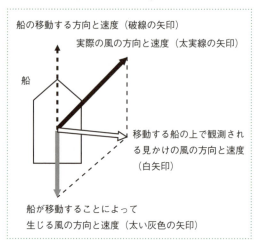

このように移動する船の上では、見かけの風が観測されるために、実際にその海上で吹いている風に直さないといけません。「もともと吹いていた実際の風＋船が移動することによって生じる風＝見かけの風」ですから、その式をもともと吹いていた実際の風＝の式に直すと「もともと吹いていた実際の風＝見かけの風−船が移動することによって生じる風」になります。つまり移動する船の上で観測された見かけの風から、船が移動することによって生じた風(ちなみにこの風は船の進路とは向きが逆になるが、船の速度に等しい)を引くことによって、この海上気象観測ではその海上で吹いている実際の風を観測しています。

台風による海面水温の低下

台風が通過すると、その経路に沿って海面水温が低下します。その理由は台風の反時計回りの風(北半球での話)が原因で発生する**湧昇(ゆうしょう)**によるものです。

波は一般的に風が吹くことで発生します。台風の場合は反時計回りの風により、波もその風の流れに乗って反時計回りに進みそうですが、実はそうで

はありません。コリオリ力の影響を受けて、北半球では風の吹く方向から直角右向きにずれて進みます。そのような理由から右図のように台風の反時計回りの風により発生した波は中心から離れるように進むことになります。

波が中心から離れると、その部分の海水を補うために海面下の冷たい海水が海面まで沸き上がってきます。この現象を湧昇といいます。そしてこの湧昇により、台風が通過すると海面水温が低下するのです。

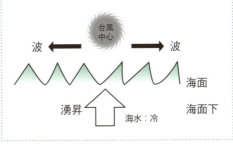

また、この湧昇は強い風が同じ場所で長時間吹き続けるほど顕著に起きます。このため台風の移動速度が遅いほど強い風が同じ場所で長時間吹き続けることになり湧昇が起こりやすく、海面水温の低下が大きくなります。そのほか台風の強い風が海水をかき混ぜられたり、海面の海水が蒸発し、その際に海面から熱(潜熱)が吸収されたりして、海面水温が低下することも理由に挙げられます。

数値波浪モデル

波浪の変化を予測するプログラムを**数値波浪モデル**といいます。数値波浪モデルは、数値予報モデル(詳細は第7章を参照)より、算出された海上風の予測値から、①風による風浪の発生・発達、②波と波の相互作用、③逆風(向かい風)や砕波(P68の内容を参照)による波浪の減衰などを計算しています。気象庁では地球全体と日本周辺をそれぞれ計算対象領域とした2種類の数値波浪モデルを運用し、波浪の予測計算を1日4回行っています。

航空機の離発着時の安全確保を目的とした気象観測って？

2-3 航空気象観測

航空気象観測での視程の観測

　視程という言葉には、簡単にいうと大気中の見通しという意味があり、要は、どれだけ先が見えるかということです。

　空港ではこの視程を、人間の目視（目でみること）によって観測される**卓越視程**と、滑走路（航空機が離発着のときに用いる直線状の舗装路）に設置されている滑走路視距離計という測器による**滑走路視距離**の2種類が観測されています。滑走路視距離というのは、航空機の操縦士（パイロット）が滑走路を確認できる最大距離のことなのです。つまり航空機の操縦士が、滑走路をどれだけ先まで見えるか（つまり最大距離）という、滑走路付近だけに注目した視程のことなのです。

航空気象観測での雲底高度の観測

　雲底高度というのは雲の最も低い部分の高さのことをいうのですが、着陸しようとしている航空機には、この雲底高度というのが重要な情報になります。それはなぜかというと、航空機が高度を下げて着陸する際に、どの時点で雲を抜けて滑走路が確認できるか想定できるからです。そのため、空港ではこの雲底高度を**シーロメーター**という測器を用いて観測しています。このシーロメーターという測器の仕組みは、レーザーを発射して、そのレーザーが雲の最も低い部分（雲底）に当たり、反射して戻ってくるまでの時間から測定するというものです。つまりレーザーを発射して戻ってくるまでの時間が長ければ、雲底高度は高いし、レーザーが戻ってくるまでの時間が短ければ、雲底高度は低いということになります。

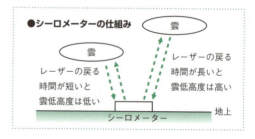

第 3 章

高層気象観測

高い場所ってどうやって気象観測しているの?

※高度や風の測定にGPS信号を用いているものを特にGPSゾンデという

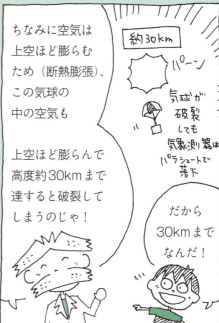

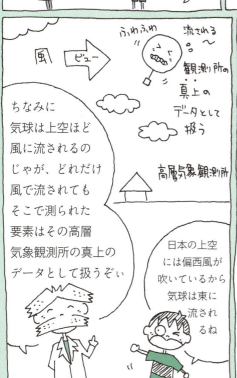

3-1 高層気象観測

GPSゾンデ観測

　GPSゾンデ観測というのは上空約30km（成層圏下部）までの、気圧・気温・湿度・風向・風速・高度を観測することであり、このGPSゾンデ観測は協定世界時の00時

●**GPSゾンデ観測**
観測項目…気圧・気温・湿度・風向・風速・高度
観測時間…協定世界時00時（日本時間9時）
　　　　　協定世界時12時（日本時間21時）

（日本時間9時）と協定世界時の12時（日本時間21時）の1日2回、全世界同時に観測されています。

　ただし台風接近時や、梅雨前線の活動状況などによっては、協定世界時の6時（日本時間15時）と協定世界時の18時（日本時間03時）に、臨時観測として、GPSゾンデ観測が実施されることがあります。

　GPSゾンデ観測の結果は、**指定気圧面**（高層天気図に使用されている850hPa・700hPa・500hPa・300hPaなどの代表的な高度）や**特異点**（気温や風などの気象要素がある基準値より大きく変化する高度のことであり、この特異点には圏界面高度や最大風高度なども含まれる）のデータについて、通報（情報などを知らせること）し、記録されています。

　もし指定気圧面に該当するデータがないときは、その指定気圧面を挟む上下のデータから**内挿**して、その指定気圧面のデータを求めています。

例えば、指定気圧面である500hPa（高度約5500m）のデータがなくその500hPaの気温を、ここでは求めることとし、その500hPaの高度の少し上の気温が0℃で、少し下の気温が2℃だったら、その間にある500hPaの気温は単純に考えて1℃になります。このように上下のデータから間を当てはめる手法を内挿といいます。

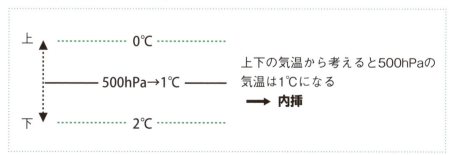

GPSゾンデ観測での圏界面の観測

　圏界面（対流圏界面ともいう）とは対流圏と成層圏の境目のことであり、この圏界面の高さは一定ではなくて、そのときの気温などの状況によって、その高さが変化します。では、その圏界面の高度をGPSゾンデではどのようにして観測しているのでしょうか？　それは500hPa面よりも上の高さで、ある面とそれより上2km以内の面間の平均気温減率がすべて2.0℃/kmをこえない層の最下面を圏界面と決めています。具体的にはこの面を**第一圏界面**といい、それよりも高い層で、同じような条件がある場合は高度の低い方から**第二圏界面、第三圏界面**……とよんでいます。

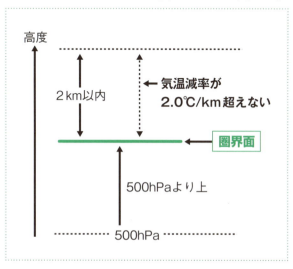

第3章 ● 高層気象観測　81

GPSゾンデ観測での気温の観測

　気温計というのは太陽の直射日光を浴びると、気温が上昇しすぎて周囲と異なる値を示してしまうために、必ず日陰で測定するのですが、GPSゾンデ観測で使用する気象測器では気温を測るセンサーがむき出しになっており、太陽の

直射日光を浴びてしまうために気温が必要以上に上昇してしまいます。このためGPSゾンデ観測では、太陽の直射日光による気温上昇分を補正しており、この補正のことを日射補正といいます。ちなみに気球の高度が高いほど、また気球の上昇速度が遅いほど、気温は上昇しすぎるために、日射補正量は大きくなります。

GPSゾンデ観測での湿度の観測

　湿度というのは具体的には、相対湿度のことを指していることが多く、空気中に含まれている水蒸気量を％で表したものです。GPSゾンデ観測では、この湿度についても観測しています。ただ、湿度というのは、気温が低くなりすぎ

てある基準値以下（-40℃以下）になると、正確な値を測定するのが難しくなります。そのような理由から300hPa付近（高度9000m付近）より上空では気温が低いため、観測はしていません。

　また、このGPSゾンデ観測では、この湿度を観測して、その値をどこかに通報するときには湿数（記号：T-Td　意味：気温と露点温度の差）に直して、通報していますので注意が必要です。

GPSゾンデ観測での高度（気圧）の観測

　現在、気象庁はGPSゾンデ観測から得られるGPS信号を用いて高度の計算を行っています。気象庁で使用しているGPSゾンデ観測には気圧計は搭載しておらず、気圧計を持たない代わりに受信したGPS信号から計算された高度と、さらにGPSゾンデ観測で観測された気温と湿度を用いて、気体の状態方程式と静力学平衡の式を用いて気圧を計算しています。また、内部に気圧計を持ち、気圧を直接測定するタイプもあります。

　下記に気体の状態方程式と静力学平衡の式から得られた測高公式（上面と下面の気圧差とその高度差を関連付けた式）を紹介しておきます（このような式の形になる理由は複雑すぎるためここでは省略します）。

●測高公式

$$\Delta Z = \left[\frac{RT}{g}\right] \ln \frac{P_1}{P_2}$$

高度差　＝　（気体定数 R、気温 T、重力加速度 g）　× $\ln$（層の下面の気圧 P_1 ／ 層の上面の気圧 P_2）

※Tの気温は層の上面と下面の間の平均気温と表す場合もありますが、詳しくはここでは平均仮温度を表します。

> この式の中の $\ln \frac{P_1}{P_2}$ という部分は、自然対数とよばれるもので $\ln P_1 - \ln P_2$ に直すことができます。（問題の中で $\ln P_1$ や $\ln P_2$ の数値はあたえられますのでその値を用いて計算するようにしてください）

　この式の中で $\ln \frac{P_1}{P_2}$ という部分がありますが、これは自然対数で、分数で表されているので一見は割り算みたいですが、この自然対数では分数の上から下を引くという意味になります。つまり自然対数の $\ln \frac{P_1}{P_2}$ という記号は、$\ln P_1 - \ln P_2$ と直すことができます。気象予報士試験では $\ln P_1$ や $\ln P_2$ は問題の中で数値が与えられますので、それを用いて計算するようにしてください。

勉強モードの学君

注意！

気球の位置を GPS信号で観測する

3-2 GPSゾンデ観測での風向と風速の観測

GPSゾンデ観測での風向と風速の観測

　このGPSゾンデ観測では、先ほど博士がお話ししていたようにGPS衛星から送られてくるGPS信号を利用して、気球の位置を測定し、気球がその場所の風に流されることからその動きを追跡することで、上空の風向・風速を観測しています。

　具体的には気球の進路から風向を求めており、気球の移動速度から風速を求めています。

　つまりこのGPSゾンデ観測では上空の風を気球の動きから求めているため、特に風向風速計という測器を搭載して観測していないので注意をしてください。

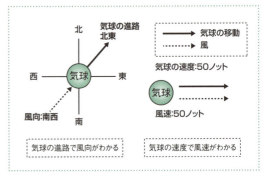

　またGPSゾンデ観測では気圧も観測していますが、気圧計を使って直接測定する方法と、気圧計を使わないで高度と気温から算出する2つの方法があります。最近はGPS信号による位置情報から気圧を算出するタイプもあります。

オゾンゾンデ観測

　オゾンゾンデ観測というのは、その名前の通りオゾン（記号：O_3）の高度分布を主に観測しています。オゾンを測定するためのオゾンゾンデという気象測器(ラジオゾンデの一種)を気球に吊るして上昇させ、周囲の空気をその気象測器の中に吸引して取り込みながら、高度約35kmまでの大気中のオゾンの高度(鉛直)分布を直接的に観測しています。

このオゾンゾンデ観測では、オゾンのほかにも、気温・湿度・風向・風速などについて観測しています。
　また、**ドブソン分光光度計**というオゾンを観測する気象測器もあり、その仕組みはオゾンによる吸収の度合いの異なる2つの波長の紫外線の強度を測定して、その比率を求めることにより、オゾンを観測しています。

高層気象観測を実施している地点

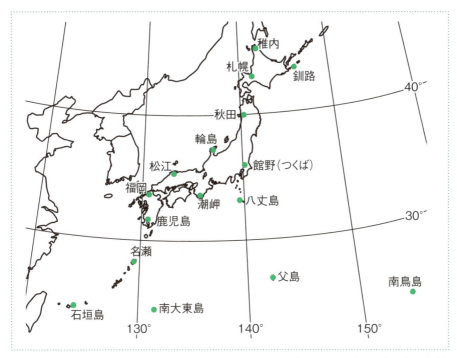

　上図に示したように、日本全国の16カ所の地点でGPSゾンデ観測は実施されています。この16カ所の地点は気象予報士試験でもよく出るので絶対に覚えてください。
　館野（つくば）はGPSゾンデ観測以外にもオゾンゾンデ観測を実施しています。

・GPSゾンデ観測（16カ所）
　稚内・札幌・釧路・秋田・輪島・館野（つくば）・
　八丈島・松江・潮岬・福岡・鹿児島・名瀬・
　石垣島・南大東島・父島・南鳥島
・オゾンゾンデ観測（1カ所）
　館野（つくば）

雷について

　全国の気象台の雷日数（雷を観測した日の合計）によると、年間の雷日数は東北から北陸地方にかけての日本海側の沿岸部（海岸線付近）で多い傾向があります。1991年～2020年までの平年値（過去30年間の平均）によると、最も多いのは金沢（石川県）で年間45.1日です（右図参照）。この理由は日本海側の地域は夏季だけはなく、冬季も雷が多いことによります。

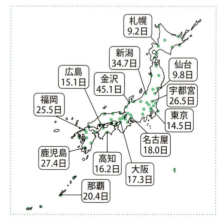

　夏季は、日中の強い日射により暖められた地表面付近の空気が暖められて上昇することで背の高い積乱雲となり、雷を発生させます。そのため関東から近畿地方にかけての内陸部（海から離れた地域）を中心に日本の広い範囲で雷が観測されます。

　一方、冬季の日本海側の雷は、シベリア大陸から吹き出してきた寒気が比較的暖かい日本海から潜熱（水蒸気）と顕熱（熱）を供給されて気団変質を

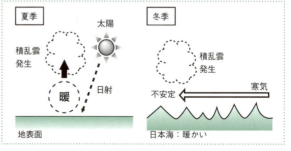

し、下層から大気の状態が不安定となり発生する積乱雲によるものです。その積乱雲により、日本海側では冬季も雷が観測されるのですが、夏季に比べて回数が少ないものの、1回あたりの電気量が多く、落雷すると被害が大きくなりやすい特徴があるために油断は禁物です。

　放電（電気を放出すること）する際に発生する音が雷鳴で、光が電光であり雷とは雷鳴および電光がある状態のことで雷電ともいわれます。また、雲と地上の間で発生する放電を対地放電（落雷のことで対地雷ともいわれる）とよび雲の中や雲と雲の間で発生する放電を雲放電といいます。

第 4 章

気象衛星観測

極軌道衛星と静止気象衛星・ひまわり

学君 この第4章では気象衛星観測についてお話ししていくよ

気象衛星観測かぁー 楽しみだなぁ

気象衛星観測には極軌道衛星と静止気象衛星の2種類があるのじゃ

気象衛星には
◎極軌道衛星
◎静止気象衛星
の2種類がある！

おー 2種類もあるんですか

まず極軌道衛星は北極と南極の上空を通るように南北に周回しながら観測している気象衛星なのじゃ

※極軌道衛星は北極と南極を通るよう周回

だから極軌道衛星なのか

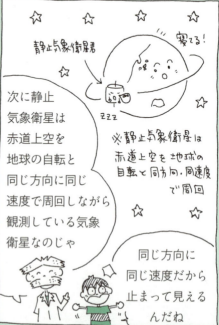

次に静止気象衛星は赤道上空を地球の自転と同じ方向に同じ速度で周回しながら観測している気象衛星なのじゃ

※静止気象衛星は赤道上空を地球の自転と同方向・同速度で周回

同じ方向に同じ速度だから止まって見えるんだね

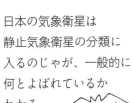

日本の気象衛星は静止気象衛星の分類に入るのじゃが、一般的に何とよばれているかわかるかな？

どうじゃ？

はーい！それはわかるよ ひまわりでしょ！

正解じゃ！
ちなみにひまわりの名前の由来は次の通りじゃぞい！

いつも地球を見つめていることを天気に関係する衛星であることから太陽をイメージさせる名前

↓

ひまわりと名付けられる

へぇー そんな意味があったんだ

この静止気象衛星のおかげで低気圧や前線、積乱雲など、さまざまなスケール（規模）をもつ擾乱を常時監視できるようになったのじゃ！

静止気象衛星
低気圧や前線、積乱雲など
↓
様々なスケールの擾乱を常時監視可能

じょうらん
擾乱とは大気の乱れの意味があるぞぃ

すごい！大活躍だね！

ではこの気象観測について詳しくお話ししていこうかの

オッケー！楽しみでしかない

91

4-1 気象衛星観測

静止気象衛星

　地球の自転と同じ方向(北極から見て反時計回り)に、そして地球の自転の速度と同じ速度で、赤道上空約36,000kmを飛んでいる気象衛星のことを**静止気象衛星**といいます。

　日本の気象衛星というのは先ほど博士がお話しされていた通り、詳しくはこの静止気象衛星のことであり、一般的には**ひまわり**という愛称で親しまれています。そして日本では主にこのひまわりという静止気象衛星によって、**衛星画像**(俗にいう**雲画像**)が撮影されて、毎日の天気予報などで利用されています。

　では、今からこの静止気象衛星の長所についてお話ししていきます。

　まずこの静止気象衛星は、地球の自転と同じ方向に、同じ速度で移動しているため、地球から見ればこの静止気象衛星は止まっているように見えます。

　地球から見て止まっているように見えるということは、この静止気象衛

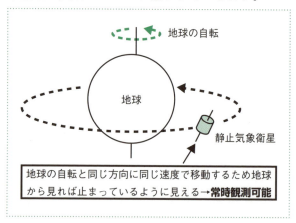

星は地球の同じ位置にいつでもある(ひまわりは東経140°の赤道上空約36,000kmの同じ位置にある)ことになり、地球上の同じ場所(範囲)を常時観測することができるのです。

　また、この静止気象衛星は約36,000kmという地球からはるか上空を飛んでいるため広い範囲の観測が可能です。これらが静止気象衛星の長所です。

　では次にこの静止気象衛星の短所についてお話ししていきます。

まずこの静止気象衛星は赤道上空（約36,000km）を飛んでいるため、赤道付近の低緯度の雲の様子などを撮影する場合は、すぐ真下付近を撮影することになるため、まっすぐに撮影できます。しかし高緯度付近の雲の様子などを撮影するときには、静止気象衛

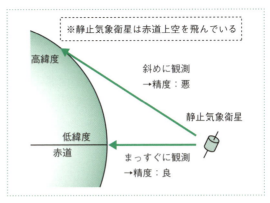

星は赤道上空にあるため、斜めから撮影することになります（上図参照）。

そのような理由から、赤道付近の画像は精度の良い画像ができることになり、逆に高緯度付近の画像は赤道付近の画像に比べて精度の悪い画像ができることになります。つまりこの静止気象衛星によって地球上を撮影する場合は、どこでも同じだけの精度で撮影された画像ができるわけではなくて、赤道付近から高緯度に向けて、その画像の精度は悪くなるということです。

またこの画像の精度のことを、専門用語で**解像度**という言葉を使うことがあります。つまり解像度のよい（または解像度の高い）画像というの

解像度（分解能）…画像の精度を表す言葉

解像度・分解能良い（高い）⇒精度：良
解像度・分解能悪い（低い）⇒精度：悪

は精度のよい画像のことであり、逆に解像度の悪い（または解像度の低い）画像というのは精度の悪い画像のことです。この解像度のほかにも画像の精度を表す専門用語で**分解能**という言葉があります。つまり分解能のよい（または分解能の高い）画像というのは精度のよい画像のことであり、逆に分解能の悪い（または分解能の低い）画像というのは精度の悪い画像のことです。

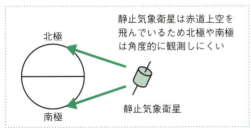

また、北極や南極はこの静止気象衛星では観測しにくいのです。これも赤道上空にこの静止気象衛星があるからです（左図参照）。これらが静止気象衛星の短所です。

第4章 ● 気象衛星観測　93

極軌道衛星

北極と南極を通るように地球を南北に周回しながら、上空約1,000kmを飛んでいる気象衛星のことを**極軌道衛星**といいます（右図参照）。極軌道衛星にはアメリカの**ノア（NOAA）**などが代表的です。

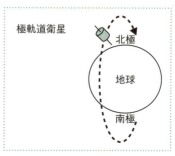

では、この極軌道衛星の長所についてお話ししていきます。先ほどの静止気象衛星は赤道上空約36,000kmを飛んでいるのですが、この極軌道衛星は北極や南極を通るように、地球を南北に周回しながら上空約1,000kmを飛んでいますから、静止気象衛星よりもずっと低い位置から観測していることになります。そのような理由から、静止気象衛星に比べてずっと精度のよい（解像度のよいまたは解像度の高い）画像が撮影できるのです。

またこの極軌道衛星というのは、北極と南極の上空を通るように、南北に周回しながら観測していますから、静止気象衛星では観測しにくい北極や南極も観測できます。これらが極軌道衛星の長所です。

では次にこの極軌道衛星の短所についてお話ししていきます。

この極軌道衛星は、北極や南極を通るように地球を南北に周回していますから、地球の自転（北極から見て反時計回り）とは進む方向が違います（右図参照）。

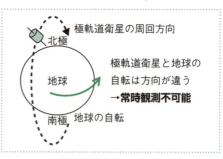

極軌道衛星では同じ場所の観測は1日に2回といわれているんだ！

つまり方向がお互い（極軌道衛星の周回方向と地球の自転）に違うために、この極軌道衛星というのは同じ場所を常時観測することができません。これが極軌道衛星の短所です。ちなみに同

じ場所の観測は1日に2回といわれています。

ひまわり8号・9号について

　世界気象衛星観測網（下図参照）は、複数の静止気象衛星と極軌道衛星から構成されています。日本は、同観測網において静止気象衛星によるアジア・オセアニアおよび西太平洋地域の観測を担っており、1977年の運用の開始から現在に至るまで「ひまわり」による長期的な観測を維持しています。

　現在、運用中のひまわり8号（Himawari-8）は2014年10月7日に打ちあげられ、2015年7月7日午前11時に観測を開始しました。

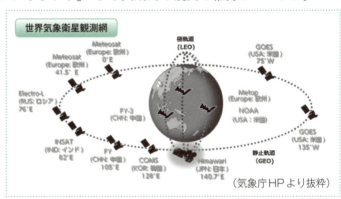

（気象庁HPより抜粋）

　また、ひまわり9号（Himawari-9）は、2016年11月2日に打上げられ、2017年3月に待機運用を開始しました。ひまわり8号・9号は2機合わせて2029年度までの約15年間運用を行います。運用期間の前半はひまわり8号が主に観測を行い、ひまわり9号が待機運用となり、2022年（令和4年）12月3日からその役割を交代して、※ひまわり9号が観測を行い、ひまわり8号が待機運用となりました。

　ひまわり7号は可視域1バンド、赤外域4バンドの合計5バンドの観測センサーでしたが、ひまわり8号・9号は可視域3バンド・近赤外域3バンド・赤外域10バンドの合計16バンドのセンサーを持ち、さまざまな観測が可能になりました。

　また、ひまわり7号は静止気象衛星から見える範囲の地球全体の観測を約30分で行っていましたが、ひまわり8号・9号は10分で行い、日本域と台風などの特定領域を2.5分の高頻度で観測することができます。

※ひまわり9号は8号と同じ性能を備えています。

ひまわりには可視画像、赤外画像、水蒸気画像がある

4-2 衛星画像

可視画像

右図が**可視画像（VIS：VS）**という衛星画像（いわゆる雲画像）のひとつです。

ではこの可視画像というのはいったいどのようにして撮影されているのでしょうか？

まずこの可視画像は雲などによって反射された太陽光線を利用しています。

どういうことかというと、例えば下図にあるように上空を覆い隠すような厚い雲と、上空が透けて見えるような薄い雲があるとします。

このような雲に太陽光線があたると、太陽光線はその雲によって反射（ちなみに雲のように白いものは太陽光線を反射しやすい）されます。

確かに上空を覆い隠すような厚い雲も、上空が透け

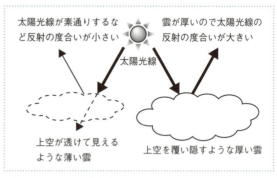

て見えるような薄い雲も同じ雲ですから太陽光線を反射することには変わりないのですが、ただ、上空を覆い隠すような厚い雲というのは厚いだけあって、太陽光線を反射する度合いが大きいのです。

逆に上空が透けて見えるような薄い雲というのは薄いだけあって、太陽光線が素通りしたりして、太陽光線を反射する度合いが小さくなります。

この、雲が反射した太陽光線を、はるか上空にある気象衛星が受け止めることによって、この可視画像はつくりあげられているのですが、ポイントはその反射された太陽光線の度合いが大きければ大きいほど、この可視画像の中では明るめに写るということです。逆にいうと、反射された太陽光線の度合いが小さければ小さいほど、暗めに写るということです。

　つまり上空を覆い隠すような厚い雲は、太陽光線の反射する度合いが大きいですから、この可視画像の中では明るめに写るということです。逆に上空が透けて見えるような薄い雲は太陽光線の反射する度合いが小さいですから、この可視画像の中では暗めに写るということです。

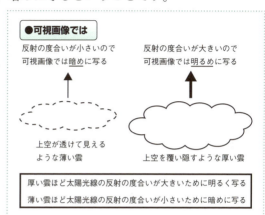

　このように可視画像は、雲などによって反射された太陽光線を利用しており、その特徴をまとめると、厚い雲（または雲粒の密集している雲）ほど、太陽光線を反射する度合いが大きいために白めに写り、薄い雲ほど太陽光線を反射する度合いが小さいために暗めに写るということです（そのようにして考えると、前ページの可視画像の図で白く写っているところは、厚い雲ということになります）。

　そしてこの可視画像は、雲などによって反射された太陽光線を利用しているため、太陽が沈む夜間は太陽光線の反射がありませんから、観測することができないという大きな欠点があります。

　またこの可視画像では同じ位置に雲があって、その雲の厚さなどの状態が変わらなくても太陽高度によって見え方が異なります。ではそれはいったいどういうことなのでしょうか？

　太陽というのは、朝に太陽が東の空に昇って（日の出）から、夕方に太陽が

第4章 ● 気象衛星観測　　99

第2節　衛星画像

西の空に沈む(日の入り)まで、同じ高度かというとそうではなくて、朝や夕方は高度が低くて、逆に昼は高度が高く(特に正午は南中高度といって太陽の高度が最も高くなる時間)なります。

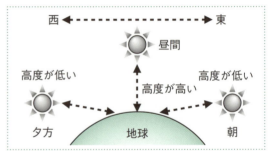

つまりそのような理由から同じ位置に雲があって、その雲の厚さなどの状態が変わらなくても、朝や夕方は昼に比べて、太陽の高度が低いために、太陽光線がどちらかといえば斜めから差し込むことになります。

そのため昼に比べて、朝や夕方は太陽光線の反射強度が小さくなり、暗めに写ります。そしてこの可視画像では、このような太陽高度によって生じる差に関しては補正をしていません。

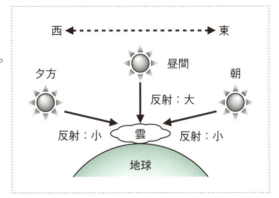

ではこの可視画像で、太陽高度によってどのくらい見え方が異なるのかというのを、実際に台風を例にあげて見てみましょう。

下図①～③は、同じ台風を同じ1日の中で時間別に写したもので、①が7時(朝)②が12時(昼)③が17時(夕方)の図であり、つまり①～③の図に向けて時刻が進んでいます(時間はいずれも日本時間)。

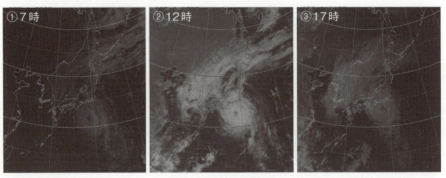

台風の中心付近(台風の目の周辺)の雲は、一般的に積乱雲という雲頂高度も高い、厚い雲で構成されているため、この可視画像ではどれでも明るく写らないとおかしいのですが、前ページの台風の画像①〜③のように、時間によって台風の中心付近の雲はその写り方が異なります。①と③はそれぞれ朝と夕方の図であり、②の昼の図に比べて太陽高度が低いために、同じ台風の雲でも暗めに写ります。このように可視画像を見るときには、太陽高度によって見え方が異なるために、その時間帯にも十分に注意するようにしてください。

　またこの可視画像では、雲頂高度の高い雲の影が、雲頂高度の低い雲に写ることがあります。ではそれはいったいどのようなことなのでしょうか?

　右の図のように①〜③の雲があり、②の雲の雲頂高度は①と③の雲に比べて高いものとします。ここでは、話がややこしくなるので、①と③の雲の雲頂高度は

同じということにしておきます。そして、この図の左側を西の方角として、この図の右側を東の方角ということにします。

　つまり簡単にいうと、②の雲頂高度の高い雲に太陽光線があたると高層マンションのように影ができて、それが①や③の雲頂高度の低い雲に映るということなのです。ただ、1日の中でもその影の映りかたが異なるために、朝と昼と夕方の3つの時間帯に分けて詳しく見ていきます。

　まず朝は、太陽は東の方角にあります。また先ほどもお話ししたように、朝は太陽の高度が低いので、太陽光線は東の方角から西の方角に斜めに差し込むことになります。

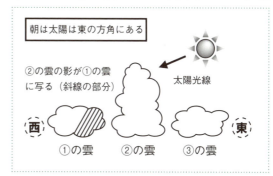

つまりこの場合の②の雲の影は西の方角にできることになり、西の方角にある①の雲にその影が写ることになります（前ページ下の図を参照）。

次に昼（ここではわかりやすくするために正午とします）は太陽の高度が一日の中で最も高くなり、ほとんど真上から太陽光線が差し込むようになります。つまりこの場合の②の雲の影は、ほとんど真下にできて、どの方角にも影はできません。そのような理由から、この場合の②の雲の影はどこにも写らないことになります（右上図参照）。

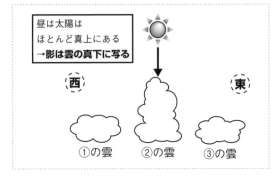

最後に夕方は、太陽は西の方角にあります。そして太陽の高度は朝のときと同じく低いので、今度は、太陽光線は西の方角から東の方角に斜めに差し込むことになります。つまりこの場合の②の雲の影は東の方角にできることになり、東の方角にある③の雲に、その影が写ることになります（上図参照）。

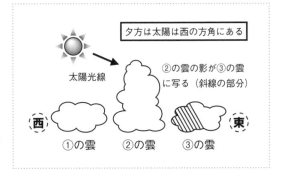

このように太陽や雲の位置関係などによっては、１日の中で、いつでもというわけではないのですが、雲頂高度の高い雲の影が、雲頂高度の低い雲に写ることがあります。そして可視画像では反射された太陽光線を利用していますから雲の影になっているところでは、太陽光線があたらずに太陽光線の反射もないことになりますので、この可視画像ではその影になっている部分だけ、本当は雲があるにもかかわらず、写らないことになるのです。

そして、この可視画像では雲だけではなくて、雪（積雪）や海氷（流氷）なども、明るく写すことがあります。

例えば次ページの上の図のように地表面が雪に覆われているとします。雪（特に新雪）は白いので、太陽光線をよく反射します。つまり太陽光線をよく

反射するということは反射強度が大きいのです。

そのように太陽光線の反射強度の大きいところを、この可視画像では明るく写しますから、雲だけではなく、この雪も明るく写すことがあります。

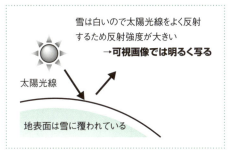

また海氷なども同じような理由から、太陽光線をよく反射して反射強度が大きいため、この可視画像では明るく写ることがあります。

では雪と海氷などを、雲と見分ける方法はあるのでしょうか？ まず雪や海氷などは主に冬季にできるものです。そして雲というのは、上空にできますから上空の風に流されて移動しているのに対して、雪は移動せずにいます。

また海氷に関しては、移動することは移動するのですが、雲に比べて、その移動速度がきわめて遅いことが特徴としてあげられます。ちなみに日本付近で主に海氷が観測されるのはオホーツク海付近です。

GPSによる可降水量の観測

可降水量(気柱水蒸気量)とは、単位面積あたりの地表面から大気の上端までの気柱に含まれている水蒸気がすべて凝結したときの降水量(単位：mm)を表したものです。

GPS衛星の電波は水蒸気が多いほど地上の受信機に到達するまでの時間が遅くなる性質があります。この性質を利用することで地上から大気の上端までの空気中の水蒸気量を把握することができます。これを**GPS可降水量**といいます。この

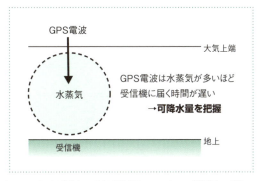

GPS可降水量は数値予報(コンピュータが行う天気予報のことで詳細は第7章を参照)に利用されていて、降水量の予測に役立てられています。

ステファン・ボルツマンの法則を思い出そう

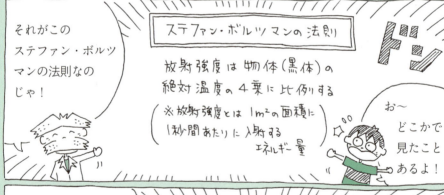

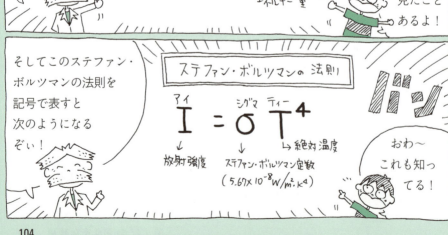

では今からこのステファン・ボルツマンの法則についてお話ししていくよ！
まずこの式の中のσ（シグマ）は定数なのでその数値が変化しないのじゃ！
つまり放射線強度（I）は絶対温度（T）によってその大きさが決まるのじゃよ

ステファン・ボルツマン定数は数値が変化しない
$$I = \sigma T^4$$
一定

放射強度は絶対温度によって決まる！

なるほど〜！

つまりこの法則は
もし絶対温度が2倍になれば放射強度はその2倍をさらに4乗した16倍になる。
そして絶対温度が3倍になれば放射強度はその3倍をさらに4乗した81倍になることを意味しておる！

$I = \sigma T^4$　バン
16倍 ← 2倍
絶対温度が2倍になれば放射強度はその2倍をさらに4乗した16倍になる

$I = \sigma T^4$　ババン
81倍 ← 3倍
絶対温度が3倍になれば放射強度はその3倍をさらに4乗した81倍になる

ふむふむ

つまりこの結果から物体の絶対温度が2倍から3倍になると放射強度が16倍から81倍になるように絶対温度が高くなるほど放射強度が大きくなることがいえるぞい！

物体の絶対温度 高
→ 放射強度 大

物体の絶対温度 低
→ 放射強度 小

逆にいうと絶対温度が低いほど放射強度が小さくなるよね

ではこのステファン・ボルツマンの法則を踏まえて赤外画像についてお話ししていくよ

れっつご〜！

4-3 赤外画像

赤外画像

　右図が**赤外画像(IR)**という衛星画像のひとつです。

　ではこの赤外画像というのはどのように観測されているのでしょうか？

　まずここで知っていてもらいたいことがあります。それが太陽放射と地球放射というものです。

　太陽というのは、主に**可視光線(VIS)**という電磁波を放出しています。これが一般的にいう太陽光線というものであり、専門的にいうと**太陽放射**といいます(右図参照)。

　そして、太陽だけではなくて、私たちの暮らしている地球というのも主に**赤外線(IR)**という電磁波を放出しています。これを専門的にいうと**地球放射**といいます。

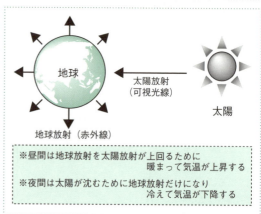

　地球というのは太陽の照っている時間(つまり昼間)は、地球から放出される地球放射を太陽から受け取る太陽放射(太陽光線)が上回ることによって暖まり、気温が上昇していきます。そして、太陽が沈んだ時間(つまり夜間)は、太陽から太陽放射を受け取ることができずに、地球から地球放射というもの

が放出されるばかりになるので、冷えて気温が下降していきます。

つまりこの赤外画像というのはその名前の通り、この地球から放出される地球放射という赤外線を利用することによって、画像にしたものです。

またここでいう地球とは、地面や海面などの地球表面(地表面)だけではなくて、雲などもひとまとめにしたという意味があります。

それでは、この赤外画像というのは、地球から放出される赤外線という電磁波(地球放射)を利用しているのですが、いったいどのようにして利用しているのでしょうか？

右図のように、水平(横)方向に広がる層状雲の中でも高い位置にできる上層雲と、同じく層状雲の中でも低い位置にできる下層雲があるとします。

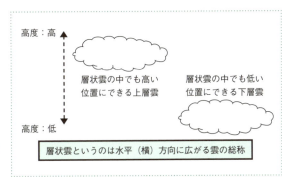

物体というのは、絶対温度で0度(これを絶対0度といい、私たちの馴染みのある℃：摂氏で表すと−273℃になります)でない限り、何かしら電磁波を放出しているものです。つまり上図の中にある2つの雲も、地球上で自然に発生する限り絶対温度で0度(−273℃)ではないので放射をしており、ここでは赤外線という電磁波を放出しています。

ただ、2つの雲は放射をしていることには間違いはないのですが、その放射強度には違いがあります。

そして、ここで思い出してもらいたいことがあるのですが、それが、P104〜105で博士がお話ししていた**ステファン・ボルツマンの法則**です。

つまり放射をする物体の温度(絶対温度)が高いほど、放射強度は大きくなり、逆に放射をする物体の温度(絶対温度)が低いほど、放射強度は小さくなります。

このように放射する物体の

第4章 ● 気象衛星観測　107

温度が、その物体の放射強度を決めます。つまり、今お話ししている２つの雲(前ページの図の上層雲と下層雲)というのも、その温度に違いがあれば放射強度に違いがあるということです。

まずこの２つの雲というのは高い位置にできる上層雲と、低い位置にできる下層雲なわけですから、つまりできる高さが違います。

一般的に雲というのは、上層雲であっても下層雲であっても、この地球の中では対流圏という層(地上から高度約11kmまでの層)の中で発生するものです。その対流圏にはひとつの性質があって、山に登れば気温が低くなるように、高度が高くなればなるほど気温が

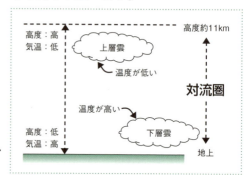

低くなるものです。それを逆にいうと、山を降りれば気温が高くなるように、高度が低くなればなるほど気温が高くなります。

そのような理由から高い位置にできる上層雲は、その雲自体の温度が低く、逆にいうと低い位置にできる下層雲は、その雲自体の温度も高いことになります(右上図参照)。

そして雲自体の温度が違えば何が変わってくるかというと、その雲が放射している赤外線の強度です。

ステファン・ボルツマンの法則によると、温度の高い物体は放射強度が大きく、温度が低い物体は放射強度が小さいわけでしたから、つまり高い位置にできる上層雲は、そ

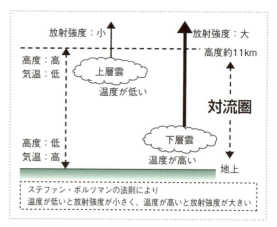

の雲自体の温度が低いために、その上層雲から放射される赤外線の強度が小さく弱いのです。逆に低い位置にできる下層雲は、その雲自体の温度が高いために、その下層雲から放射される赤外線の強度が大きく強いのです。

そして、この赤外画像では放射強度の小さなところを明るく写し、放射強度の大きなところを黒く写すために、高い位置にできる上層雲は温度が低く、放射強度が小さいために明るく写ります。逆に低い位置にできる下層雲は温度が高く、放射強度が大きいために暗く写ります。

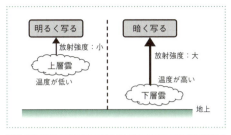

また積乱雲という雲頂高度の高い雲も、赤外線を放射している雲頂は高い位置にあるため温度は低く、その赤外線の放射強度が小さいですから、この赤外画像では明るく写ることになります。逆にいうと、雲頂高度の低い雲は暗く写るということになります。

つまりこの赤外画像の特徴をまとめると、高い位置にできる雲や雲頂高度の高い雲ほど赤外線を放射している部分の温度が低くて放射強度が小さいため明るく写り、逆に低い位置にできる雲や雲頂高度の低い雲ほど赤外線を放射している部分の温度が高くて放射強度は大きいために暗く写る、ということです。

大事なことは、この赤外画像では先ほどの可視画像のように、雲の厚さや薄さ(または雲粒の密集度合い)で、その画像の明るさや暗さが決まるのではなくて、あくまでも雲のできる位置(高度)や、雲頂高度の高さや低さで、その画像の明るさや暗さが決まることです。

ただ注意点があります。上層雲の中でも巻雲(俗称:すじぐも)のような隙間のある雲というのは、それよりも低い位置にできる温度の高い雲などからの放射強度の大きい赤外線が、その隙間から透過(通り抜けること)することがあります(次ページの上の図参照)。

つまり、そのような隙間のある上層雲(ここでは巻雲)は、その温度の低い上層雲自体からの放射強度の小さい赤外線だけではなく、その隙間から透過した低い位置にできた雲からの放射強度の大きい赤外線が混ざり、放射強度

はやや大きく観測されてしまいます。

　この赤外画像では、放射強度の小さいところほど白く写すために、上層雲というのは温度が低く放射強度が小さいために、基本的にこの赤外画像では白く写るものなのですが、上層雲の中でも巻雲のような隙間のある上層雲というのは、前述のような理由から放射強度がやや大きく観測されてしまい、この赤外画像では黒めに写ることがあります。

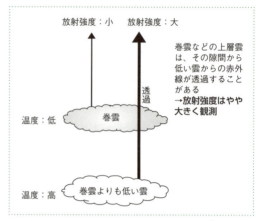

　また、この赤外画像というのは、地球からの赤外線の放射というものを利用しており、その赤外線は基本的に、昼夜を問わずに放射されています。そのような理由から、この赤外画像では昼夜を問わずに観測することができます。これが赤外画像の最も大きな利点です。

　つまりテレビで天気予報などを見ていると、太陽が沈んだ夜間でも衛星画像(雲画像)が放送されているのは、この赤外画像を一般的に使用しているからなのです。

輝度温度

　輝度温度(きどおんど)というのは、放射強度から求めたその物体の温度のことです。それではいったいどのようにして、その放射強度からその物体の温度を求めているのでしょうか？　ここで必要な考え方が、先ほどもお話ししたステファン・ボルツマンの法則です。

　このステファン・ボルツマンの法則は式で表すと$I = \sigma T^4$で、それぞれの

記号の意味はIは放射強度であり、σはステファンボルツマン定数で、その値は$5.67×10^{-8} W/m^2・K^4$です。そしてこの値は定数で変わりません。最後にTは、温度（正しくは絶対温度ですが、ここではわかりやすくするために温度と表しています）という意味があります。

つまりこの式のステファンボルツマン定数は、その数字が変わらないので、物体の温度が求まればその物体が放射する放射強度が求まります。

つまりそれを逆にいうと、物体が放射する放射強度が求まればその物体の温度が求まるということです。

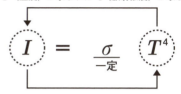

このようにステファン・ボルツマンの法則を使えば、その物体が放射する放射強度から、その物体の温度を求めることができ、このようにして求めた温度のことを輝度温度とよんでいます。またこの輝度温度というのは、その物体が放射する放射強度から計算で求めた温度のことであり、実際の温度とは多少の誤差はありますが、よい近似でその物体の実際の温度を表しています。

つまり計算で求めた輝度温度＝実際の物体の温度みたいなものだと思ってください。では、いったいどのようなときに、この輝度温度は高くなったり低くなったりするのでしょうか？それについて考えてみましょう。

ステファン・ボルツマンの法則の式より、Iの放射強度が大きいほどこの式から求めることのできるTの温度は高くなります。

そして、このように放射強度より求めた温度が輝度温度でしたから、

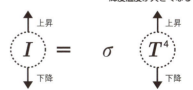

放射強度が大きいほど輝度温度は高くなります。

逆にいうとIの放射強度が小さいほど、この式から求めることのできるTの温度は低くなり、放射強度より求めた温度が輝度温度なのですから、放射強度が小さいほど輝度温度は低くなります。また、この輝度温度のことを**相当黒体温度**(そうとうこくたいおんど)または**等価黒体温度**(とうかこくたいおんど)ということもあります。

気象衛星は、地球(ここでの地球は地面や海面などの地球表面や雲などをひとまとめにしたものを意味する)が放射する赤外線の放射強度を観測して、そこから赤外画像などを作成していますから、その地球が放射する赤外線の放射強度を観測することにより、温度も、輝度温度の考え方を利用することで計算で求めることができます。

例えば、観測施設の少ない海上などでは海面水温などを観測することは困難です。

そのような場合、海面から放射される赤外線の放射強度を気象衛星が観測することにより、そこから計算で、海面水温なども求めることができるわけです。

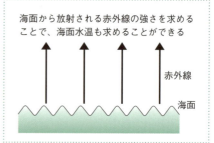

赤外画像と輝度温度

この赤外画像は高い位置にできる雲や雲頂高度の高い雲ほど明るく写り、逆に低い位置にできる雲や雲頂高度の低い雲ほど暗く写るとお話しをしてきましたが、輝度温度の分布を画像化したものと表記することがあります。

これまでお話ししたように、放射強度の小さいところはその放射強度から求めた輝度温度が低くなります。そして、輝度温度の低いところを赤外画像では明るく写します。輝度温度は実際の温度と良い近似を示しましたから、輝度温度が低いところほど明るく写すということは、いい換えると温度の低いところほど明るく写すということです。温度の低いところというのは、雲でいうと高い位置にできた雲(または雲頂高度の高い雲の雲頂付近)のことですから、結局のところ高い位置にできた雲(または雲頂高度の高い雲)ほど、この赤外画像では明るく写ることになります。

逆に、放射強度の大きいところは、その放射強度から求めた輝度温度が高くなります。そして、そのように輝度温度の高いところをこの赤外画像では暗く写します。輝度温度は実際の温度と良い近似を示しましたから、輝度温度が高いところほど暗く写すということは、いい換えると温度の高いところほど暗く写すということです。

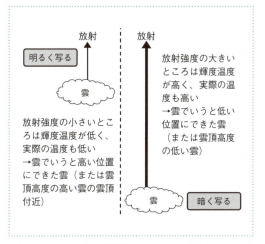

温度の高いところというのは、雲でいうと低い位置にできた雲（または雲頂高度の低い雲）のことですから、結局のところ低い位置にできた雲（または雲頂高度の低い雲）ほど、この赤外画像では暗く写ることになります。

また、この輝度温度と似た言葉に、**輝度**（きど）という言葉があります。この輝度という言葉は衛星画像全般に共通する言葉で、その漢字が表しているように輝く度合

◎輝度（きど）…輝く度合い
⇒衛星画像でどれだけ明るく写るかを表す言葉

輝度が大きい（高い）：明るく写っている
輝度が小さい（低い）：暗く写っている
（※輝度温度ではないことに注意）

いと書きますから、つまりこの輝度という言葉には、どれだけ衛星画像の中で明るく写っているかというものを表している言葉です。

つまり輝度が大きい(高い)というのは、衛星画像の中でより明るく写っているところを表しており、輝度が小さい(低い)というのは、それほど明るく写っていないところ(つまり暗めに写っているところ)を表しています。

第4章 ● 気象衛星観測

大気による吸収が弱い "大気の窓領域"って?

4-4 大気の窓領域

大気の窓領域

　大気の窓領域というのは、先ほど博士がお話しされていたように、赤外線の中でも波長が11μmあたりを中心とした8〜12μmの大気による吸収が弱い波長領域のことをいいます。では、なぜこの大気の窓領域を、この赤外画像では利用しているのでしょうか？

　それをお話しする前に、まずは思い出してもらいたいことがあります。

　地球の大気（主に水蒸気や二酸化炭素）は、太陽からの太陽放射（太陽が放出する電磁波）をほとんど吸収せず（＝透過：電磁波が物体の内部を通り抜けること）、逆に地球からの地球放射（地球が放出する電磁波）をほとんど吸収し

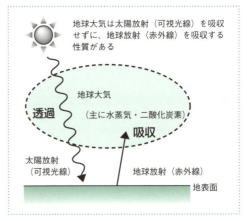

てしまうという性質があります。ではなぜこのように太陽放射と地球放射で、地球の大気による吸収に差ができてしまうのでしょうか？

　太陽放射と地球放射は、いずれもその正体は電磁波なのですが、その電磁波には詳しくは紫外線と可視光線と赤外線の3種類があり、太陽放射はそのほとんどが可視光線です。そして地球放射はそのほとんどが赤外線です。この電磁波の種類の違いこそが、実は地球の大気による吸収の差です。つまり地球の大気は、可視光線（太陽放射）をほとんど吸収せずに、赤外線（地球放射）をほとんど吸収してしまうという性質があります。

　ではこれを踏まえた上で、なぜ大気の窓領域をこの赤外画像では利用しているのかお話ししていきます。次ページの上の図のように雲があります。そしてこの雲も赤外線という電磁波を放射しています。

ただこの雲は確かに赤外線を放射しているのですが、その赤外線というのは正確には0.77μm（1μm＝$\frac{1}{1000}$mm）よりも長い波長の電磁波で、その波長の長さには幅があります。

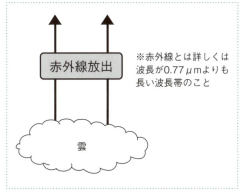

つまりこの雲が放射している赤外線という電磁波も、決してひとつの波長の長さではなくて幅があり、例えば極端な話、20μmや30μmという波長の赤外線も放射していることになります。そしてこのような赤外線を、地球のはるか上空にある気象衛星が受け取ることによって、それを利用し、画像化したものが、いわゆる赤外画像なのですが、その赤外線が気象衛星にまで届かなければ利用することができないため意味がないことになります。

つまり地球の大気は、赤外線を吸収しやすいという性質がありましたから、上図のように雲から放射された20μmや30μmという赤外線は、その雲の上空や周囲に広がる地球の大気によって吸収されてしまいます。これでは地球のはるか上空にある気象衛星にまでは届かずに利用することができません。

一方、赤外線の中でも11μmあたりを中心とした8μm〜12μmの波長領域の赤外線については、大気による吸収が弱いという性質があり、これを大気の窓領域とよんでいます。

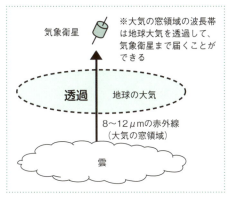

そしてこの大気の窓領域という波長領域の赤外線も、もちろん雲などからは放射されていて、その性質から大気による吸収も弱く、地球のはるか上空にある気象衛星まで届くことができます。

このような理由から、この赤外画像では赤外線の中でも、特に大気の窓領域という波長領域の赤外線を利用しています。

第4章 ● 気象衛星観測　117

水蒸気画像の中でも明るく写るものがある理由は？

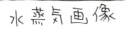

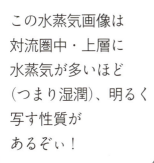

この水蒸気画像は対流圏中・上層に水蒸気が多いほど（つまり湿潤）、明るく写す性質があるぞぃ！

対流圏中・上層がポイントじゃぞ！

へぇ～！

単純に水蒸気があれば明るく写るわけでもないんだね

ということはやっぱり雲がなくても対流圏中・上層に水蒸気があれば明るく写るってことか

雲はいらない…？

それではこの水蒸気画像について詳しくお話ししていこうかの！

おーやるよ～！

その通りじゃ！

雲がなくても対流圏中・上層に水蒸気があれば明るく写る
→水蒸気画像の特徴

あやっぱり！

4-5 水蒸気画像

水蒸気画像

　右図が**水蒸気画像（WV）**といって衛星画像のうちのひとつです。

　先ほど博士がお話ししていたように、この水蒸気画像では地球が放射する赤外線の中でも特に水蒸気に吸収されやすい**水蒸気吸収帯**という波長帯（6.2μm帯）を利用しています。

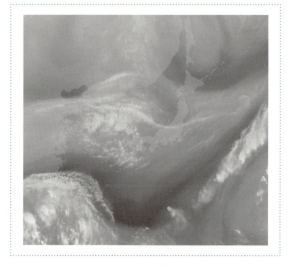

　ではこの水蒸気画像というのは、その水蒸気吸収帯を利用することによって、いったいどのようにして観測しているのでしょうか？　それについて、今から具体的にお話ししていきます。

　まず右図のように対流圏中・上層の大気中に水蒸気が多く含まれていて、湿っている場所がある（湿潤）とします。ここでは話をわかりやすくするために、対流圏中・上層は、ひとつの層として考えていきます。

　物体というのは絶対

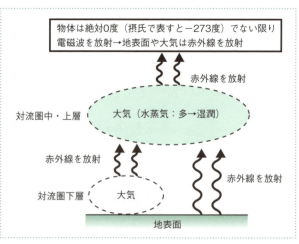

0度（絶対温度：Kで0度という意味であり、私たちの馴染みのある摂氏：℃で表すと−273度に対応している）でない限りは電磁波というものを放射しています。つまり、前ページの図の地表面や大気にも温度があって、それは地球で自然に存在している限りは絶対0度ではないので、電磁波を放出していることになります。そして、その地表面や大気からは、電磁波の中でも赤外線という電磁波が放射されています。

また、具体的には地表面や大気が放射している赤外線にはいろいろな波長と性質を持った赤外線（例えば大気の窓領域）があるのですが、この水蒸気画像では特に水蒸気に吸収されやすいという性質を持った水蒸気吸収帯という波長帯（波長6.2μm帯）を利用していますので、いろいろな種類の赤外線の中でも水蒸気吸収帯という赤外線にだけに注目していきます。

ここでは対流圏中・上層で水蒸気が多く湿っていると仮定していますから、それよりも下にある地表面や対流圏下層の大気から放射される水蒸気吸収帯という赤外線は、水蒸気に吸収されやすいという特性から、対流圏中・上層の大気中に含まれる多量の水蒸気によって吸収されてしまうことになります（右図参照）。

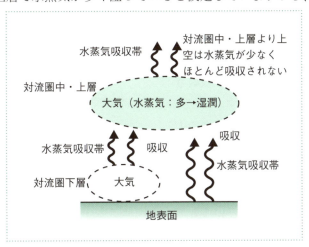

そのような理由から地表面や対流圏下層の大気から放射された水蒸気吸収帯という赤外線は、はるか上空にある気象衛星までは届かないのです。

逆に対流圏中・上層の水蒸気を多く含んだ大気から放射された水蒸気吸収帯という赤外線は、それよりも上空（対流圏中・上層より上空とは、成層圏・中間圏・熱圏・外気圏にあたる）では水蒸気が少ないために、ほとんど吸収されずに、はるか上空にある気象衛星まで届くことができます。つまり対流圏中・上層で水蒸気が多く湿っているような場所では、地表面や対流圏下層の大気から放射された水蒸気吸収帯という赤外線は、上図にあるように対流

圏中・上層の大気中にある多量の水蒸気に吸収されるために観測できずに、対流圏中・上層から放射された水蒸気吸収帯という赤外線が強く反映されて観測されることになります。

　対流圏というのは高度が高くなるほど温度が低くなるため、対流圏中・上層というのは、その対流圏の中でも高度が高く温度が低いので、その対流圏中・上層にある水蒸気を多く含んだ大気から放射される水蒸気吸収帯という赤外線の放射強度は小さいのです。また、放射強度が小さいということは、輝度温度(単純に温度と考えて良い)が低いということを表しており、そのように輝度温度が低い部分は、この水蒸気画像では明るく写ります。

　次に右図のように対流圏中・上層の大気中に水蒸気が少なく、乾いている場所がある(乾燥)とします。

　そして、地表面や大気から赤外線が放射されるとします。

　ここでも地表面や大気からは、いろいろな種類の赤外線が放射されているわけなのですが、そのいろいろと放射されている赤外線の中でも、水蒸気画像で利用されている水蒸気吸収帯という特に水蒸気に吸収されやすい波長帯の赤外線にだけに注目していきます。

　つまりここでは対流圏中・上層で水蒸気が

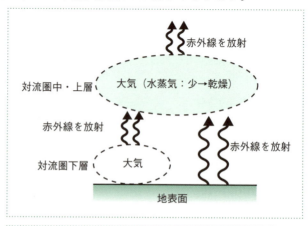

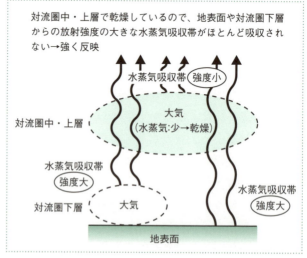

少なく乾いていると仮定していましたから、それよりも下にある地表面や対流圏下層の大気から放射される水蒸気吸収帯という赤外線は、対流圏中・上層の水蒸気にほとんど吸収されずに、はるか上空にある気象衛星まで届くことができます(前ページ下の図参照)。

　対流圏は、高度が高くなるほど温度が低く(それを逆にいうと高度が低くなるほど温度が高くなる)なりましたから、地表面や対流圏下層は、その対流圏の中でも高度が低く温度が高いので、そのような場所から放射される水蒸気吸収帯という赤外線の放射強度は大きい(逆に対流圏中・上層の水蒸気の少ない大気は高度が高く温度が低いので、水蒸気吸収帯という赤外線の放射強度は小さい)のです。このような理由から、対流圏中・上層で水蒸気が少なく乾いているような場所では、地表面や対流圏下層の大気から放射されている放射強度の大きな水蒸気吸収帯という波長帯の赤外線が強く反映されて観測されることになります。

　また放射強度が大きいということは、輝度温度が高いことを表しており、そのように輝度温度が高い部分は、この水蒸気画像では暗く写ります。

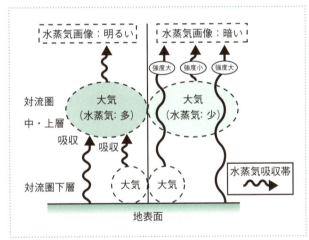

　ではこの水蒸気画像の特性をまとめてみましょう。対流圏中・上層で水蒸気が多く湿っている場所では、輝度温度の低い対流圏中・上層の水蒸気を多く含んだ大気から放射される水蒸気吸収帯という赤外線を観測するので、明るく写ります。

　そして、対流圏中・上層で水蒸気が少なく乾いている場所では輝度温度の高い地表面や対流圏下層の大気から放射される放射強度の大きな水蒸気吸収帯という赤外線を観測することになりますので、暗く写ることになります。

　つまり、この水蒸気画像では対流圏中・上層の水蒸気の量によって、画像の明るさの度合いが決まります。そのようにして考えると、この水蒸気画像

では雲がなくても対流圏中・上層に水蒸気が多く、つまり湿っているのであれば、画像で明るく写るということなのです。ここが、今までお話ししてきた可視画像や赤外画像とは大きく異なる点です。

また、この水蒸気画像では**明域**と**暗域**という言葉を用いることがあります。明域というのはそのままですが、水蒸気画像の中で明るく輝いて見えるところであり、水蒸気画像の特性から

```
◎明域：水蒸気画像で明るい領域
  ⇒対流圏中・上層で水蒸気が多い
◎暗域：水蒸気画像で暗い領域
  ⇒対流圏中・上層で水蒸気が少ない
```

対流圏中・上層で水蒸気が多く湿っているところを表しています。逆に暗域というのは、これもそのままですが水蒸気画像の中で暗く見えるところであり、水蒸気画像の特性から対流圏中・上層で水蒸気が少なく乾いているところを表しています。

暗域では対流不安定に注意

水蒸気画像で、暗域では対流不安定成層になっている可能性がありますので、注意が必要です。ではその理由について、今からお話ししていきます。

まず暗域というのは、水蒸気画像で暗く見えるところですから、先ほどもお話ししましたように、対流圏中・上層で、水蒸気が少なく乾いているような場所（乾燥）です。

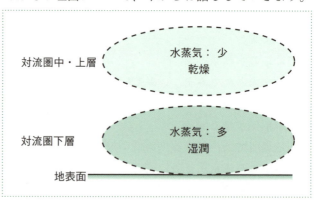

そして、対流圏下層では逆に水蒸気が多く湿っているもの（湿潤）とここでは仮定します。

ここで必要な考え方が、**相当温位（記号：θe）**という言葉の考え方です。相当温位というのは、空気の性質を数値で表したものです。空気の温度が高

く水蒸気が多く湿っているときほど、相当温位の数値が高くなり、逆に空気の温度が低く水蒸気が少なく乾いているときほど、相当温位の数値が低くなるものです。

そして相当温位が高度とともに減少していくような層のことを**対流不安定成層**といいます。対流不安定成層というのは、対流雲が集団的に発生・発達しやすい層のことであり、要するに注意が必要だということです。

そのようにして考えると、対流圏中・上層で水蒸気が少なく乾いていて、対流圏下層では水蒸気が多く湿っているような場合は、空気の温度は詳しくはわかりませんが、水蒸気の量だけで相当温位の値を考えると、対流圏中・上層では水蒸気が少なく乾いているので相当温位が低いことになります。

逆に、対流圏下層では水蒸気が多く湿っているので、相当温位が高いことになります。つまり高度とともに相当温位が減少していくことになるので、対流不安定成層になります。

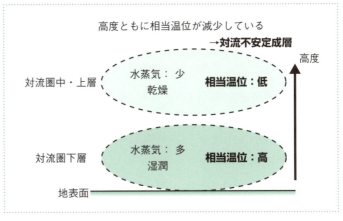

このような理由から、水蒸気画像で暗域（対流圏中・上層で水蒸気が少なく乾いているところ）という場所は、対流不安定成層となっている可能性もありますので、注意が必要なのです。

また、この水蒸気画像を使用することによって、上空のジェット気流（強風軸）という偏西風の中でも、特に強い風を把握することができます。

例えば右の図のように、ジェット気流(太実線)が吹いているとします。このような場合は、このジェット気流を境目に極側(北半球では北側)には暗域、赤道側(北半球では南側)には明域が対応します。

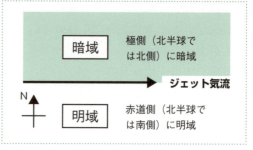

簡単にいうと、ジェット気流の極側は比較的乾いていて、赤道側は比較的湿っているということを表しています。また、このような暗域と明域の境目を専門用語で**バウンダリー**といいます。

衛星画像の解像度

解像度(分解能ともいう)とは画像の精度のことで、解像度がよく(高く)なるほど、その画像の精度がよいことになります。

この衛星画像では基本的に可視画像と赤外画像、水蒸気画像の3種類があり画像によりその解像度が異なります。可視画像は0.5km～1km、赤外画像と水蒸気画像は2kmなのですが、この値はあくまでも衛星直下での話になります。

衛星画像を作成している気象衛星は赤道上空を飛んでいるため、つまり赤道付近を撮影するときは可視画像では0.5～1kmであり、赤外画像と水蒸気画像は2kmになります。

そして赤道から高緯度に向かうほど斜めに撮影することになるため、上記の値よりも解像度は落ちることになります。

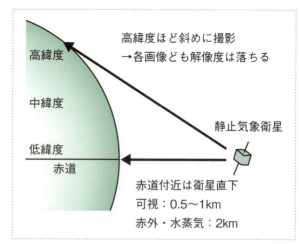

雲頂強調画像

　雲頂強調画像は、その名前の意味するとおり、雲頂高度の高い雲のある領域に色をつけて視覚的にわかりやすく表示した衛星画像（右図参照）です。

　具体的には日中は可視画像、夜間は赤外画像を使用して雲域を表示し、その上に雲頂高度が高い雲のある領域を色づけしています。

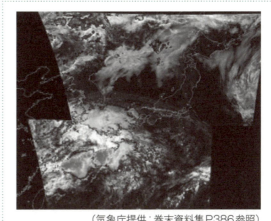

（気象庁提供：巻末資料集P386参照）

　雲頂高度の高い雲ほどその雲頂の温度は低くなります。雲頂の温度が低いほどそこから放射される赤外線は弱くなります。逆に放射される赤外線が弱いほどその雲の雲頂の温度が低いことになります。つまり気象衛星で赤外線の強さを観測することにより、その雲の雲頂の温度（正しくは輝度温度）を把握することができ、すなわちその雲の雲頂高度が推定できます。

　そのようにして雲頂高度を推定し、この雲頂強調画像の中で青色→緑色→赤色になるほど雲頂高度が高いことを意味しています。特に赤味がかった領域は雲頂高度が非常に高いことを意味し、そこには積乱雲が含まれている可能性があります。この雲頂強調画像では日中は太陽光線を利用した可視画像を使用しており、その太陽光線により影ができることで積乱雲の雲頂の凹凸した形状が見えるため、このような雲域がこの雲頂強調画像で赤味がかって表示されているときは積乱雲が存在するとわかります。

第5節　水蒸気画像

第4章　気象衛星観測

衛星画像で見られる特徴的な雲、いろいろ

では次に雲パターンについてお話ししていくよ

何それ？

雲パターンとは衛星画像で見られる特徴的な雲のことなのじゃ

へぇーそうなんだ

雲パターン
衛星画像で見られる特徴的な雲のこと

この雲パターンにはいろいろとあるのじゃが、まずはジェット巻雲についてお話しするよ！ジェット巻雲とはジェット気流に沿って発生する巻雲（上層雲）のことなのじゃ！

ジェット巻雲
ジェット気流に沿って発生する巻雲（上層雲）

ドドド

ジェット巻雲はジェット気流のすぐ南側（暖気側）に発生するぞい

※ジェット気流のすぐ南側（暖気側）に発生

このジェット巻雲には2種類あるのじゃ！それがシーラスストリーク（Ciストリーク）とトランスバースラインじゃ

そうなんだ

ジェット巻雲は2種類
↓
①シーラスストリーク（Ciストリーク）
②トランスバースライン

2種類あるんだ

4-6 雲パターン

地形性巻雲

　山脈の風下側に発生する停滞性の巻雲のことを**地形性巻雲**といいます。ではこの地形性巻雲は、いったいどのようにして発生するのでしょうか？
　まず山頂付近から対流圏上部まで、ほぼ安定成層を成しており、風向がほぼ一定であることが発生の条件にあげられます。

　このような条件になると、山脈によって持ち上げられた空気の波が上層まで伝わり、上層の空気も右図のように波打つことがあります。

　そして、上層の空気がよく湿っていると、その上層に発生した空気の波の上昇流の部分で巻雲が発生することがあります。これが、地形性巻雲とよばれる雲です。

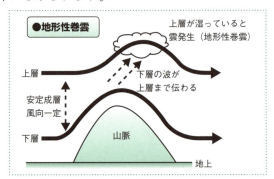

　そして、右上図のような状況(風の吹き方や安定度など)が変わらない限りは、上層の空気はずっと波打つことになるので、その上層に発生した波の上昇流の部分でずっと巻雲が発生し、その巻雲が停滞することになります。
　また、この山脈の山頂と巻雲との間にギャップ(隔たりのことで、もう少し簡単にいうと距離があること)があると、そのすぐ下流側で乱気流(大気中に発生する不規則な流れ)が発生しやすいので、注意が必要です。

波状雲

　山脈や島などの障害物の風下側に、等間隔に並んだ雲が発生することがあります。この雲のことを**波状雲**といいます。厳密には、山越え気流の風下に発生する波状雲といいますが、ここでは単純に波状雲とよぶことにします。

そして、この波状雲という雲は、主に積雲や層積雲などで、下層に発生することが多いのです。では、この波状雲がどのように発生するのか、今からお話ししていきます。

　まず、空気が右図のように山にぶつかると仮定します。

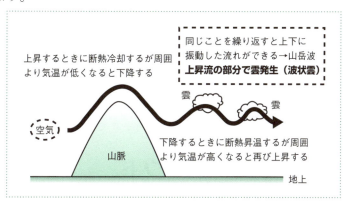

　すると、この空気は山を上昇していくのですが、空気というのは上昇すると気温が低下するため（これを断熱冷却という）、ある程度上昇すると、この空気は周囲の空気よりも気温が低くなります。気温が低くなると、空気は重たくなる（密度：大）性質がありますので、周囲の空気よりも気温が低くなった空気は重たくなり、下降していくことになります。

　そして空気は下降すると、今度は気温が上昇するため（これを断熱昇温という）、ある程度下降した空気は周囲の空気よりも気温が高くなります。気温が高くなると、空気は軽くなる（密度：小）性質がありますので、周囲の空気よりも気温が高くなった空気は軽くなり、再び上昇することになります。これを何度も繰り返していくと、山の風下側で、上下方向に振動する波ができます。これを**山岳波**（または**風下波**）といいます。

　この空気がよく湿っていれば、山岳波の波が上昇している部分で雲が発生することになります。この雲のことを波状雲といいます。

　また、この山岳波や波状雲が発生するためには、風向は下層から上層までほぼ一定で障害物の走向にほぼ直交（右図参照）していて、大気の成層状態が絶対安定であり、山頂付近で空気の速度（つまり風速）が、10m/s以上であるという条件があります。

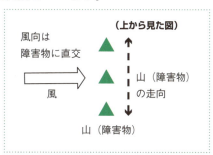

第4章 ● 気象衛星観測　131

また山岳波というのは、波なわけですから上昇する部分と下降する部分が交互に並んでいます。
　つまりこの波状雲は、その山岳波の上昇する部分で発生しましたから、右図のように等間隔で雲が並ぶことになります。また、この波状雲の間隔は、風速に比例し、風速が大きい

ほど、この波状雲の間隔が広くなるといわれています。そして、この波状雲のできている場所では、乱気流が発生する可能性もあります。

テーパリングクラウド

　主に発達した積乱雲によって構成された雲のことで、風上側に向かってとがった三角形の形をしている雲のことを**テーパリングクラウド**（にんじん状雲域や筆先状雲域ともいう）といいます。では、なぜこのような形になるのでしょうか？　それについて、今からお話ししていきます。

　まず非常に発達した積乱雲というのは圏界面付近まで発達するため、その圏界面より上は成層圏にあたり安定しているので、そこから上には発達できずに、そこで吹いている風の風下側に横方向にのびていくようになります（右図参照）。

　この横方向にのびていく雲のことを**かなとこ雲**といいますが、この雲は10種雲形でいうと、巻雲にあたるために、かなとこ巻雲とよばれることもあります。

　右上図は非常に発達した積乱雲を横から見た図になるのですが、これを上から見ると右図のように風上側にとがった三角形の形をしており、衛星画像でもこのような形で確認することができます。こ

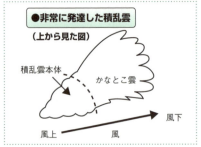

れがテーパリングクラウドという雲です。つまりこのテーパリングクラウドと呼ばれる三角形の形をした雲の風上側のとがっている部分が積乱雲の本体にあたり、この場所で特に短時間強雨(豪雨)や落雷、突風、降ひょうなどのシビア現象(シビアとは、きびしいさまという意味)がしばしば発生します。

カルマン渦

　カルマン渦(または**カルマン渦列**)とは、孤立した島の風下側にできる小さな雲の渦の列のことです。今から、このカルマン渦について詳しくお話ししていきます。

　このカルマン渦は、強い逆転層の下にある層雲や層積雲に覆われている広い海域で、ある程度の高さを持つ島に向かって、強い風が一定の方角から吹いているときに、島の風下側で発生することがよくあります。

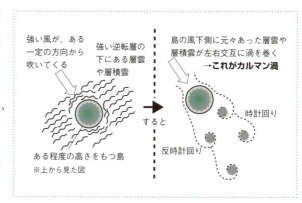

　日本付近では、冬季、シベリアから北よりの季節風が吹いているときに、済州島(チェジュトウ)という島の風下側でよく見かけることができます。

　済州島とは、朝鮮半島のすぐ南にある島のことで、気象予報士試験ではよく出る地名ですので、しっかりと覚えていてください。

帯状対流雲

　冬季の日本海で、シベリアからの北よりの季節風(寒気)が吹いているときに、現れる幅の広い雲の帯のことを**帯状対流雲**といいます。

朝鮮半島の北東の端には標高2000m級である白頭山（はくとうさん）という山があります。この山にシベリアからの北よりの季節風がぶつかると、2つの方向に迂回します（右図参照）。

　この迂回した風が再び、風下側にあたる日本海で収束すると、そこで上昇流が発生して雲が発生することになります。この雲のことを帯状対流雲といいます。

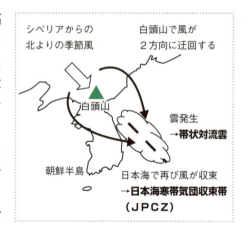

　そして、白頭山によって、迂回した風が再び日本海で収束する、そのライン（帯）のことを**日本海寒帯気団収束帯**（記号：**JPCZ**）といいます。

ドボラック法

　台風（熱帯低気圧）は、低緯度（具体的には緯度5～20度）の海面水温が26～27℃以上といった比較的海面水温の高い海上で発生し、そこから中緯度の方角へと一般的に進んでくるものです。そしてそのときの台風の通り道というのは右図のように海上である場合がほとんどです。

　海上は陸上に比べると、気圧などの気象要素を観測するための観測施設があまり多くはありません。では、観測施設が少ない海上を進んでくる台風を、いったいどのようにして、その中心気圧や中心付近の最大風速などといった強度を観測し、私達に台風情報として伝えているのでしょうか？

　1987年までは、この台風の観測は、米軍によって飛行機観測という方法で行われていました。具体的には、台風観測用の飛行機で、実際に台風の中心まで突入して、上空から気象測器を落下させて観測するという、まさに命

がけの観測が行われていたのです。

この米軍による継続的な飛行機観測がなくなってからは、気象衛星から観測した台風の雲の分布の特徴などから、台風の中心気圧や中心付近の最大風速といった強度を推定する方法が用いられています。

この方法はアメリカの気象学者によって開発されたものであり、その開発者の名前から **ドボラック法（Dvorak method）** とよばれています（もちろん、付近を航行中の船舶などの観測データがあれば、それも利用しています）。

ただし、このドボラック法というのは、あくまでも気象衛星から見た台風の雲の分布の特徴などから、台風の中心気圧や中心付近の最大風速といった強度を推定したものであり、誤差が少なからず含まれていることは知っておいてください。

サングリント

太陽の光線が、海洋や湖などの水面から反射されることがあります。これを **サングリント** とよび、太陽光線の反射光を利用している可視画像で大きな明るい領域として確認することができます。

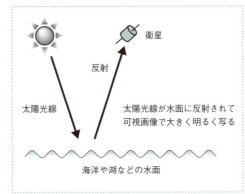

そして、このサングリントの大きさや強さは水面の状態で変化します。風が穏やかで波が立っていない水面では、サングリントは小さく明るく見えます。逆に風が強く波が立っているような海面では、サングリントは大きく暗く写ります。つまり、サングリントを見ることによって、水面の状態がわかるということです。

第4章 ● 気象衛星観測

潮目

　潮目(しおめ)というのは広い意味で温度や塩分など、性質の異なる潮流(海水の流れ)の境目のことをいいます。この潮目も衛星画像を見ることによってわかります。そしてこの潮目は衛星画像の中でも赤外画像の中で、灰色のわずかな濃淡(濃さや薄さのこと)として表現されるものです。

　右図のように、海面があり、図の左側に暖流(周囲よりも高温な海水の流れ)が、図の右側に寒流(周囲よりも低温な海水の流れ)が対応しているものとします。つまり、この暖流と寒流の境目がここでの潮目ということになります。

　物体というのは、絶対0度(−273℃)でない限りは、電磁波を放射しており、海面からは赤外線という電磁波が放射されています。

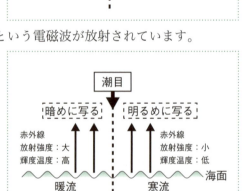

　つまり、暖流にしても寒流にしても絶対0度ではないので、その海面からは赤外線が放射されていることになるのですが(右図参照)、ポイントは暖流と寒流の海水温の違いです。

　暖流はその名前の通り、周囲よりも高温なので、そこから放射される赤外線の放射強度が大きく、輝度温度が高いのです。そして、そのように輝度温度が高いところを赤外画像では暗く写しましたから、暖流の部分は、赤外画像では暗めに写ることになります。

　逆に寒流というのはその名前の通り、周囲よりも低温なので、そこから放射される赤外線の放射強度が小さく、輝度温度が低いのです。そして、そのように輝度温度が低いところを赤外画像では明るく写しましたから、この寒

流の部分は、赤外画像では明るめに写ることになります。

このように暖流と寒流とでは、その海水温の違いから、赤外画像の明るさに変化がでることになります。そして、前ページの下の図のように、明るめに写っているところと暗めに写っているところの境目を赤外画像では潮目として確認することができます。

ただ、この潮目は先ほどもお話ししましたように、灰色のわずかな濃淡として赤外画像で表現されますので、白と黒のようにはっきりとしたものではないことに注意してください。

黄砂

黄砂というのは、中国大陸の黄土地帯やゴビ砂漠などで強風により舞い上がった砂塵(意味：砂ぼこり)が、上空の偏西風に流されて落下する現象のことをいいます。この黄砂を気象衛星で観測すると、発生当初の中国大陸付近では可視画像上で明灰色に表されて比較的明瞭な境界をもっていますが、日本付近に到達する頃には拡散(広がり散らばること)して薄くなり、識別が難しくなります。

火山噴煙の監視

火山が噴火すると、人体に有害な火山灰や火山ガスを含んだ雲が形成され噴煙となり、周囲の風に流されて周囲に広がっていきます。

この噴煙に含まれる火山灰は航空機のエンジンに悪影響を与えるため、噴火後の噴煙の動きを把握することは航空機の運航に非常に重要です。ひまわり8号では、複数のバンドを組み合わせることで火山灰や火山ガスの動きを把握することが可能です。

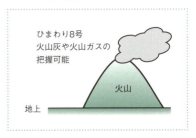

温帯低気圧の発達3条件って？

発達期の温帯低気圧はその構造にも特徴があってまず①地上低気圧の中心に対して上空の気圧の谷（トラフ）が西側に位置しているのじゃ！

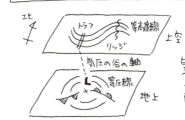

次に②地上低気圧の前面で上昇流域、後面で下降流域が対応しているぞい！前面、後面とは進行方向に対して前面、後面という意味じゃ！

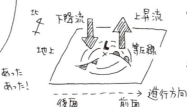

最後に③地上低気圧の前面で暖気移流域、後面で寒気移流域が対応しているぞい！暖気移流とは暖かい側から寒気移流は冷たい側から吹いてくる風のことじゃ！

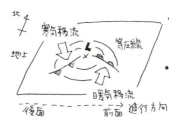

そしてこの発達期に見られる3つの構造を温帯低気圧の発達3条件というのじゃ！

では雲域について詳しくお話ししていくよ！

4-7 温帯低気圧にともなう雲域

温帯低気圧の4つの時期

温帯低気圧には一般的に①**発生期**②**発達期**③**最盛期（閉塞期）**④**衰弱期**の4つの時期があります。そしてそれぞれの時期に見られる特徴的な雲域について、これから順にお話ししていきます。

1 発生期

クラウドリーフ（木の葉状の雲域）という特徴的な雲域が見られます。雲域の形状だけでは判断がしにくいのですが、この時期の温帯低気圧の中心は雲域のほぼ中央で南縁付近に位置することが多く、この雲域の北縁と上空のジェット気流（強風軸）はほぼ一致します。

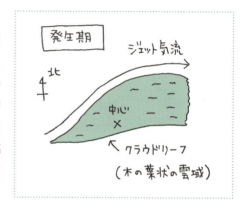

2 発達期

中心気圧の低下する割合が最も大きい時期のことをいいます。発達期は、詳しくは前期と後期とで雲域の特徴が変わります。まずは発達前期に見られる特徴的な雲域からお話ししていきます。

発達前期には**バルジ**と呼ばれる特徴的な雲域が見られます。これは発生期に見られたクラウドリーフの北縁がさらに大きく北側へと高気圧性曲率（時計回り）を持ちながら膨らむようになった雲域の形状のことをいいます。

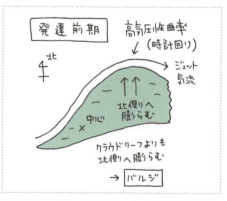

この時期の温帯低気圧の中心は雲域の中心よりやや西側へと移り、上空のジェット気流は発生期と同じで雲域の北縁にほぼ一致します。

　このバルジは温帯低気圧の発達を示唆しているのですが、なぜ温帯低気圧の発達と関係しているのでしょうか？　先に結論をいうと温帯低気圧の前面の暖気の上昇が活発なことを意味しているのです。

　先ほど博士がお話しされていたように温帯低気圧は発達期には、その構造に3つの大きな特徴が見られるようになります。そこから温帯低気圧の前面では暖気移流（簡単にいうと暖気）域があり、さらに上昇流域が対応していることがわかります。

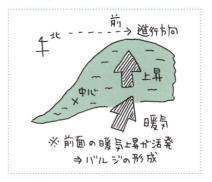

　つまり温帯低気圧の前面の暖気の上昇が活発であるために雲域の北縁が北側へ大きく膨らむバルジが見られ、それを逆にいうと、バルジが見られるような温帯低気圧はその前面で暖気の上昇が活発であり、温帯低気圧の発達を示唆していることになるのです。

　温帯低気圧の発達後期にはバルジがより明瞭となり、さらに北側へと膨らむようになります。

　その結果、雲域全体が南北方向に広がるようになります。この時期も上空のジェット気流は雲域の北縁にほぼ一致しているため、右図のように低気圧性曲率

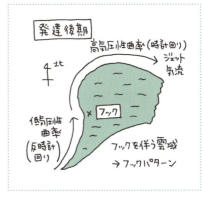

（反時計回り）と高気圧性曲率（時計回り）の場所ができるようになります。この低気圧性曲率から高気圧性曲率の流れに入れ替わる場所をピンポイントで**フック**と呼び、このフックを伴った雲域全体の形状のことを**フックパターン**といいます。

　またこの時期の温帯低気圧の中心はフックの位置とほぼ同じ場所に対応します。

3 最盛期（閉塞期）

　温帯低気圧の中心に向かって後面から乾燥した空気が流れ込み、この乾燥空気は衛星画像では雲の少ない領域か下層雲域として見られます。この乾燥した領域のことを**ドライスロット**と呼んでいます。

　そしてこの時期の温帯低気圧の中心はドライスロットの流れ込んでくる付近の雲の渦から決定できます（右図参照）。

　またこの時期には地上では中心から閉塞前線を伴うようになります。この閉塞前線から温暖・寒冷前線に移り変わる部分を閉塞点とよび、上空のジェット気流は温帯低気圧の中心の南側を通り、この閉塞点付近を通過するように流れるようになります。

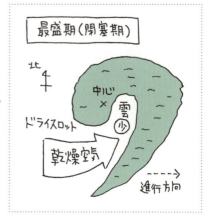

4 衰弱期

　雲域全体（特に中心付近）の雲頂高度が低下し、雲域の縁も不明瞭になります。

　またこの時期には地上では前線が中心から離れ、上空のジェット気流は最盛期のときと同じように中心の南側を通り、閉塞点付近を通過するように流れます。

　このように温帯低気圧に伴う雲域はそれぞれの時期によってその特徴が異なり、特に発達期と最盛期（閉塞期）の時期に見られるバルジ、フック（フックパターン）、ドライスロットはとても大切な内容になります。

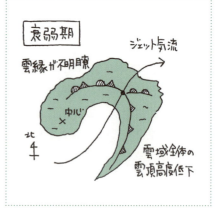

METEOROLOGY

第 5 章

気象レーダー観測

降水の強さってどうやって測っているの？

※レドームはレーダードームともいう。

5-1 気象レーダー観測

気象レーダー観測の仕組み

　気象レーダー観測とは、簡単にいうと、気象レーダーから電波を発射して、その電波が雨(雨粒)や雪(雪片、氷粒)などの降水粒子にあたってはね返るまでにかかった時間や強さから、降水が存在する場所までの距離や、降水の強さなどを観測することです。

　そして、気象レーダーは、その電波を発射するためのアンテナが360°(つまり一回転)回転することができますから、いろいろな方向に回転して電波を発射すれば、あらゆる方向の降水が存在する場所や降水の強さがわかります。

　ただ、気象レーダーは、降水が存在する場所までの距離や降水の強さなどを実際に測っているのではなくて、あくまでも気象レーダーの電波が降水粒子にあたって、はね返ってきたその電波の時間や強さから、降水が存在する場所までの距離はこのくらいの距離で、降水の強さはこのくらいの強さなどといった要素を推定しているものだということを絶対に忘れないでください。このことが、また後でお話しする気象レーダーの誤差につながってきます。

　では、この気象レーダー観測の仕組みを、ここではもう少し具体的にお話ししていくことにしましょう。

　気象レーダーは、マイクロ波という電磁波のひとつである電波を発射しているのですが、この電波は電磁波と呼ばれるだけあって目には見えませんが波打っています。

そして、この波の山から山、または谷から谷までの長さのことを波長といいます。

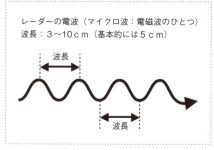

気象レーダーの電波(電磁波)は、この波長が3cm～10cmのものを使用しており、基本的には、その間の5cmの波長のものを使用しています。

また気象レーダーの電波は、右図のようにある方向に向けて、集中して発射されるものですが、このように指向性(特定方向に強く電波を発射すること)を持った電波のことをビームといいます。そのような理由から気象レーダーの電波のことを、レーダービームとよぶことがあります。

そして、気象レーダーの電波というのは、詳しく見ると、下図のような形をしています。この図の中で、波になっている部分が電波を発射している部分であり、直線になっている部分が電波の発射を止めている部分です。

つまり気象レーダーの電波は、常に連続して発射しているわけではなくて、電波を発射している部分と、電波を止めている部分を繰り返していることになります。

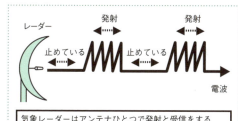

気象レーダーは、そのアンテナひとつで電波を発射しては、その発射した電波が降水粒子にあたってはね返ってきた電波を受信しなければいけません。つまり、気象レーダーは、その電波を常に連続して発射し続けていると、電波を受信することができなくなるので、上図のように電波を発射している部分と、電波の発射を止めている部分を繰り返しているのです(電波の発射を止めている部分で電波を受信しています)。

そのようにして考えると、気象レーダーの電波は、電波の発射と電波の発射を止めている部分を繰り返しているために、1回の電波の発射時間はごく

短いことになります。

　このように、ごく短い時間に発射される電波のことをパルスとよび、パルスを繰り返して発射することをパルス状(パルス的)に発射するといいます。また、1回の電波(パルス)を発射している時間をパルス幅、1回の電波(パルス)が発射されて、次の電波(パルス)が発射されるまでの時間間隔をパルス間隔とよんでいます。

　このようなパルス状の電波を、気象レーダーは発射して、その電波が降水粒子にあたって、はね返ってきた電波の時間や強さから降水が存在する場所までの距離や、降水の強さなどを観測しています。

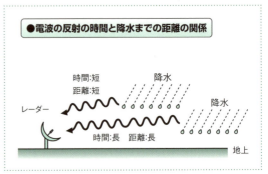

　距離に関しては、電波が降水粒子などにあたって、はね返ってきた時間から測ることができます(時間短い→距離短い　時間長い→距離長い)。ただ、降水の強さは、はね返ってきた電波の強さから、単純には測ることができません。

　では気象レーダーはどのように降水の強さを測っているのでしょうか？今からお話ししていきます。

　まず、気象レーダーから発射された電波が、降水粒子にあたって、はね返ってきた電波のことを**レーダーエコー**(単に**エコー**とも)ということがあります。

　それをもう少し専門的な言葉でいうと**平均受信電力**(記号：$\overline{Pr}$　読み方：ピーアールバー)といいます。具体的にはPr(ピーアール)というアルファベットが受信電力という意味で、そのPrというアルファベットの上にある横棒の―(バー)が平均という意味です。

　気象レーダーでは降水の強さを観測するときに、まずはこの平均受信電力

を求めてこの平均受信電力を元にして、次に**レーダー反射因子**(記号：Z　読み方：ゼット　または記号：ΣD^6　読み方：シグマディーの6乗)を求めます。そして平均受信電力から、レーダー反射因子を求めるときに使用される計算式を**気象レーダー方程式**といいます。

気象レーダー方程式というのは、左図のような形で表されることが多く、これを気象レーダー方程式①とします。

それぞれの記号の意味は、$\overline{Pr}$は先ほどもお話しした平均受信電力、Rcはレーダー定数、rはレーダーと目標物までの距離、ΣD^6はレーダー反射因子を表しています。

平均受信電力とは、レーダーから発射された電波が降水粒子などにあたり、はね返ってきた電波のことで、その電波がはね返ってきた時間でレーダーから目標物(ここでは降水粒子)までの距離を求めることができます。

つまり、平均受信電力が求められたときには、レーダーから目標物までの距離も求まっていることになり、先ほどの気象レーダー方程式①に、これをあてはめると$\overline{Pr}$(平均受信電力)とr^2(レーダーと目標物までの距離を2乗したもの)が求まることになります。そしてレーダー定数(Rc)は

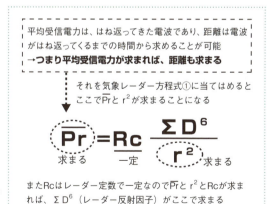

定数であり、数値が決まっていることから、この3つ($\overline{Pr}$・r^2・Rc)が求められれば、必然的にΣD^6のレーダー反射因子が求まります。このように平均受信電力を元に、気象レーダー方程式(ここでは気象レーダー方程式①)を利用して、レーダー反射因子を求めています。

また気象レーダー方程式は右図のような式の形で表されることもあり、これを気象レーダー方程式②とします。この式は気象レーダー方程式①を変形させたもの（右図参照）ですので、気象レーダー方程式①も②も同じようなものです。ここからわかることが、式の中には大気による減衰という項目（記号：l^2）があり、つまり大気による減衰に関し

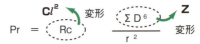

ては考慮されています。ただ途中の降水による減衰に関しては考慮されておらず、それがまた後でお話しする誤差につながります。

　では、ここで話しを戻します。先ほどからレーダー反射因子という言葉が出てきていますが、そのレーダー反射因子とは、簡単にいうと、降水粒子の合計のようなもので、詳しくはまた後でお話しします。

　つまり気象レーダーは、平均受信電力を求めることによって、そこから次にレーダー反射因子という降水粒子の合計のようなものを求めています。

　そして、そのレーダー反射因子が求まると、そのレーダー反射因子から右図のような **Z-R関係式** という式を使って、ここでようやく **降水強度**（記号：R　読み方：アール）という降水の強さを求めることができます（Z-R関係式のZはレーダー反射因子のことで、Rは降水強度のことですから、Z-R関係式というのは、レーダー反射因子と降水強度の関係を表した式です）。

　また、このZ-R関係式は、式の部類でいうと、統計的関係式（統計式）と

いう部類に入ります。統計的関係式とは、簡単にいうと過去のデータを元にして作成された関係式のことです。

例えばレーダー反射因子の大きさが20だったら、その際の実際の地上の降水強度は20だったとか、レーダー反射因子の大きさが30だったら、その際の実際の地上の降水強度は30だったなどといったように、過去に求められたレーダー反射因子の大きさと、

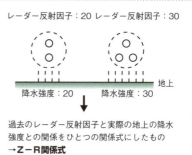

その際の実際の地上の降水強度とのデータの関係を、ひとつの関係式にしたものがZ-R関係式という統計的関係式のイメージです。

このZ‐R関係式の中のB(ビー)とβ(ベータ)は定数であり、気象庁の気象レーダーでは層状性の降水に適合させたB=200、β=1.6という定数が用いられていましたが、現在はいくつかの定数が用いられ、降水の性状(層状性・対流性)により値を変化させて降水強度を算出しています。

つまりこの式の中のZ(レーダー反射因子)が求まれば、Bとβは定数で降水の性状によりその値を決めていることから、この3つ(Z・B・β)が求まれば、Rの降水強度という降水の強さが求まります。

このようにして気象レーダー観測では最終的に降水強度を求めており、全体の流れをまとめると下図のようになります。

●気象レーダー観測の流れ
◎平均受信電力を観測
　↓　気象レーダー方程式：平均受信電力からレーダー反射因子を求める
◎レーダー反射因子
　↓　Z-R関係式：レーダー反射因子から降水強度を求める
◎降水強度

レーダー反射因子から何がわかる?

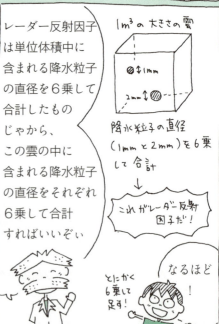

5-2 レーダー反射因子

レーダー反射因子

　レーダー反射因子（ZまたはΣD^6）には、単位体積中（1 m³中）に含まれる降水粒子の直径を6乗して、合計したものという意味があります。

　そして、このレーダー反射因子は、実際に降ってくる降水の量（降水強度のようなもの）が同じだとしても、降水粒子の大きさによって違いが生じるために、このレーダー反射因子を利用して降水強度を求めている気象レーダーでは誤差が発生します。では、それはいったいどういうことなのでしょうか？　ここでは降水粒子の中でも、雨粒を例にあげて詳しくお話しします。

　例えば右図のように、1m³（単位体積）の大きさの空気が2つあって、そのひとつの空気（右図でいうと左側）には直径が4mmの雨粒が1粒含まれています。そしてこの空気を①の空気とします。もうひとつの空気（右図では右側）には直径が2mmの雨粒が8粒含まれており、この空気を②の空気とします。

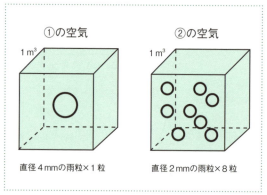

　ではまず、この2つの空気の中に含まれている雨粒の体積の合計を求めてみましょう。雨粒というのは、基本的には球形をしていると考えられますから、球形の体積の求め方は$4/3 \pi r^3$（π：円周率のことでその数値

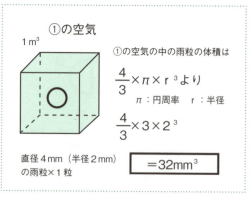

は一般的に3.14ですが、ここでは計算しやすいように3とします　r：半径）という式で求めることができ、このそれぞれの記号の間には×（かける）が省略されています。

①の空気の中には直径が4 mm（つまり半径は2 mm）の雨粒がひとつ含まれていましたから、この空気の中に含まれている雨粒の体積の合計というのは$4/3 \pi r^3$という球形の体積を求める式より、$4/3 \times 3$（円周率）$\times 2$（半径）^{3}となり、$32 mm^3$ということになります（前ページ下図参照）。

次に②の空気の中の雨粒の体積の合計を求めてみましょう。

②の空気の中には、直径が2 mm（つまり半径は1mm）の雨粒が8粒含まれていましたから、$4/3 \pi r^3$という球形の体積を求める式に当てはめて、まず1粒あたりの雨粒の体積を求めると、

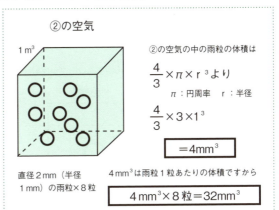

$4/3 \times 3$（円周率）$\times 1$（半径）^{3}となり、$4 mm^3$になります。そして、この1粒4 mm^3の体積をもった雨粒が、②の空気の中には8粒含まれているわけですから、$4 mm^3 \times 8$粒$= 32 mm^3$ということになります（上図参照）。

つまり①の空気も②の空気もその中に含まれている雨粒の体積の合計は、雨粒の大きさや数にこそ違いはありますが、同じ$32 mm^3$となって、等しいということになります。そして、ここで大事なことは、雨粒の体積の合計が同じということは雨粒の量の合計は同じということを表しており、この①と②の空気中に含まれている雨粒が実際にすべて空から降ってくるとすると、その量（強度のようなもの）は同じになるということを表しています。

では、次にこの①と②の空気のレーダー反射因子を求めてみます。レーダー反射因子というのは、単位体積中（ 1 m^{3}中）の降水粒子（ここでは雨粒）の直径を6乗して、それぞれを合計したものという意味があります。

つまり①の②の空気は 1 m^3（つまり単位体積）とその大きさを仮定していましたから、あとは①の②の空気の中に含まれている雨粒の直径を6乗して、

第5章 ● 気象レーダー観測

それぞれを合計すればレーダー反射因子が求められます(右図参照)。

まず①の空気の中には、直径が4mmの雨粒がひとつ含まれていましたから、この雨粒の直径(4mm)を6乗すると、4096になります。この4096という数値が、①の空気のレーダー反射因子であり、その単位はmm^6/m^3になります(右図参照)。

次に②の空気のレーダー反射因子なのですが、②の空気の中には直径が2mm

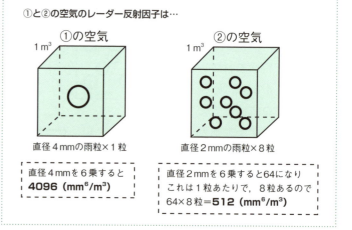

の雨粒が8粒含まれています。まずは、その雨粒の直径(2mm)を6乗すると64になります。

そして、この64という数値は、雨粒1粒あたりに対する数値で、これがつまり8粒ありますから、合計すると、その数値は64×8粒=512ということになります。この512という数値が、②の空気のレーダー反射因子であり、その単位はmm^6/m^3になります。

①と②の空気の中に含まれている雨粒の体積の合計は、先ほどお話ししたように、雨粒の大きさや数にこそ違いがありますが、同じ$32mm^3$であり、体積が同じということは、雨粒の量の合計は同じです。つまり、この①と②の空気中に含まれている雨粒が実際にすべて空から降ってくるとすると、その量(強度のようなもの)は同じにならないとおかしいはずです。

しかし、気象レーダーでは、レーダー反射因子を利用して、そこから降水強度を求めていました（詳しくは同じ第5章の第1節の気象レーダー観測の仕組みを参照のこと）から、このように①の②の空気では、そのレーダー反射因子に違い（①の空気：4096　②の空気：512）が生じましたから、降水強度の大きさにも違いが出てくるはずです。

　レーダー反射因子から降水強度を求めるには右図のように、Z‐R関係式という式を用いています。この式の中のBとβは定数であり、降水の性状によりその値を決めていることから、Zのレーダー反射因子の数値が

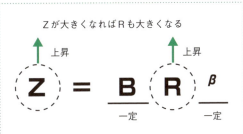

大きくなるほどRの降水強度も大きくなります。つまりレーダー反射因子の大きい①の空気のほうが降水強度も大きく、レーダー反射因子の小さい②の空気のほうが降水強度が小さくなります。これが実際とは異なる誤差につながるのです。

　そのようにして考えると、この気象レーダー観測では②の空気のように降水粒子の半径が小さくてその数が多い場合よりも①の空気のように半径の大きな降水粒子がひとつだけあるほうがレーダー反射因子が大きく、降水強度も大きくなる傾向にあります（①の空気のレーダー反射因子：4096㎜^{6}/m^3　②の空気のレーダー反射因子：512㎜^{6}/m^{3}である）。

　例えば半径の大きな雨粒が空から落下してくる途中に空気抵抗などの影響を受けて、半径の小さな雨粒に分裂した場合、気象レーダー観測では降水強度が小さくなることに

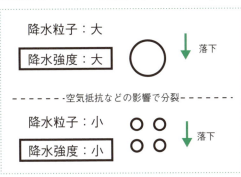

なります。そのような点からも実際の降水とは異なる誤差につながりますので、気象レーダーを利用する際には注意が必要です。

レイリー散乱について思い出しておこう

5-3 レーダーの電波の特徴

気象レーダーの電波の特徴

　気象レーダーは、**レイリー近似**といって、先ほど博士がお話しされていたように**レイリー散乱**の特性というものを利用しています。このレイリー散乱はぶつかる粒子の半径よりも電磁波の波長のほうが大きいときに発生します。

　気象レーダーで使用している電波はマイクロ波という電磁波で、その波長が3cm〜10cmの幅であり、基本的にはその間をとって5cmの波長の電磁波を使っています。

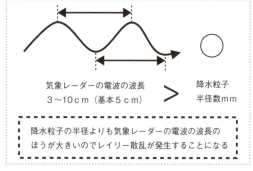

　そして気象レーダーは、その電波を発射して、降水粒子にあたってはね返ってきた電波から、降水が存在するまでの距離や、降水の強さなどを観測していますので、気象レーダーの電波がぶつかる粒子は、降水粒子が基本になります。その降水粒子の半径は、そのときの状況によっても、もちろん大きさは違いますが、どれだけ大きくても、それは数mmです。

　つまりぶつかる粒子の半径（ここでは降水粒子のことで数mm）よりも、気象レーダーの電波で使用されている電磁波の波長（3cm〜10cmの幅で、基本的には5cm）のほうが大きいので、レーダーの電波が降水粒子にぶつかると、いろいろとある散乱（レイリー散乱、ミー散乱、幾何光学的散乱）の中でも、レイリー散乱が主に発生することになります。このようにして考えると、今までは気象レーダーの電波が降水粒子にあたってはね返ってきた電波からいろいろと観測しているとお話ししてきましたが、具体的にはレイリー散乱をして、気象レーダーの方向にはね返ってきた電波から色々と観測していることになります。

　そして、このレイリー散乱には、電磁波の波長の4乗に反比例するという

特性があります。気象レーダーも、レイリー散乱が成り立っているわけですから、レイリー散乱の特性である電磁波の波長の４乗に反比例するという特性も成り立たないとおかしいはずであり、気象レーダーは、そのレイリー散乱の特性を利用しています。

それでは、この気象レーダーは、そのレイリー散乱の特性（電磁波の波長の４乗に反比例する）を、いったいどのようにして利用しているのでしょうか。今から詳しくお話ししていきます。

まずレイリー散乱が電磁波の波長の４乗に反比例するということは、もし波長が２倍になれば、レイリー散乱は波長の４乗に反比例するわけですから、その２倍を４乗した分だけ、逆に小さくなります。つまり1/16倍になります。もし波長が３倍になれば、レイリー散乱は波長の４乗に反比例する

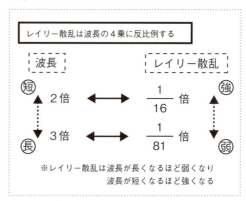

わけですから、その３倍を４乗した分だけ、逆に小さくなります。つまり1/81倍になります。

これがレイリー散乱が、電磁波の波長の４乗に反比例するということです。簡単にいうと、電磁波の波長が長く（例：２倍→３倍）なればなるほど、レイリー散乱は弱く（例：1/16倍→1/81倍）なり、電磁波の波長が短く（例：３倍→２倍）なればなるほど、レイリー散乱は強く（例：1/81倍→1/16倍）なるということです。

では、なぜ電磁波の波長が長くなればなるほど、レイリー散乱は弱くなり、電磁波の波長が短くなればなるほど、レイリー散乱は強くなるのでしょうか？　それを図にしながらお話ししていきます。

例えば、右図のように、降水粒子が散らばっているとします。

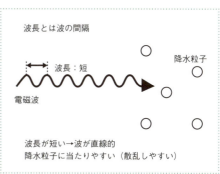

第５章　● 気象レーダー観測　161

電磁波というのは、波打っているものであり、その波の山から山または谷から谷の長さのことを波長とよびます。簡単にいうと、波長というのは波の間隔のことです。つまり波長が短いということは、波の間隔が短く、波がどちらかというと直線的に進むことになります。
　波が直線的に進むということは、野球でいうとストレートボールを投げるようなものですから、降水粒子にぶつかりやすく、散乱もしやすくなります。
　そのような理由から、波長が短くなると、電磁波が降水粒子にぶつかりやすく散乱しやすくなるので、レイリー散乱は強くなるのです。
　逆に波長が長いということは、波の間隔が長く、波がどちらかというと曲がりくねりながら進むことになります。
　波が曲がりくねりながら進むということは、野球でいうとカーブボールを投げるようなものですから、降水粒子にぶつかりにくく、散乱もしにくくなります。

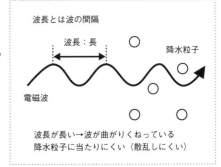

　そのような理由から、波長が長くなると、電磁波が降水粒子にぶつかりにくく散乱しにくくなるので、レイリー散乱は弱くなるのです。
　気象レーダーの電波は、もう何度もお話ししていますが、マイクロ波という電磁波を使用しており、その波長は基本的には5cmで、場合によっては3cm～10cmと、その幅を変化させることができます。
　つまり気象レーダーはレイリー散乱の特性（電磁波の波長の4乗に反比例する）を利用していますから、気象レーダーの電波（電磁波）の波長を3cmと短くすれば、どちらかといえば電波が直線的ですので、降水粒子にぶつかりやすく散乱しやすくなります。
　散乱しやすくなれば、もちろん気象レーダーの方向

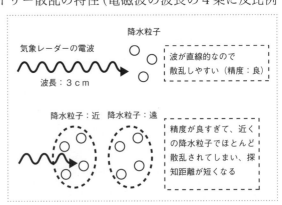

162

に電波がはね返ってきやすくなりますので、気象レーダーの精度は良くなります。

　ただ、近くと遠くに降水粒子が存在していた場合、（前ページの下図を参照のこと）気象レーダーの電波の波長が３cmと短いと、レーダーの電波が降水粒子にぶつかりやすく散乱もしやすいので、確かに精度はよくはなるのですが、近くの降水粒子のところでほとんど散乱されてしまい、遠くの降水粒子のところまでレーダーの電波が届かずに、観測できる距離(探知距離)が短くなってしまうという短所があります。

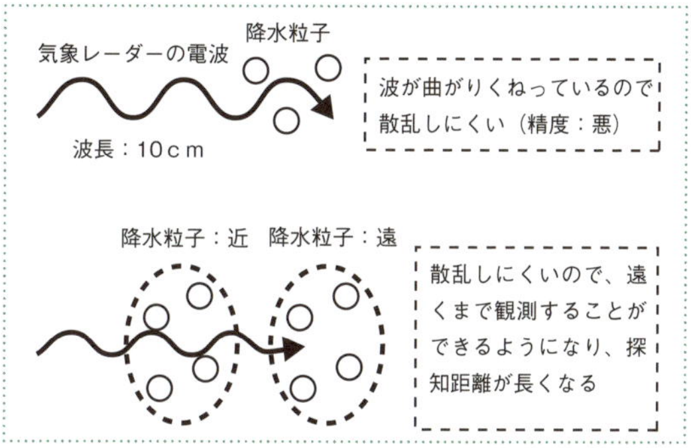

　逆に気象レーダーの電波（電磁波）の波長を10cmと長くすれば、どちらかといえば電波が曲がりくねるようになりますので、降水粒子にぶつかりにくく、散乱もしにくくなります。

　散乱しにくくなれば、気象レーダーの方向に電波がはね返ってきにくくなりますので、気象レーダーの精度は悪くなります。ただ、上図のように、近くと遠くに降水粒子が存在していた場合、気象レーダーの電波の波長が10cmと長いと、気象レーダーの電波が降水粒子にぶつかりにくく散乱もしにくいので、確かに精度は悪くなるのですが、近くの降水粒子のところであまり散乱されずに遠くの降水粒子のところまでレーダーの電波が届くことになるので、観測できる距離(探知距離)が長くなるという長所があります。

　これが、気象レーダーでレイリー散乱の特性を利用しているということであり、もし気象レーダーの精度をあげたければ、その波長を３cmのように短くし、もし遠くのところまで観測したいのであれば、その波長を10cmのように長くすればよいわけです。

　そのような理由から、気象レーダーの電波というのは、その波長が一定ではなくて３cm〜10cmの幅があり、その用途によって使い分けています。そして、基本的にはその両者の間をとって、５cmの波長を使用しているのです。

後方散乱断面積

気象レーダーから発射された電波が、降水粒子にあたると、散乱（具体的にはレイリー散乱）するわけですが、このうちレーダーのある方向にはね返ってくる電波のことを**後方散乱**とよび、逆にレーダーのある方向とはまったく逆の方向に、はね返される電波のことを**前方散乱**といいます。

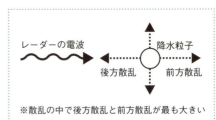

この散乱によって、レーダーの電波は、いろいろな方向にはね返されるわけですが、その中でも後方散乱と前方散乱が、最も大きなエネルギーを持っています。

そして気象レーダーの電波が降水粒子にあたり、後方へ（つまり気象レーダーの方向へ）散乱させることのできる有効的な面積のことを**後方散乱断面積**といいます。

例えば右図のように雨粒があり、この雨粒の後方散乱断面積が仮に斜線の領域で表されているとします。つまりこの面積の部分に気象レーダーの電波があたれば後方散乱することができ、気象レーダーはその反射された電波を利用して降水強度を観測することができます。ただし、この後方散乱断面積ではない領域にもしも気象レーダーの電波があたった場合は後方散乱できずに気象レーダーのある方向ではない向きに電波は反射されることになるために観測することができないのです。

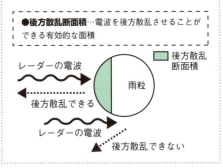

つまりこの後方散乱断面積は、簡単にいうと気象レーダーの電波を気象レーダーの方向へ後方散乱させることのできる範囲のようなものを表しています。

雨と雪の観測について

　気象レーダーは、仮に同じ粒径(粒の直径)の雨(雨粒)と雪(雪片、氷粒)があったとしても、雨は雪の約5倍大きく観測されるという性質があります。

　雪というのは、雪の結晶ともよばれるように、その形がさまざま(雪の結晶は気温と湿度によって変化する)で、基本的には右図のように、球形ではありません。そのようなことから、レーダービームが雪にあたったとしても、とんでもない方向にはね返ってしまうことがある(これ

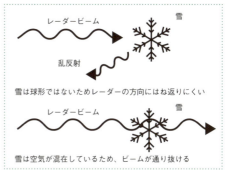

を乱反射という)ので、レーダーの方向に、はね返りにくく(つまり後方散乱が小さく)なり、観測しにくくなります。そして、雪というのは、その中に空気が混在していること(混じること)が普通です。つまりレーダービームが、その空気が混在している部分(つまり隙間のある部分)を、そのまま通り抜けることがあり、通り抜けるということは散乱できず、レーダーの方向に電波がはね返ってこないので、観測しにくくなるわけです。

　以上のような理由から、雪は雨に比べると観測がしにくいために、同じ粒径と仮定すると、雪よりも雨のほうが観測しやすくなります。そのため、雨は雪よりも約5倍大きく観測されます。ただ、この気象レーダーでは、このように観測する大きさに違

いが出ても、雨と雪の区別ができませんので、気象レーダーの観測結果から、どこで雨が降っていて、どこで雪が降っているかを判断するためには、そのほかの情報(気温など)がどうしても必要になります。

　また、雨の中でも、霧雨はその粒が小さいことから、このレーダーでは過小(小さすぎて実際と合わない意味)に評価されることがあり、観測されにくいという欠点があります。

気象レーダーでどうして誤差が出るの？

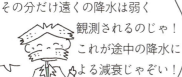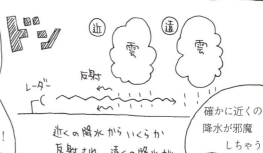

5-4 気象レーダーの誤差

気象レーダービームの高度による誤差

レーダービーム（レーダーの電波）は、この地球上ではまっすぐ進むわけではなく、地球表面に沿うようにして、右図のように、少し下方に曲がるようにして進む性質があります。その理由は、空気密度の大きな大気下層の方向にビームは少し曲がるからです。

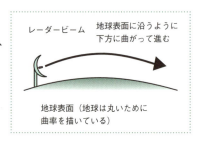

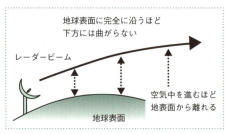

ただ、具体的には地球表面に完全に沿うほど下方には曲がらないので、地球が丸い形をしている以上、レーダービームは空気中を進む距離が長くなればなるほど、地表面から離れていくことになります（左図参照）。

そして、このようにレーダービームが地表面から離れていくことが、誤差につながります。レーダーから発射されたビームは先ほどもお話ししましたように、空気中を進む距離が長くなればなるほど地表面から離れていくわけですから、レーダーに近いところほど、

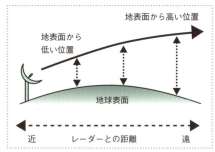

ど、ビームは地表面から低い位置を通り、レーダーから遠いところほど、ビームは地表面から高い位置を通ることになります（上図参照）。

つまりレーダーから近いところほど、ビームは地表面から低い位置を通るわけですから、次ページの最も上の図のようにビームが通っている部分で雨が降っていれば、レーダーは雨が降っていると測定します。

ただ、この雨が地上に落ちるまでに、蒸発（水→水蒸気の変化）や風に吹き飛ばされたりすると、地上では雨が降っておらず、誤差につながります。

逆にレーダーから遠いところほど、ビームは地表面から高い位置を通っているわけですから、右図のようにそのビームが通っている部分で雨が降っていなくても、そのビームの下で雲が発生して、雨が降っていれば地上では雨が降っていることになり、誤差につながります。

今回は、あくまでも極端な例ではありますが、これが気象レーダービームの高度による誤差というものです。

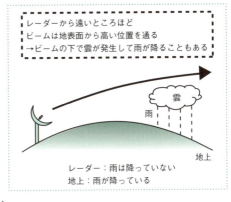

気象レーダービームの広がりによる誤差

さて、突然ではありますが、懐中電灯は近くを照らしているときよりも、遠くを照らしているときのほうが、その光が大きく広がっているものです。

それと同じように、気象レーダーから発射されたビームというのも、詳しくいうと空気中を進む距離が長くなるほど、広がっていくという性質があります（次ページの最も上の図参照）。

つまり、気象レーダーから近い場所では、発射されたビームは、それほど広がりはなく、ビームは集中している状態なので、その場所で、もし降水があるとすると、比較的精度が良い状態で観測することができます。

逆に、気象レーダーから遠く離れた場所では、発射されたビームは広がっている状態なので、その場所でもし降水があるとすると、比較的精度が悪い

第5章 ● 気象レーダー観測　169

状態で観測することになり、誤差につながります。これが気象レーダービームの広がりによる誤差というものです。

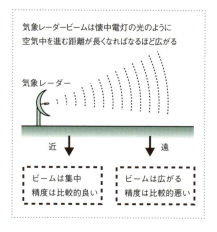

ブライトバンド

日本が位置している中緯度で降る雨は、そのほとんどが冷たい雨にあたります。ここでいう**冷たい雨**というのは、何もその雨の温度が低いというわけではなくて、上空では温度が低くて雪だったのに、その雪が地上に落下するまでに一度融けて、雨になったもののことをいいます。

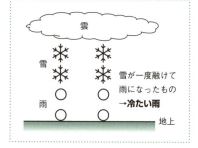

つまり冷たい雨とは、雪が一度融けて降ってきた雨のことであり、その雪が融けはじめて、雨に変わる場所のことを**融解層**(ゆうかいそう)とよんで、特に気象レーダーの電波が強くはね返されます。これを**ブライトバンド**(明瞭に輝いた帯状に観測される意味)といい、一般的に層状性降雨に伴って発生します。

ではなぜ融解層で、気象レーダーの電波が強くはね返されて、ブライトバンドができるのでしょうか？ 今から詳しくお話ししていきます。

右図のように、上空に雲があって、

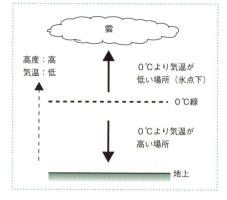

この雲と地上との間にある破線のところが気温でいうと、ちょうど0℃(以後この破線のことを0℃線とよびます)だったということにします。

一般的に、高度とともに気温は低くなるものですから、そのようにして考えると、この0℃線より上が0℃よりも気温が低い場所(つまり氷点下)、下が0℃よりも高い場所ということになります。

つまり上空の雲から何か降水があるとすると、まずは0℃より低い場所を通るわけですから、あくまでも単純に考えた場合、その降水は雪になります。そしてこの雪が0℃線より下の場所まで落下すると、気温が0℃よりも高くなりますから、ここで雪が融けはじめて雨に変わります。

つまり、この雪から雨に変わりはじめる場所のことを、融解層といいます。

雪というのは、その形が基本的には球形ではなくて、雪の結晶にみられるように、さまざまな形をしているものです。

そこで今回はわかりやすくするために、雪の形が、右図のような形をしているものとします。そしてこのような形をした雪はどこから融けはじめるかというと、外気温(雪の周りにある空気の気温のこと)に、最も先に触れる雪の先端部分か

雪は先端部分から融けはじめるので
水の膜ができる→見た目は雨になる

レーダーでは雪よりも雨のほうが約5倍大きく観測
→融けはじめた雪は見た目が雨なので大きく観測される

ら融けはじめます。つまり雪は、その先端部分から融けはじめるので、周りに水の膜ができて、見た目は雨のようになります。気象レーダーは、雪よりも雨のほうが、約5倍大きく観測(同じ粒径とした場合。詳しくは同じ第5章の第3節の中にある雨と雪の観測についての内容を参照)するもので、つまり、雪よりも雨のほうが約5倍大きく気象レーダーの電波がはね返されることになります。

そのような理由から雪が融けはじめて雨に変わる融解層では気象レーダーの電波が強くはね返されるのです(そのほかにも融けはじめた雪は、くっつきやすく大きな雪ができ、気象レーダーの電波が強くはね返されることも理由にある)。これをブライトバンドといいます。

地形エコー

　気象レーダーの電波というのは、何も降水粒子(雨粒、氷粒や雪片)だけではなくて、そのほかにもさまざまなものからはね返ってきます。この中で、降水粒子からはね返ってくるものを**降水エコー**とよび、それ以外のものを**非降水エコー**といいます。では降水粒子のほかに、いったいどのようなものから、この気象レーダーの電波というのは、はね返ってくるのでしょうか？

　例えば山や構造物などからも、気象レーダーの電波は、はね返ってきます。これを非降水エコーの中でも**地形エコー**といいます。

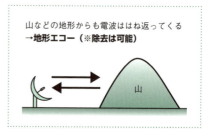

　降水粒子というのは、風(気流)にのって絶えず動いているので、その降水粒子によってはね返ってくる気象レーダーの電波(つまり降水エコー)にも細かい強弱の変動があるものです。

　ただ、山などの地形は、基本的に動かないので、そこからはね返ってくる気象レーダーの電波(つまり地形エコー)には変動はありません。その性質を利用することによって、この地形エコーはほとんど除去できます。ただ、風で揺れる樹木や大型の風車の羽やスキー上のリフトなど、動くものが原因の場合や、エコー自体が非常に強い場合は完全に除去できません。

シークラッター

　海の波やしぶきなどから、気象レーダーの電波がはね返ってくることがあります。これを非降水エコーの中でも、**シークラッター（海面エコー）**といいます。

　そして、このシークラッターは、海が荒れている場合(つまり風が強

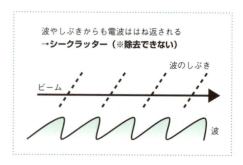

く、波の高い状態）に顕著に発生します。また、基本的には除去することはできません（一部可能）。

晴天エコー

　大気屈折率の乱れや昆虫や鳥たちの群れによって、気象レーダーの電波がはね返ってくることがあります。これを非降水エコーの中でも**晴天エコー**とよび、または**エンゼルエコー・CAE**（Clear Air Echoの略）ということもあります。

　この中で昆虫や鳥たちの群れによって、気象レーダーの電波がはね返ってくるというのは、想像がつくと思いますが、大気屈折率の乱れによって気象レーダーの電波がはね返ってくるというのは、いったいどのようなことを表しているのでしょうか？　大気中の気温や水蒸気などが大きく変化するところでは、気象レーダーの電波の屈折率（電波などの進行方向の角度が変わる割合のこと）に異常が生じて、発射した気象レーダーの電波が戻ってきてしまうことがあります。これを大気屈折率の乱れとよんでおり、晴天エコーの発生する原因になります。また、晴天エコーは除去することができません。

レーダーエコー合成図

　気象レーダーは、日本全国で20カ所あります。ではなぜ全国に20カ所も必要なのでしょうか？

　気象レーダーは、気象レーダービームの高度による誤差のところでお話ししましたように、地球が丸い形をしているため、どれだけレーダービームがまっすぐ進んだとしても距離とともに地表面から離れてしまったり、地形の影響（山があれば、その向こう側は観測できない）を受けたりするなどして、

第5章　●　気象レーダー観測　　173

どうしても、その探知能力に限界（1台の気象レーダーで観測できる距離は約300km）ができてしまうものです。そのような理由から、1台の気象レーダーでは、日本全域を観測することができませんので、20台の気象レーダーによって、お互いの探知能力の限界を補い合い、日本を隅から隅まで観測しているのです。

そして、日本に20カ所ある気象レーダーで観測されたデータは気象庁に集められて、全国の一定高度（約2000m）におけるデータを合成した図が作成されます。この図のことを**レーダーエコー合成図**とよんでおり、5分ごとで1kmメッシュ（メッシュは、解像度のこと）あたりの降水強度分布がわかります。ここでいう降水強度とは、1時間ごとの降水量が何ミリかを表して（単位：mm／h）おり、5分ごとに観測されたデータが、そのまま1時間続いた場合、どのくらいになるかを換算した値であることに注意をしてください。

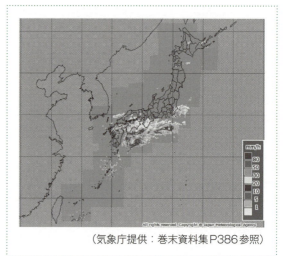

（気象庁提供：巻末資料集P386参照）

エコー頂高度

　気象レーダーは、そのアンテナの角度を上下左右に変えることにより、さまざまな角度から観測をしています。気象レーダーのアンテナを上下に変化

(詳しくは上方向)させたときにできる水平面との間の角度のことを仰角とよび(または高度角)、どの方角にアンテナが向いているかを表した角度のことを方位角といいます(右図参照)。

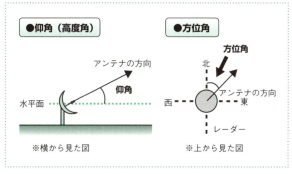

このように、気象レーダーは、そのアンテナの角度を変えて、さまざまな角度から雨(雨粒)や雪(雪片、氷粒)などの降水粒子を観測しています。そして雲も、雨や雪のように水の粒(雲粒)や氷の粒(氷晶)でできているものですが、その粒自体が小さすぎるために、この気象レーダーの電波では観測することができません。しかし、その雲の中でも、降水粒子なみに成長した粒があれば、観測することは可能です。

雨や雪を降らせるような雨雲や雪雲には、一般的にその雲の中に降水粒子なみに成長した粒があるもので、その部分はこの気象レーダーで観測することができるわけです。

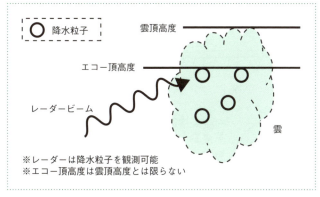

そして、気象レーダーで観測した雨雲や雪雲の高さのことを**エコー頂高度**といいます。ただ気象レーダーでは雲の中でも降水粒子なみに成長した粒の部分を観測していますので、エコー頂高度が気象レーダーで観測した雨雲や雪雲の高さといっても、必ずしも本当の雲頂高度になるとは限らないことに注意をしてください。

また、このエコー頂高度を表す場合にkmで表す場合もありますが、フィート(feet)という長さの単位(記号：ftまたはFと表記される資料もある)を用いることが多く、1フィートは約0.3mに対応しています。

第5章 ● 気象レーダー観測　175

ドップラー効果を利用したレーダー

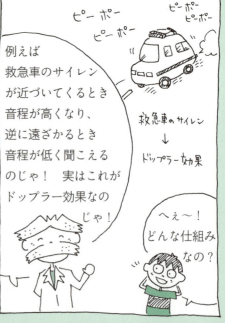

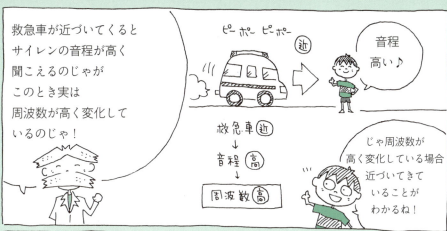

※気象ドップラーレーダーは、今後はP185〜187で紹介しているMPレーダー（二重偏波レーダー）に順次変更予定です。

5-5 気象ドップラーレーダー

気象ドップラーレーダー

気象ドップラーレーダーとは、降水強度などを観測する通常の気象レーダーの機能に加えて、風(気流または風速と表している場合もある)を観測することができるレーダーです。

この気象ドップラーレーダーは、その名の通り**ドップラー効果**を利用して風を観測しています。また、ドップラー効果とは、物体の速度に応じて周波数が変化(これを周波数偏移という)して観測されることで、その周波数とは、1秒間あたりに電磁波が波打つ回数のことです。

では、ドップラー効果をどのように利用して、この気象ドップラーレーダーでは風を観測しているのでしょうか？ 今からお話ししていきます。

まず右図のように、降水粒子が大気中に存在していて、気象ドップラーレーダーの方向に向かってきているとします。そして、気象ドップラーレーダーから降水粒子に向かって、電波を発射します。すると、この降水粒子にあたって、電波がはね返ってきます。

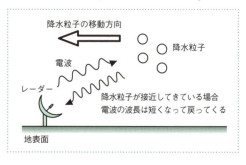

気象ドップラーレーダーの電波は、電磁波のひとつで波打っており、簡単にいうと、波の間隔(詳しくは波の山から山、または谷から谷の長さ)のことを波長といいます。降水粒子が、気象ドップラーレーダーの方向に向かってきている場合、気象ドップラーレーダーから発射された電波(電磁波)は、降水粒子にあたり戻ってくるときにその波長が短くなって戻ってきます。

波長が短くなって戻ってくるということは、簡単にいうと波の間隔が短くなるということですから、1秒間あたりに波打つ回数も次ページの最も上の図のように増加します。電磁波が1秒間あたりに波打つ回数が周波数ですか

ら、1秒間あたりに波打つ回数が増加することは、周波数が高く(大きく)なることを意味しています。

気象ドップラーレーダーは、電波を発射して、その電波が降水粒子にあたり戻ってくるときの周波数変化、つまりドップラー効果を利用することで降水粒子がどのように移動しているのかを観測しています。

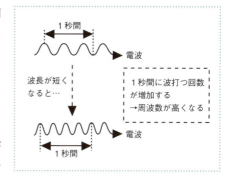

そして、降水粒子が気象ドップラーレーダーの方向に向かってきているときは、周波数が高くなって観測されます。

ここで大事なことがあります。降水粒子は風によって流されるものですから、降水粒子が気象ドップラーレーダーの方向に向かってきているということは、風自身もその方向に向かって吹いていることになります。このように気象ドップラーレーダーは、まず周波数の変化から降水粒子の動きを知り、そこから風を観測しています。そしてこ

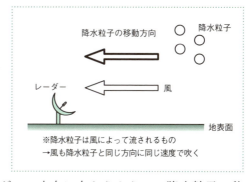

の場合、風は気象ドップラーレーダーの方向に向かうように、降水粒子の移動する速度と同じで、吹いていることになります。

次に降水粒子が、気象ドップラーレーダーの方向から遠ざかっている場合のことを考えてみます(右下図参照)。この降水粒子に向かって、電波(電磁波)を発射すると、もちろん降水粒子にあたってはね返ってきます。

そして、降水粒子にあたる前とあたって戻ってくるときでは、その波長に違いが出てくるものであり、この場合、あたって戻ってくるときのほうが波長が長くなります。

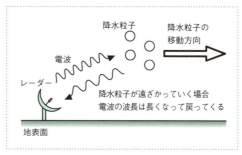

第5章 ● 気象レーダー観測

波長が長くなって戻ってくるということは、簡単にいうと、波の間隔が長くなるということですから、1秒間あたりに波打つ回数も減少します（下図参照）。

　そして電磁波が1秒間あたりに波打つ回数のことを周波数といいましたから、1秒間あたりに波打つ回数が減少するということは、周波数が低く（小さく）なることを意味しています。

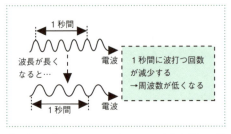

　先ほどもお話ししましたように、気象ドップラーレーダーは、周波数が変化するドップラー効果を利用して、降水粒子がどのように移動しているのかを観測することができます。そして降水粒子が気象ドップラーレーダーの方向から遠ざかっていくようなときは、その周波数が低くなって観測されます。

　降水粒子は、風によって流されるものですから、降水粒子が気象ドップラーレーダーの方向から遠ざかっているときは、風自身も、その方向に向かって吹いているということになります。つまりこの場合、風は気象ドップラーレーダーの方向から遠ざかるように、そして、降水粒子の移動する速度と同じで吹いていることになります。

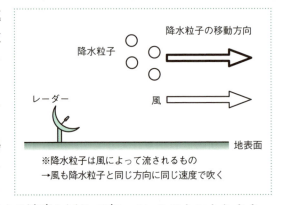

　気象ドップラーレーダーの仕組みについてまとまると、気象ドップラーレーダーは、まず電波を発射して、降水粒子にあたる前と後とで周波数が変化（周波数偏移）するドップラー効果を利用することで、降水粒子の動きを観測します（周波数が高く変化→降水粒子が近づいている　周波数が低く変化→降水粒子が遠ざかっている）。そして、その降水粒子の動きを見ることにより、最終的に風を観測しています。

　このようにして、気象ドップラーレーダーは、風を観測しているのですが、詳しくいうとその風の中でも、**動径速度**を観測しています。それでは動径速

度というのはいったい何なのでしょうか？　今からお話ししていきます。

例えば右図のように、気象ドップラーレーダーを真上から見た図があるとします。この図の上を北としたときに気象ドップラーレーダーから見て東側に降水粒子が位置しており、この降水粒子が北西の方角に動いていることにします。

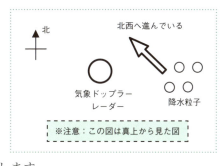

ここでは、降水粒子の動きを矢印で表しており、矢印の向きが降水粒子の移動する向き（つまり北西の方角に進んでいる）を表していて、矢印の長さが移動速度（矢印の長さ：短→移動速度：小　矢印の長さ：長→移動速度：大）を表しています。

ここで、右上図のように気象ドッ

プラーレーダーを中心として、その矢印の根元を通るようにして円を描きます。次に、矢印の根元から、気象ドップラーレーダーの方向と、先ほど描いた円に沿うように2つの直線（上図では破線で表しており、そのうち円に沿うようにして描いた直線を接線といいます）を描きます。

そして、降水粒子の動きを表した矢印をひとつの対角線とした、平行四辺形（ここでは長方形になる）を描くのですが、そのうちの2辺は右図のように、先ほど描いた2つの直線（気象ドップラーレーダーの方向と円に沿うようにして描いた直線のこと）に沿うようにして、それぞれ辺Aと辺Bということにします。

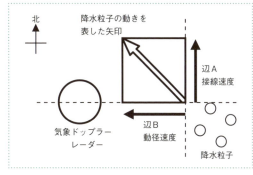

その辺Aと辺Bの長さが、実は降水粒子の移動速度を、2つの方向に分けたもので、これを専門用語でベクトル分解といいます。そして、その2つの

方向に分けたうち、辺Aの長さが**接線速度**、辺Bの長さが動径速度を表しています。

つまり動径速度というのは、降水粒子の移動速度を2つの方向に分けて、そのうちの気象ドップラーレーダーの方向に沿う方向の速度成分のことであり、気象ドップラーレーダーではこの動径速度を観測しています。

また、この動径速度は、その大きさを矢印だけでなく、数値(単位:m/s)で表すことがあり、通常はその値が負(−)の場合はレーダーに近づく方向、正(+)の場合はレーダーから離れる方向を表しますので、ここでの正負(+−)は数値の大きさではなく、方向を表していますので、注意が必要です。

例えば、右図のように、気象ドップラーレーダーの西側では降水粒子(降水粒子Aとする)が近づいてきており、逆に東側では降水粒子(降水粒子Bとする)が遠ざかっている場を考えてみます(この図は気象ドップラーレーダーを真上から見た図であり、図の上の方角を北の方角とします)。

※降水粒子の動きは気象ドップラーレーダーの方向に沿っているので、矢印の長さが動径速度となる

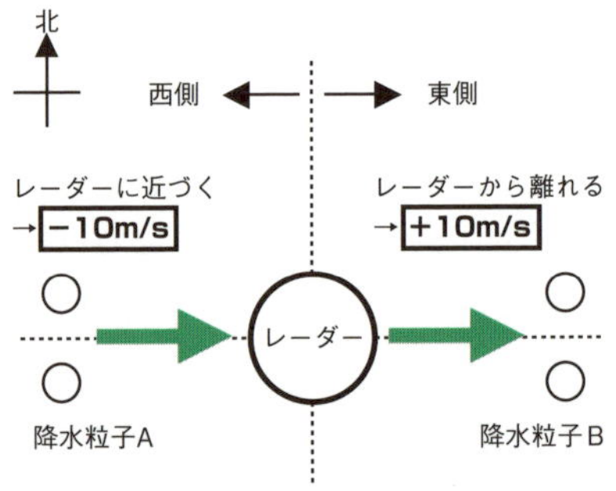

ここでも降水粒子の動きを矢印(向きが移動方向、長さが移動速度)で表しており、この場合、降水粒子AとBはすでに、気象ドップラーレーダーの方向に沿って動いていますので、この矢印の長さそのものが、ここでの動径速度ということになります。

そして、降水粒子AもBも同じ矢印の長さであるとすると、この矢印の長さが速度を表していますから、降水粒子AもBも同じ動径速度ということになり、それを数値で表すと、ここでは仮に10m/sということにします。

確かに速度は10m/sと同じなのですが、気象ドップラーレーダーに近づいているのか、それとも遠ざかっていくのか異なります。この動径速度は、その値が負(−)の場合はレーダーに近づく方向、正(+)の場合はレーダーから遠ざかる方向を表します。つまり、降水粒子Aは−10m/sとなり、降水粒子Bは+10m/s(+は省略されることが多い)ということになります。

この気象ドップラーレーダーは、航空機の離着陸に大きな影響を与えるダ

ウンバーストや、低層ウィンドシア（風向や風速の急激な変化）の回避などの安全運航のために主要空港などで利用されており、日本に20台ある気象レーダーも、この気象ドップラーレーダーに変更（今後はMPレーダーに変更予定）し、現在は竜巻などの激しい突風の観測に利用されています。ただ、この気象ドップラーレーダーは、降水粒子の動きから風を観測していますので、降水粒子がないと観測することができないという欠点があります。

また、よくある間違いで、周波数は高く（大きく）なると降水粒子が近づいてくる場合、逆に低く（小さく）なると離れていく場合を表しており、動径速度は近づく方向の場合は負（−）の値、逆に離れていく方向の場合は正（＋）の値になりますので、そのあたりを混合しないようにしましょう。

ウィンドプロファイラ

ウィンドプロファイラというのは、上空の水平風や鉛直流を観測するための測器です。このウィンドプロファイラは、地上から上空に向けて、5方向に電波を発射して大気中の温度差や水蒸気量の差などによって生じる屈折率の乱れ（これを大気屈折率の乱れという）などにより、散乱されて戻ってくる電波を受信・処理することにより上空の水平風や鉛直流を測定しています。

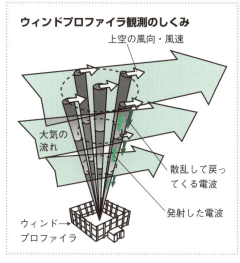

もう少し詳しく説明すると、このウィンドプロファイラもドップラー効果（物体の速度に応じて周波数が変化して観測されること）を利用しており、発射した電波の周波数と受信した電波の周波数の変化（周波数偏移）の違いから、上空の水平風や鉛直流を観測しています。

このウィンドプロファイラは2001年4月から運用されており全国に33ヵ所あります。そして、気象庁にはウィンドプロファイラ中央監視局がありま

す(右図参照)。

このウィンドプロファイラによる観測網のことを、局地的気象監視システム(略称:ウィンダスWINDAS)とよんでいます。

このウィンドプロファイラは、上空の水平風や鉛直流を高度約300mごとに10分間隔で観測しており、その結果が、下図のように表されます。

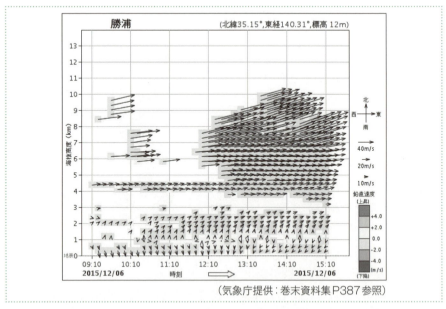

(気象庁提供:巻末資料集P387参照)

上図は2015年の12月6日9時10分～15時10分までに、千葉県勝浦(場所は上のウィンドプロファイラ観測網の図を参照)にあるウィンドプロファイラで観測された結果です。

この図の見方で、特に注意をしなければいけないことがあります。それは時間の流れです。横軸が、その時間の流れを表しています。

　この図だと左から右の方向に向かって時間が流れていることがわかりますが、場合によっては、図の右から左に向かって時間が流れている場合もあります。このウィンドプロファイラの図を見るときは、必ず最初に時間の流れを確かめてください。

　また、このウィンドプロファイラは、大気中の温度差や水蒸気量の差などによって生じる屈折率の乱れなどにより、散乱されて戻ってくる電波を受信・処理することにより、上空の水平風や鉛直流を測定していますので、観測することのできる高さは、そのときの大気の状態や天気によっても違います。

　一般的に、大気中に水蒸気が多い場合(湿潤)は、電波の散乱が大きいために約5kmの高さまで、観測することができますが、水蒸気が少ない場合(乾燥)は、観測できる高度はそれよりも低くなります。

　また降水がある場合は、降水粒子の動きから、上空の水平風や鉛直流を観測することになります。これは降水粒子からの散乱が大きいためであり、観測できる高度も高くなって、約5km以上の高さ(最大で12km程度まで)のデータも観測できるようになります。ただ、その場合、降水粒子は風とほぼ同じ速度で水平方向に移動するので、水平風の観測に関してはまったく問題ありませんが、鉛直流は降水粒子の落下速度を観測することになりますので、実際の大気の鉛直流とは違う値になることに注意が必要です。

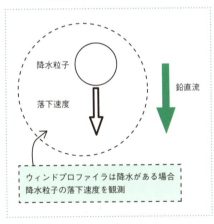

MP(マルチパラメータ)レーダー

　MP(マルチパラメータ)レーダーは水平偏波(水平方向に波打つ電波)と垂直偏波(垂直方向に波打つ電波)の2種類の電波を同時に送信・受信ができるレーダーです。そのような理由からこのMPレーダーは**二重偏波レーダー**と

も呼ばれることがあります。ちなみに気象庁などが利用している気象レーダーは一部を除き水平偏波のみで観測を行っていますが、今後は全国の気象レーダーを順次二重偏波レーダーへ変更していく予定です。

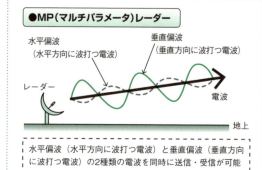

大気中を落下する雨粒は空気抵抗の影響を受けてアンパンのように潰れた形をしており、それは大きな雨粒ほど顕著です（右図参照）。

大気中を落下する雨粒はこのように潰れたアンパンのような形をしているため、MPレーダーから発射される水平偏波と垂直偏波での観測に差が生じ、大きな雨粒が多く含まれている降雨の場合、水平偏波のほうが垂直偏波よりも反射（後方散乱）されることになり、レーダーが受信する平均受信電力が大きくなります。

雨粒の形状→大きな雨粒ほど潰れたアンパンの形になる
出典先
http://mp-radar.bosai.go.jp/mpradar.html

このようにMPレーダーは雨粒が大きくなるほど潰れたアンパンのような形になることで水平偏波と垂直偏波をレーダーが受信する平均受信電力に差が出る性質を利用して雨の粒径分布に関する情報、つまり降水強度（推定値）を得ることができます。

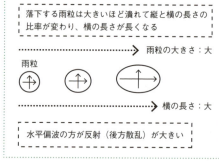

電波が降雨の中を通過するとき、その速度は雨が降っている分だけ、降雨のない大気中を通過する場合に比べてわずかに遅く

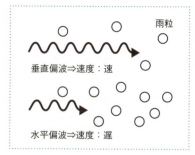

なります。

　先ほどの平均受信電力の差と同じ理由で水平偏波のほうが垂直偏波に比べてその速度は遅くなり、そしてこの遅れは大きな雨粒が多く含まれる降雨、つまり強い雨ほど大きくなります。

　MPレーダーはこのようにして水平偏波と垂直偏波の遅れの差（電波の位相のズレまたは偏波間位相差とも表現される）を観測し、その差が大きいほど強い雨が降っていることになります。

XバンドとCバンド

　気象レーダーはその電波の波長から約3cmのものを**Xバンド**、そして約5cmのものを**Cバンド**と呼んでいます。つまり気象庁で使用している気象レーダーはその電波の波長が5cmであり、そのような理由から気象庁のレーダーは**Cバンド気象レーダー**とも呼ばれることがあります。

　また**Xバンド気象レーダー**は、その電波の波長が短いことから降雨による減衰が大きく、強い降雨の後方では観測不能となることがまれに発生するという欠点があります。そのため、これまではXバンド気象レーダーは降雨の観測には適さないとされてきました。

　ただMPレーダーの水平偏波と垂直偏波の遅れの差はXバンドを用いたほうが弱～中程度の雨でも敏感に反応するため観測しやすく、つまり電波が減衰するなどして観測不能にならない限りはXバンドを用いた

> ●**MPレーダー**
>
> Xバンド（波長3cm）の方が高精度な降水強度を観測可能
> ⇒XバンドMPレーダーの実用化

MPレーダーのほうが高精度な降水強度を観測することができます。そのような理由から**XバンドMPレーダー**が実用化されて、国土交通省では**XRAIN**(eXtended RAdar Information Network：高性能レーダ雨量計ネットワークの略）という名称で活用されています。現在は、国土交通省が管理しているCバンド気象レーダーもMPレーダー化され、XバンドMPレーダーと組み合わせることでより高精度な降水強度を観測することができるようになってきています。またこのXRAINは1分ごとに更新されてその解像度は250mと非常にきめ細かな画像になっています。

第5節　気象ドップラーレーダー

第5章 ● 気象レーダー観測　187

異常伝搬

　気象レーダーの電波は、通常なら直進して進みます（正確には大気密度の大きな大気下方に少し曲がります）が、大気の屈折率に応じて電波が曲げられ、通常の伝搬（伝わること）の経路から大きくはずれることがあります。この現象を**異常伝搬(いじょうでんぱん)**とよびます。

　電波が曲げられて地表面や地表の構造物などにあたり反射すると、降水がないところにエコーが現われる場合があります。この現象は気象レーダーのように電波を用いた観測の特性上は避けられないもので、データの品質管理（異常値などを除去すること）において完全に取り除くことはできません。

　大気の屈折率は気温や湿度などにより決定します。

　異常伝搬は気温が高度とともに急激に上昇するなどして屈折率が高さとともに大きく変化する場合に発生します。

　具体的な気象条件として高気圧内の下降流による断熱昇温や夜間の放射冷却、海陸風などによる温度の異なる空気の移流があげられます。これらはすべて逆転層（対流圏で高度とともに気温が上昇する層）の発生する理由であり、それぞれ沈降逆転層、接地逆転層、移流（前線性）逆転層といいます（下図参照）。

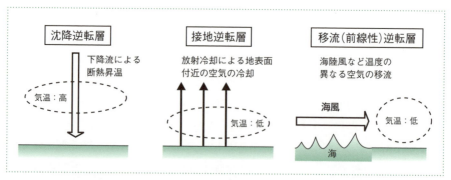

　また、海上は陸上に比べると地形の起伏がない分、異常伝搬の原因となる大気の構造が形成されやすいといった特徴があります。

METEOROLOGY

第 6 章

降水短時間予報

レーダー＋アメダスなど 地上の雨量計＝解析雨量

6-1 解析雨量

解析雨量図

　解析雨量とは、先ほど博士のお話しでもあったように、簡単にいうと、気象レーダーとアメダスなどの雨量計を足し合わせた降水量のことです。具体的にいうと、気象レーダーで観測された降水量(推定値)を、その付近にある雨量計で観測された降水量(実測値)で補正しています。

　そして、この気象レーダーとアメダスの観測データを合わせた降水量(つまり解析雨量のこと)の分布を、図で表したものを**解析雨量図**とよびます。右図が、その解析雨量図です。

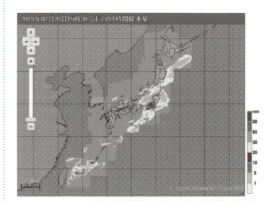

（気象庁提供：巻末資料集P388参照）

　また、この解析雨量図は、画像の細かさが1kmメッシュです。メッシュとは、別のいい方に直すと、解像度のことであり、解像度とは画像の精度を表す言葉のことです。

　画像というのは、細かくみると小さなマス目になっていて、そのマス目にさまざまな色がつくことにより、全体の画像ができあがっています。

この解析雨量図も同じように、細かくみると、小さなマス目になっていて、そのマス目にさまざまな色がついて全体の画像ができあがっています。

　つまり、1kmメッシュとは解析雨量図のそのマス目の縦と横の長さが、実際の地形(地表面)などの1kmの長さに相当するということです。

　そして、この解析雨量には10分ごとに作成される速報版解析雨量図と30分ごとに作成される解析雨量図があります。

解析雨量図と降水短時間予報

　先ほどお話ししました解析雨量図のデータを元にして(予報のもとになるデータを初期値、予報を始める時間を初期時刻、または初期時間と表すことがあります)、**降水短時間予報**という予報が発表されます。

　降水短時間予報とは、その名前の通り降水の分布や強さなどを、予報を始める時間から1時間ごとに、合計15時間先まで予報することです。

　この降水短時間予報は解析雨量図のデータをもとにしているため、予報を始める時間とは解析雨量図が作成される時間になります。ただ、6時間先までと7～15時間先までではその予報を始める時間が異なります。さらに6時間先までの降水短時間予報は10分ごとに作成される速報版解析雨量をもとにした場合は同じように10分ごとに作成される速報版降水短時間予報と、30分ごとに作成される解析雨量をもとにした場合は同じように30分ごとに作成される降水短時間予報に分類されます。そして、7～15時間先までの降水短時間予報は1時間ごとに作成されます(右図参照)。また6時間先までは1kmメッシュの画像の細かさで予報され、7～15時間先までは5kmメッシュの画像の細かさで予報されています。

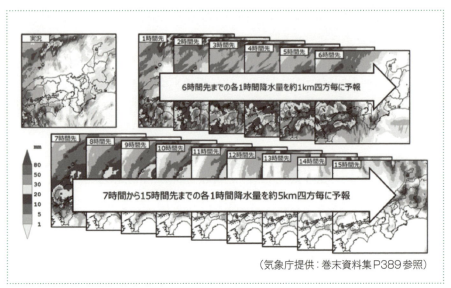

（気象庁提供：巻末資料集P389参照）

　上図に降水短時間予報の例の図を掲載していますので参考にしてください。
　ここでしっかりと理解しておいてほしいことがあります。もう何度もお話ししていますが、解析雨量図とは、気象レーダーとアメダスなどの雨量計のデータを足し合わせた降水量(つまり解析雨量のこと)の分布を表した図のことです。
　つまり、解析雨量図とは、推定値と実測値こそ違いはありますが、レーダーとアメダスなどの雨量計で実際に観測されたデータを組み合わせたものですから、これは実況図になります。
　そして、その解析雨量図をもとにして予報されるのが降水短時間予報ですから、降水短時間予報で発表される図はすべて予想図になります。どれが実況図で、どれが予想図になるのか、この違いはしっかりと理解しておいてください。

●解析雨量図
レーダーとアメダスなどの雨量計で
実際に観測されたデータを足し合わせたもの

●降水短時間予報で発表される図
レーダーアメダス解析雨量図を元に
予報されたもの

雷ナウキャストと竜巻発生確度ナウキャスト

雷ナウキャストは雷の激しさや雷の可能性を1kmメッシュで解析し、10分刻みで1時間先までの予測を行うものです。10分毎に更新して提供しています。右図のように活動度1から4までの4段階で表しており、活

雷ナウキャストの活動度

活動度1 （雷可能性あり）	現在は雷は発生していないが今後落雷の可能性がある
活動度2 （雷あり）	電光が見えたり雷鳴が聞こえる落雷の可能性が高くなっている
活動度3 （やや激しい雷）	落雷がある
活動度4 （激しい雷）	落雷が多数発生している

動度1→4に向かうにつれて状況が悪くなります。また、活動度の出ていない地域でも急に積乱雲（雷雲）が発達することもあるため、天気の急な変化には注意が必要です。

竜巻発生確度ナウキャストの発生確度

発生確度1	竜巻などの激しい突風が発生する可能性がある 発生確度1の地域では予測の適中率は1～7％程度 捕捉率は80％程度で、竜巻などの突風の見逃しが少ない
発生確度2	竜巻などの激しい突風が発生する可能性があり注意が必要 予測の適中率は7～14％程度、捕捉率は50～70％程度 発生確度2となっている地域に竜巻注意情報が発表される

適中率…予報が適中している割合のことで、竜巻などの激しい突風が発生する割合
捕捉率…竜巻などの激しい突風をどれだけ予報でとらえていたかを表す割合

竜巻発生確度ナウキャストは、竜巻などの激しい突風の発生する可能性を10kmメッシュで解析して10分刻みで1時間先までの予測を行うもので、10分毎に更新して提供しています。

確度とは確かさの度合いという意味のことで、上図のように発生確度1～2の2段階で表しており、発生確度1は1時間以内に竜巻などの激しい突風が発生する可能性（予測の適中率）が1～7％程度、発生確度2では7～14％程度です。

第6章 ● 降水短時間予報　195

第1節　解析雨量

降水短時間予報で使う3つの予測方法

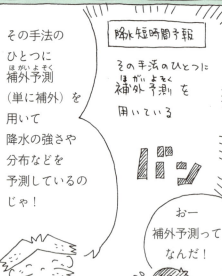

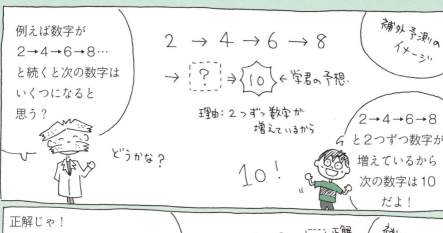

6-2 降水短時間予報

降水短時間予報

　この降水短時間予報では、**補外予測**という過去と現在(本来ならば現在は初期時刻と表すべきなのですが、わかりやすくするために現在という言葉を用いていますので、この第6章では、現在＝初期時刻とお考えください)のデータから未来を予測する手法をそのひとつに用いて、降水の分布や強さなどの予報をしています。では、どのように予報をしているのでしょうか?ここでは13時に発表される降水短時間予報を例にあげてお話しします。

　まず降水短時間予報は、解析雨量図をもとに予報されるものですから、13時に降水短時間予報が発表されるということは13時に作成された解析雨量図をもとに、その時間(13時)から、1時間ごとに15時間先まで、つまり4時までの降水の分布や強さなどの予想の発表のことになります。

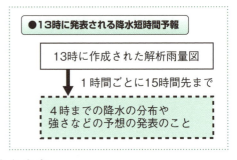

　この降水短時間予報は、補外予測という過去と現在のデータから未来を予測する手法を基本的に用いているわけですから、この降水短時間予報で、未来を予測するためには、まずは過去と現在の情報を知らなければなりません。

　つまり、ここでは13時に作成された解析雨量図を元に降水短時間予報が発表されると仮定していますから、13時が現在で、それよりも以前が過去のデータになります。詳しくは現在を含

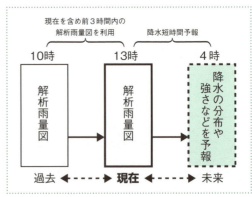

198

めて、前3時間の中で作成された解析雨量図を利用することで過去と現在の情報を得ています。

つまり、今回は13時が現在ですから、現在を含めて前3時間とは10～13時（前ページの下図参照）のことになり、その中で作成された解析雨量図を利用することで、過去と現在の情報を得ることになります。

では、10～13時の中で作成された解析雨量図を利用することで、どのように過去と現在の情報を得ることができ、そこからどのように降水短時間予報という未来を予測することに役立てているのでしょうか？

仮に、10～13時の中で作成された解析雨量図の中でも、わかりやすくするために10時と13時の図をここでは用いることにします。

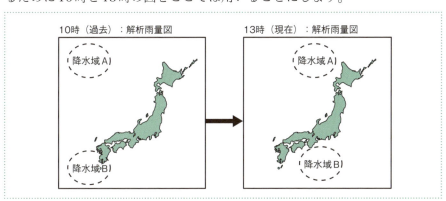

そして、10時の解析雨量図の中にあるAとBという降水域（ここでの降水とは詳しくは解析雨量のこと）が、13時の解析雨量図では、上図のように指定の場所まで移動したとします。

今回は13時が現在ですから、10時とは過去にあたり、AとBという降水域が10時から13時の解析雨量図を上図のように移動したということは、いい換えると、過去（10時）から現在（13時）にかけて、そのように移動したということになります。

つまり、この2つ（10時と13時）の解析雨量図を見比べれば、ここで注目した降水域AとBの10時（過去）から13時（現在）にかけての移動速度や移動方向を求めることができます（解析雨量図は実況図なので、その図を見比べることで、降水域の過去から現在にかけての実際に近い移動速度や移動方向を求めることができるのが利点です）。

ただ、単純に解析雨量図を見比べて、降水域の移動速度や移動方向を求めるわけではなく、具体的には**パターンマッチング**の方法を用いて、降水域の移動速度や移動方向を求めています。

パターンマッチングとは、例えば時間の異なる2つの分布図の一方を少しずつ移動させて、他方に重ね合わせながら類似度を計算して、最も類似度の高い状態のときを、2つの時刻間の移動速度や移動方向（移動速度や移動方向を、まとめて移動ベクトルという）にする方法です。

つまり今回の例でいうと、10時の解析雨量図の中にある降水域AとBを少しずつ移動させて、13時の解析雨量図の降水域AとBと、位置などが、最も同じようになるとき（これを類似度の高い状態という）を、2つの時刻間（10時～13時）

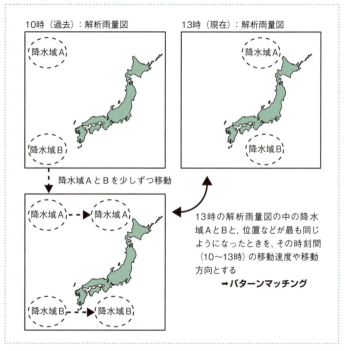

の降水域AとBの移動速度や移動方向にしようとする方法のことです。

そして、ここで求められた降水域AとBの10時（過去）から13時（現在）にかけての移動速度や移動方向が、13時以降（現在以降：つまり未来）も変わらず続くと仮定して、13時（現在）の解析雨量図にある降水域AとBに、その移動方向や移動速度を当てはめて、その降水域AとBの動きから、1時間ごとに13時以降の降水分布を予測します。このようにして降水短時間予報

では降水分布を予測しています。

また、この降水短時間予報では、数値予報（簡単にいうとコンピュータがおこなう天気予報のことで、次の第7章で詳しく解説しています）で予想された700hPa（約3

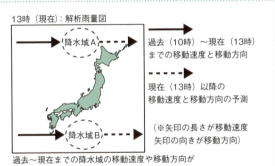

km上空）の風から、降水域の動きを予測する場合があります。その理由についてお話しします。この降水短時間予報では、現在を含めて、前3時間の解析雨量図から、パターンマッチングの方法を用いて、過去から現在にかけての降水域の移動速度や移動方向を求めています。

ただ、その中（現在を含めた前3時間）で、降水域にまったく動きがなければ、パターンマッチングの方法により過去から現在にかけての降水域の移動速度や移動方向は求めることができません。

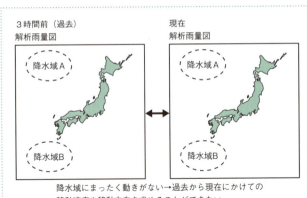

そして、この降水短時間予報では、その過去から現在にかけての移動速度や移動方向を利用して、現在以降の降水域の動きを予測しているため、過去から現在にかけての降水域の移動速度や移動方向が求めることができなければ、もちろん現在以降の降水域の動きも予測できないことになります。

そのように何らかの理由により、パターンマッチングの方法で、降水域の動きの予測に用いられる過去から現在にかけての移動速度や移動方向が求めることができない場合、数値予報で予想された700hPaの風から、この降水短時間予報では、現在以降の降水域の動きを予測しています。

また、この降水短時間予報では、地形効果による降水量の増加や減少（つまり降水の強さ）も予測されています。例えば下図のように、山の斜面に風が吹きつける場合に、そこで風が上昇（これを地形による強制上昇という）することになりますので、雲が発達して降水量が増加します。

逆に、山の斜面を風が吹き降りる場合は、そこで空気が下降することになりますので雲が衰弱して降水量が減少します。

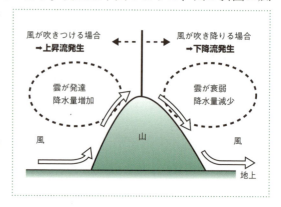

これが、地形効果による降水量の増加や減少のことであり、この降水短時間予報では予測されています。そして、この地形効果による降水量の増加や減少の予測に利用されているのが、数値予報の900hPa（約1km上空）の風や気温、地形データです。

補外予測とメソスケールモデル・局地モデル

この降水短時間予報は、補外予測という手法をそのひとつに用いて、降水の分布や強さなどを予測していると、これまでお話ししてきましたが、**メソスケールモデル（MSM）**、または単純に**メソモデル**と、さらに**局地モデル（LFM）**とよばれる数値予報の結果も利用しています。

数値予報とは、簡単にいうとコンピュータがおこなう天気予報のことで、その天気を予報する際に用いられるプログラムにはいろいろと種類があり、メソスケールモデルと局地モデルは、そのプログラムです（数値予報については、次の第7章で詳しくお話ししています）。つまりこの降水短時間予報は、これまでお話ししてきた補外予測

による予報結果と、メソスケールモデルと局地モデルという数値予報の予報結果が、組み合わされた予報なのです。

　補外予測と数値予報(メソスケールモデルと局地モデル)は、その予報の手法自体が異なりますから、予報結果も異なります。ではその異なる予報結果を、この降水短時間予報はどのように組み合わせているのでしょうか？

　この降水短時間予報は、降水の分布や強さなどを1時間ごとに15時間先まで予報しており、6時間先までと7〜15時間先までの予測でその手法が異なります。まず6時間先までの予報についてお話しします。前半3時間(現在から3時間先まで)は、

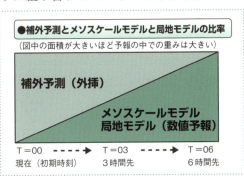

補外予測(外挿)の結果に重みをおいて予報をしており、後半3時間(3時間先から6時間先まで)はメソスケールモデルと局地モデルの結果に重みをおいて予報をしています(重みとは複数のデータを利用する場合に、どれに重点をおくかをいいます)。

　では、なぜそのようになるのでしょうか？　まず一般的に、短い時間の予報になればなるほど、補外予測が最も有効的だといわれています。

　ただ、その補外予測は1〜3時間先くらいまでは、精度良く予報できるのですが、それ以降になると、急激に予報精度が悪くなるという欠点があります。

　そして、3時間先くらいからはメソスケールモデルと局地モデルの予報精度のほうが、補外予測の精度を上回るため、降水短時間予報の前半3時間(現在から3時間先まで)は、補外予測に重みをおいて、後半3時間(3時間先から6時間先まで)は、メソスケールモデルと局地モデルに重みをおいて予報をしています。

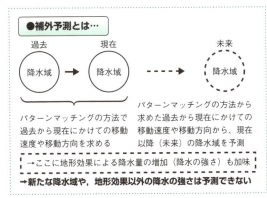

第6章　●　降水短時間予報　　203

補外予測とは、詳しくいいますと、過去と現在のデータから、パターンマッチングの方法により求められた過去から現在にかけての降水域の移動速度や移動方向から、現在以降(つまり未来)の降水域の動きを予測して降水の分布を予測することです。

　また、そこに地形効果も加味(要素を加えること)されるため、降水の強さなども予測することができます。ただ、このように降水域の動きから降水の分布、地形効果から降水の強さなどは予測することはできますが、新たな降水域の発生や、地形効果以外の降水の強さなどは予測することができません。

　一方、メソスケールモデルと局地モデル(数値予報)は、簡単にいうとコンピュータによる天気予報なわけですから新たに発生する降水域の予測や地形効果以外の降水の強さなども、予測することが可能です。つまり降水短時間予報では、そのメソスケールモデルと局地モデルの予報も利用していますので、新たな降水域の発生や地形効果以外の降水の強さなども予測可能なのです。特にメソスケールモデルと局地モデルに重みをおいて予報する後半3時間(3時間先～6時間先)で、それが顕著になります。

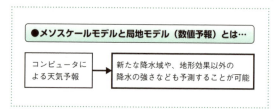

　そして7～15時間先までの予測に関しては、補外予測が3時間先以降は精度が落ちるために使用することができないために、メソスケールモデルと局地モデルの結果だけを利用しています。

　このように6時間先までと7～15時間先までの予測はその手法が異なることから7～15時間先での予報のことを **降水15時間予報** と区別してよぶことがあります。また、気象庁のHPではこの降水短時間予報のことを今後の雨と表現しています。

降水短時間予報と降水ナウキャスト

　もう何度もお話ししましたが、降水短時間予報とは、降水の分布や強さな

どを予報を始める時間から1時間ごとに15時間先まで予報するものです。

また、比較的短い時間間隔（6時間先までは10分ごと、7〜15時間先は1時間ごと）で作成・更新されるものですから、迅速に数時間先までの降水の予報を知ることができます。そのような理由から、例えば大雨などの情報をいち早く把握するのに利用され、そこから避難行動や災害対策に役立てることができます。

そして**降水ナウキャスト**※とは、その降水短時間予報よりも、さらに迅速な情報として、9時→9時5分→9時10分…のように、5分ごとに作成・更新されるもので、特に、数分の強い雨で発生する都市型の洪水などの防災活動に役立っています。

この降水ナウキャストは、60分先、つまり1時間先までの降水の分布や強さなどを5分ごとに予測して、図に表したもの（下図参照）です。

また降水ナウキャストは、1kmメッシュ（1km四方と表すこともある）で、比較的、きめ細やかな画像となっています。

降水ナウキャスト
・レーダーやアメダスなどの雨量計から求めた降水の強さや分布 ・降水域の発達や衰弱の傾向 ・過去1時間程度の降水域の移動 ・地上・高層観測データから求めた移動速度 } 利用

この降水ナウキャストはレーダーやアメダスなどの地上の雨量計のデータから求めた降水の強さや分布、および降水域の発達や衰弱の傾向、さらに過去1時間程度の降水域の移動や地上・高層の観測データから求めた移動速度を利用しています。そして予測を行う時点で求めた降水域の移動の状態がその先も変化しないと仮定し、さらに降水の発達・衰弱の傾向を加味することで補外予測を基本として降水の強さや分布を予測しています。

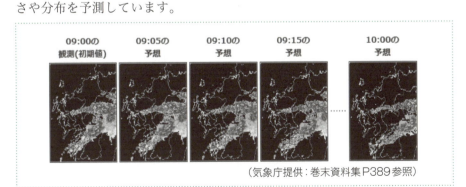

（気象庁提供：巻末資料集P389参照）

※気象庁ホームページでの降水ナウキャストの表示は、現在は終了しています。

このように降水ナウキャストでは補外予測が基本であるため、新たに発生する降水などを予測に反映することはできませんが、短い時間の予測では比較的高い精度で予測を得ることができます。また、降水ナウキャストでも降水短時間予報と同じように地形の影響などによって降水が発達・衰弱する効果を計算することで予測の精度を高めています。

高解像度降水ナウキャスト

高解像度降水ナウキャストは、気象ドップラーレーダー（降水と風の観測ができるレーダー）の観測データに加え気象庁・国土交通省などが保有する全国の雨量計のデータ、ウィンドプロファイラやラジオゾンデによる高層観測データ、国土交

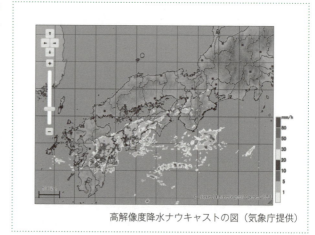

高解像度降水ナウキャストの図（気象庁提供）

通省のXバンドレーダーのデータも活用することで、降水域の内部を立体的に解析し、250mメッシュで降水分布を30分先まで予測しています。

降水ナウキャストが2次元(平面)で予測するのに対し、高解像度降水ナウキャストでは降水を3次元(立体)で予測する手法を導入しています。

予測前半では3次元で降水分布を追跡する補外予測の手法で、予測後半にかけて、気温や湿度などの分布に基づいて降水粒子の発生や落下などを計算する対流予測モデルを用いた予測に移行していきます。また積乱雲の発生の予測に取り組んでいることが大きな特徴です。

高解像度降水ナウキャストは陸上と海岸近くの海上では250mメッシュの降水予測を、そのほかの海上では1kmメッシュの降水予測を提供しています（右図参照）。

　また、250mメッシュにおける予測時間は30分先までですが、35分から60分までの予測については30分先までと同じアルゴリズム（計算方法）で、1kmメッシュで予測を提供しています。

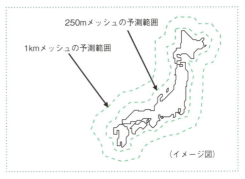

竜巻注意情報

　竜巻注意情報とは、積乱雲により発生する竜巻や**ダウンバースト**（積乱雲から生じる強い下降流）などの突風に対して注意をよびかけるもので、雷注意報を補足する情報です。この竜巻注意情報は竜巻発生確度ナウキャストで発生確度2が発表された地域（詳しくは一次細分区域）に発表しているほか、目撃情報が得られて竜巻などが発生するおそれが高まったと判断した場合にも発表しており、有効期間は発表から約1時間です。

　竜巻注意情報の発表の流れは、半日から1日程度前に府県気象情報などの気象情報で竜巻などの激しい突風のおそれと明記して注意し、数時間前には、雷注意報でも竜巻と明記して特別の注意をよびかけます。さらに気象ドップラーレーダーによる観測などから竜巻注意情報を発表し、今まさに竜巻やダウンバーストなどの突風が発生しやすい状況になっていることをお知らせします。

台風の名前のつけ方と命名の方法

　気象庁は毎年1月1日以降、最も早く発生した台風を第1号とし、以降、台風の発生順に番号をつけています。一度発生した台風が衰えて、最大風速が17.2m/s(34ノット)未満になり、台風の基準を満たさなくなり熱帯低気圧になったあとで再び発達して台風になった場合は同じ番号をつけます。

　また台風は低緯度で発生するため中心に暖気を伴っており、中緯度付近まで北上すると北側の寒気の影響を受けて温帯低気圧に変化(台風の温低化)することもあります。ただそこから再び暖気だけの状態に戻ることは難しく、温帯低気圧から台風に逆戻りすることは基本的にはありません。

　台風にはこれまで、米国が英語名(ジェーン台風などの人名)をつけていましたが、平成12年(2000年)から台風委員会(日本を含む14ヵ国などが加盟)の取り決めにより、北西大西洋または南シナ海の領域で発生する台風には同領域内で用いられている固有の名前、つまり、加盟国などが提案した名前をつけることになりました。

　平成12年の台風第1号にカンボジアで象を意味する「ダムレイ」の名前がつけられ、以降、発生順にあらかじめ用意された140個の名前を順番に用いて、最後まできたら再び1番目の「ダムレイ」に戻り、繰り返して

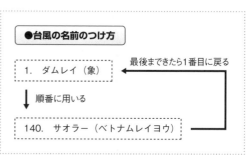

名前がつけられるような仕組みになっています。台風の年間発生数は25～26個くらいなので、約5年間で台風の名前が一巡することになります。また、台風の名前は上記のように繰り返して使用されますが、大きな災害をもたらした台風などは台風委員会加盟国からの要請を受けて、以降は台風にその名前を使用しないように変更されることがあり、台風の発生場所によってはこの140個以外の名前が用いられることもあります。

　ちなみに日本は「こいぬ」や「やぎ」、「うさぎ」など、星座の名前から台風の名前をつけています。

第7章
数値予報

観天望気から数値予報へ

7-1 数値予報の流れ

数値予報の流れ

数値予報とは、簡単にいうとコンピュータ（詳しくはスーパーコンピュータ）がおこなう天気予報のことで、現在の天気予報の根幹（意味：大もと）です。

つまりこの数値予報は、現在の天気予報の根幹なわけですから、この数値予報の仕組みを知ることで、現在の天気予報がどのようにして成り立っているのかがわかります。ではまず、この数値予報（簡単にいうとコンピュータがおこなう天気予報）の流れについて、お話ししていくことにしましょう。

その数値予報の流れは、右図のようになっていて、まずは、その全体の流れと、その全体の流れの中にでてくる専門用語をしっかりとおぼえましょう。

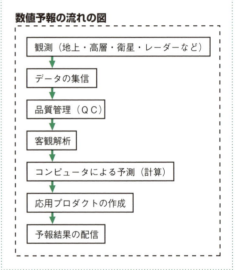

そして、右図にもあるように、数値予報をおこなうために最もはじめにすることが観測であり、この観測とは、この本の中でお話ししてきた地上気象観測や高層気象観測、気象衛星観測や気象レーダー観測など、すべての観測のことです。

例えば私たちも車に乗っていて、何時間後にどのあたりまで進んでいるかを予測するためには、まず始め

に自分の居場所がどこだかわからなければ、その予測はたてられません。

それと同じで、この数値予報も、最もはじめに観測をすることで、その時間のさまざまな気象要素(気温や風などの総称のこと)を知ることができ、そこから未来の気象要素を予測することができるのです。

そして、その観測されたデータは、気象庁にすべて集められ(これをデータの集信という)次に**品質管理(QC)**という作業がおこなわれます。

観測されたデータには誤差や異常値が含まれているものです。それは観測機器の故障や人為的なミス、通信エラーなど、その理由はさまざまです。いずれにしても誤差や異常値のあるデータは予報の精度に影響しますので、観測されたデータから、その誤差や異常値のあるデータを除去しなければいけません。

その作業のことを品質管理とよび、その品質管理により誤差や異常値のある観測データは除去されて、信頼性のある観測データのみが採用されることになります。そして、その後の予報に生かされるのです。

その品質管理が終わると、次に**客観解析**がおこなわれます。では、この客観解析について、ここでは簡単にお話ししていくことにします。

右図のように、日本列島を縦と横の線の間隔がすべて等しくなるように区切ったとき、その縦と横の線の交わる部分を**格子点**といいます。つまり縦と横の線の間隔はすべて等しくなるように区切られていますので、その縦と横の線の交わる部分にあたる格子点もすべて等しい間隔で縦と横に並ぶことになります。

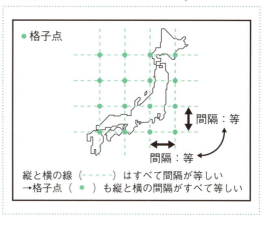

実際に数値予報をおこなうコンピュータの中にもこのような格子点がシミュレート(模擬的に表すこと)されています。そして、コンピュータは、この格子点上の気象要素の値を予測しており、ここが数値予報を理解するうえで最も大切なポイントになります。

ただ、実際に気象要素を
観測している観測所は、格
子点と同じ場所にあるかと
いうと、そうではなくて、
格子点以外の場所にあるこ
とが一般的です(右図参照)。

コンピュータは格子点上
の気象要素の値を予測して
いますので、格子点以外の

場所にある観測所で観測された気象要素は、そのままではコンピュータは予
測することができないのです。

では、いったいどのように
して格子点上の気象要素の値
を求めているのでしょう
か？ 例えば右図のように縦
と横の線の間隔がすべて等し
くなるように区切り、その縦
と横の線の交わる場所をここ
では格子点とします。

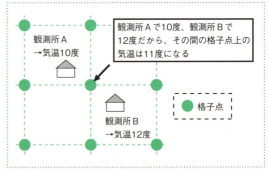

そして格子点以外の場所に、観測所A(以下Aと表記)と観測所B(以下B
と表記)があり、そのAとBで気温を観測すると、それぞれ10度(A)と12度
(B)ということにします。

つまり、Aで観測された気温が10度で、Bが12度ですから、その間にあ
る格子点上の気温は、単純
に考えて11度になります
(上図参照)。

このように格子点の周囲
にある観測所で観測された
気象要素の値から、内挿
(周囲の観測データからそ
の間をあてはめること)し

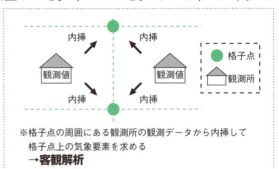

てその間にある格子点上の気象要素の値は求められており、その作業のことを客観解析といいます。

また格子点上の気象要素（気温や風など）の値のことを総称して格子点値または **GPV（Grid Point Valueの略）** といいます（客観解析については同じ第7章の第2節の客観解析のところで詳しくお話ししています）。

そして、客観解析により求められた格子点上の気象要素の値を解析値と呼び、その解析値を初期値（予報のもととなるデータ）としてコンピュータによる予測（計算）がここではじまります。

ただ、いきなり天気予報でよく見たり聞いたりする明日や明後日などの気象要素が予測されるわけではなく、例えば2分後、4分後、6分後と、右下図のように短い時間の間隔（ここでは2分間隔を仮定しており、この時間の間隔をタイムステップという）で予測していきます。そして短い時間の間隔で予測した気象要素を積み立てていくことで、やがて天気予報でよく見たり聞いたりする明日や明後日などの気象要素が予測されます。

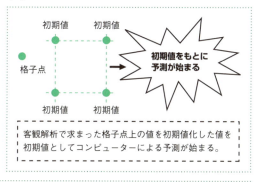

このような予測の方法を **時間積分** といいます。そして、コンピュータが気象要素を予測するときには、もちろん予測式を使って気象要素を予測しており、その式のことを **プリミティブ方程式（基本方程式・基礎方程式）** とよんでいます。

その式には①水平方向の運動方程式②鉛直方向の運動方程式（静力学平衡・静水圧平衡）③連続の式（質量保存の法則）④熱力学方程式（熱エネルギー保存の法則）⑤水蒸気の輸送方程式（水蒸気保存の式）⑥気体の状態方程式（ボイ

ル・シャルルの法則)という6つの式があり、下図で紹介しています。

①の水平方向の運動方程式には、具体的には、東西方向と南北方向の2つの式があるため、このプリミティブ方程式を7つの式とする場合もあります。

プリミティブ方程式

①水平方向の運動方程式

$$\underbrace{\frac{\partial u}{\partial t}}_{①} = \underbrace{-u\frac{\partial u}{\partial x} - v\frac{\partial u}{\partial y} - w\frac{\partial u}{\partial z}}_{②} \underbrace{+ 2\Omega\sin\phi\, v}_{③} \underbrace{- \frac{1}{\rho}\cdot\frac{\partial p}{\partial x}}_{④} \underbrace{+ Fx}_{⑤}$$

$$\underbrace{\frac{\partial v}{\partial t}}_{①} = \underbrace{-u\frac{\partial v}{\partial x} - v\frac{\partial v}{\partial y} - w\frac{\partial v}{\partial z}}_{②} \underbrace{- 2\Omega\sin\phi\, u}_{③} \underbrace{- \frac{1}{\rho}\cdot\frac{\partial p}{\partial y}}_{④} \underbrace{+ Fy}_{⑤}$$

①格子点の水平風(u:東西風 v:南北風)の時間変化 ②移流効果 ③コリオリ力 ④気圧傾度力(水平方向) ⑤摩擦力

②鉛直方向の運動方程式(静力学平衡・静水圧平衡)

$$0 = \underbrace{-\frac{1}{\rho}\cdot\frac{\partial p}{\partial z}}_{\text{気圧傾度力(鉛直方向)}} \underbrace{- g}_{\text{重力}}$$

③連続の式(質量保存の法則)

$$\underbrace{\frac{\partial \rho}{\partial t}}_{\text{格子点の密度}(\rho)\text{の時間変化}} = \underbrace{-u\frac{\partial \rho}{\partial x} - v\frac{\partial \rho}{\partial y} - w\frac{\partial \rho}{\partial z}}_{\text{移流効果}} \underbrace{- \rho\left(\frac{\partial u}{\partial x} + \frac{\partial v}{\partial y} + \frac{\partial w}{\partial z}\right)}_{\text{収束・発散による密度の変化}}$$

④熱力学方程式(熱エネルギー保存の法則)

$$\underbrace{\frac{\partial \theta}{\partial t}}_{\text{格子点の温位}(\theta)\text{の時間変化}} = \underbrace{-u\frac{\partial \theta}{\partial x} - v\frac{\partial \theta}{\partial y} - w\frac{\partial \theta}{\partial z}}_{\text{移流効果}} \underbrace{+ H}_{\text{非断熱効果による温位の変化}}$$

⑤水蒸気の輸送方程式(水蒸気保存の式)

$$\underbrace{\frac{\partial q}{\partial t}}_{\text{格子点の比湿}(q)\text{の時間変化}} = \underbrace{-u\frac{\partial q}{\partial x} - v\frac{\partial q}{\partial y} - w\frac{\partial q}{\partial z}}_{\text{移流効果}} \underbrace{+ M}_{\text{非断熱効果に伴う加湿}}$$

⑥気体の状態方程式(ボイル・シャルルの法則)

$$P = \rho R T$$

このようにプリミティブ方程式を用いてコンピュータは気象要素を予測しているのですが、何度もお話ししているようにコンピュータは、格子点上の気象要素の値を予測していますので、

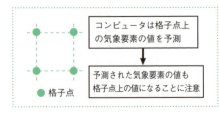

予測された気象要素の値も格子点上での話になります。

そして、その予測された格子点上の気象要素の値(これを予報値または予測値という)をもとにして図面化することを**応用プロダクトの作成**といいます。ここでいう図面化の図面とは、簡単にいうと天気図のことであり、その天気図は、民間の気象会社などに配信(予報結果の配信)されています。

第1節 数値予報の流れ

リチャードソンの夢

この第7章の冒頭で博士がお話ししていましたが、最初に数値シミュレーション(数値予報)による予報の実験を試みたのは、イギリスの気象学者ルイス・フライ・リチャードソンです。

コンピュータが実用化される以前の1920年頃、およそ水平方向200km間隔で鉛直方向を5層に分けた格子を用いて、6時間予報を1カ月以上かけて手計算で行いました。

残念ながら用いた数値計算に難点があり、非現実的な気圧変化を予測してしまい、この試みは失敗に終わりました。

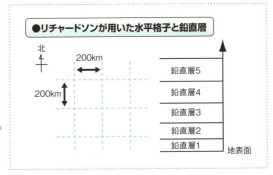

しかしリチャードソンは「6万4千人が大きなホールに集まり、ひとりの指揮者のもとで整然(整っていること)と計算を行えば、実際の時間進行と同程度の速さで予測計算を実行できる」と提案しました。数値予報の将来を信じたこの言葉は「**リチャードソンの夢**」として有名です。

リチャードソンの夢　気象庁提供

第7章 ● 数値予報　217

さまざまな場所にある観測所のデータを利用する

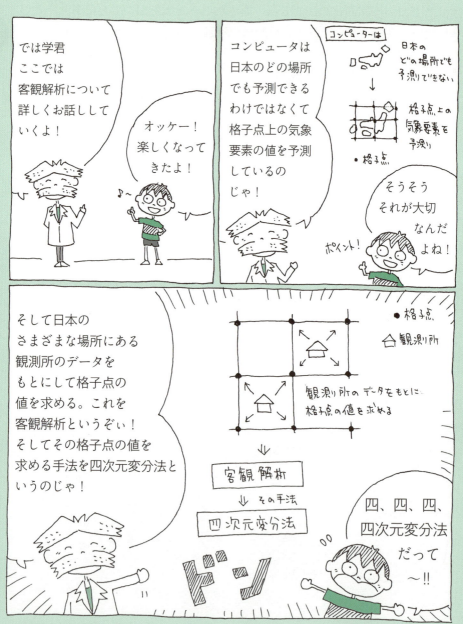

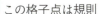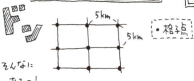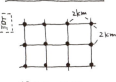

7-2 客観解析

客観解析

　客観解析というのは、格子点上の値を求める作業のことで、これまでは、その格子点上の値を求める方法として、周囲の観測所で観測された気象要素の値から内挿（周囲の観測データからその間をあてはめること）して、下図のようにその間にある格子点上の値を求めているとお話ししてきました。ただ、実際には、それだけで、この格子点上の値が決定するわけではありません。

　このように周囲の観測所で観測された気象要素の値から内挿してその間にある格子点上の値を求めた値のことを**観測値**といいます。

　そしてこの観測値に、さらに**第一推定値**という前回の数値予報結果が足されることで**解析値**という格子点上の値がはじめて決定し、この解析値を求める作業を詳しくは客観解析とよびます。

　では、第一推定値（前回の数値予報結果）と観測値（周囲の観測所で観測された気象要素の値から内挿して、その間にある格子点上の値を求めた値）を足すことで、いったいどのようにして、解析値という格子点上の値が決定するのでしょうか？　それについて、今からお話ししていきます。

　例えば右図のように、いくつか格子点があり、わかりやすくするため、その中でも※格子点Aと表記された格子点に、ここでは注目します。

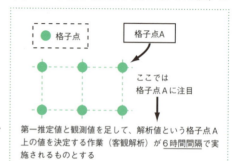

　※ここではわかりやすくするために格子点Aと表記された格子点だけに注目していますが、そのほかの格子点でも同じようなことがおこなわれていると思ってください。

そして、今回は客観解析が6時間間隔でおこなわれるものとします。

客観解析とは、第一推定値と観測値を足して、解析値という格子点上（ここでは格子点A上）の気象要素の値を決定することでしたから、つまり、その作業が、今回は6時間間隔でおこなわれるということです。

では、右図のように、横軸に現在(T=00) 6時間後(T=06) 12時間後(T=12)というように6時間間隔に時間をとります。

今回は、客観解析が6時間間隔で実施されていると仮定していますから、このそれぞ

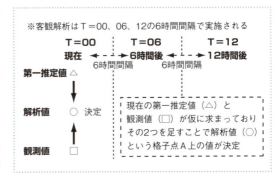

れの時間（現在・6時間後・12時間後）に、つまり第一推定値と観測値が足され、解析値という格子点上（ここでは格子点A上）の気象要素の値が求められていくことになります。

では右上図のように、現在の格子点A上の第一推定値を△、観測値を□として、その値が仮に求められているものとし、その2つの値を足すことで解析値という、ここでは○と表した格子点A上の気象要素の値が決定します。

コンピュータは格子点上の気象要素を予測しているとお話ししてきましたが、正しくはこの解析値(○)という格子点上（ここでは格子点A上）の気象要素の値をもとにして予測をしています。

そして、コンピュータは2・4・6分後というように短い時間間隔で予測（時間積分）しており、それを積み立てていくことで、明日や明後日の気象要素が予測され、もちろん6時間先というもっと短い時間の予測もできます。

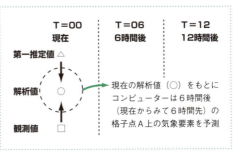

つまり今回は格子点A上の現在の第一推定値(△)と観測値(□)の値が仮に求められており、その2つを足すことで、解析値(○)という格子点A上の気象要素の値も求められていますから、この解析値をもとにコンピュータは、

6時間後という、現在からみて6時間先の格子点A上の気象要素の値を予測することができます(前ページの下図参照)。

その現在の解析値(○)という格子点A上の気象要素をコンピュータが予測した値は、6時間後からみれば、前回の数値予報結果になります。この前回の数値予報結果が第一推定値でしたから、つまり6

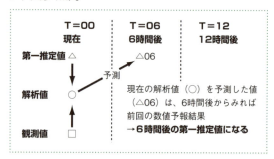

時間後の第一推定値とは、ここでは現在の解析値という格子点A上の気象要素を予測した値(△06)になります(上図参照)。

そして、右図のように6時間後の観測値(□06)も仮に求めることができたとすると、その観測値に、先ほど求めた6時間後の第一推定値(△06)を足して、6時間後の解析値(○06)という格子点A上の気象要素の値を求めることができます。その6時間後の解析値(○06)をもとにして、コンピュータはそこから12時間後という、6時間後からみて、さらに6時間先の格子点A上の気象要素の値を予測することができます。

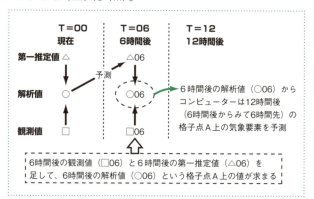

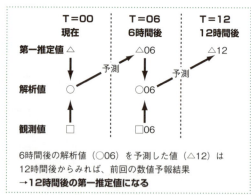

この6時間後の解析値(○06)という格子点A上の気象要素をコンピュータが予測した値は、12時間後からみれば、前回の数値予報結果になります。

前回の数値予報結果が第一推定値でしたから、つまり12時間後の第一推定値とは6時間後の解析値という格子点A上の気象要素を予測した値（△12）になります。

　そして、あとは同じような作業の繰り返しになります。

　つまり、右図のように12時間後の観測値（□12）も仮に求めることができたとすると、その観測値に先ほど求めた12時間後の第一推定値（△12）を足して、12時間後の解析値（○12）という格子点A上の気象要素

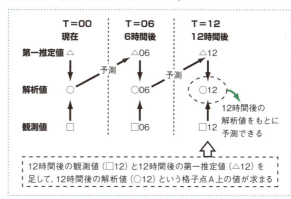

の値を求めることができます。その12時間後の解析値（○12）をもとに、コンピュータは、さらに、その先の客観解析の実施される時間（ここでは6時間間隔で客観解析が実施されるとしていましたから、18時間後になる）や、もっと未来の気象要素の値なども、もちろん予測することができます。

　いずれにしても大事なことは、現在の解析値（○）をもとにして、次に客観解析がおこなわれる時間（ここでは6時間後）の気象要素をコンピュータが予測した値は、その次に客観解析が実施される時間には、前回の数値予報結果になるということです。つまり、その時間（ここでは現在）の解析値を予測した値が、その次に客観解析が実施される時間（ここでは6時間後）の第一推定値になるのです。

　また海上など、周囲に観測所が少なく観測データが少ない場所で

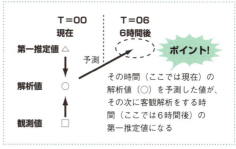

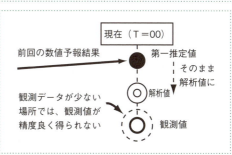

第7章 ● 数値予報　223

は、観測値（周囲の観測所で観測された気象要素の値から内挿して、その間にある格子点上の値を求めた値）が十分精度良く得られませんので、第一推定値がそのまま解析値になります。

では、ここで**四次元データ同化（解析・予報サイクル）**という言葉についてお話ししておきます。先ほどからお話ししていますように、第一推定値（前回の数値予報結果）と観測値（周囲の観測所で観測された気象要素の値から内挿して、その間にある格子点上の値を求めた値）を足すことで、その時間の解析値という格子点上の気象要素の値が決定し、この解析値を求める作業を客観解析といいます（右図参照）。

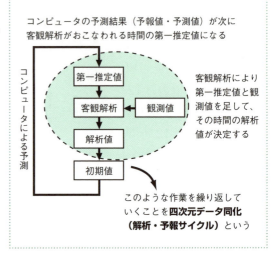

そして、その解析値を初期値とし、その初期値をもとに、コンピュータが予測をした値（予報値・予測値）が、次に客観解析をする時間の第一推定値となるのです（上図参照）。

そして、あとは上記のような作業の繰り返しです。次に客観解析をする時間に求められた観測値に、この第一推定値を足して、その結果、解析値という格子点上の気象要素の値が決定（この作業を客観解析という）します。

その解析値を初期値とし、その初期値をもとに、コンピュータは予測をすることができ、その予測された値が、さらに、その次に客観解析をする時間の第一推定値になります。このような作業を繰り返すことを四次元データ同化（解析・予報サイクル）といいます。

四次元変分法と三次元変分法

四次元変分法とは客観解析で格子点の値を決定する手法のことです。これまでもお話ししてきたように格子点の値は観測値と第一推定値を足し合わせ

ることで、そこから解析値という格子点の値を決定しています。

ここでいう観測値とは周囲の観測所で観測されたデータをもとに決めた格子点の値のことですが、ここでの観測データとはいったいどの時間のデータのことなのでしょうか？

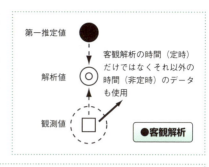

結論は客観解析をおこなう時間(定時という)だけではなくて、それ以外の時間(非定時という)の観測データも用いています(右図参照)。

つまり客観解析をおこなう時間だけではなくて、それ以外の非定時の観測データも用いることでどのような推移(移り変わり)で気象要素が観

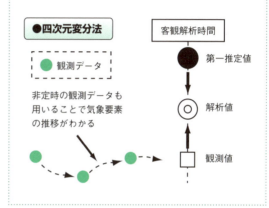

測されてきたのかがわかります。その推移も利用することで格子点の値を決定する手法のことを四次元変分法といいます。

近頃は気象の技術や観測網も発達し、例えばウィンドプロファイラや気象レーダーなど短い時間間隔で気象要素を観測しているものもあります。四次元変分法を手法とすることで、客観解析がおこなわれていない時間の細かな時間間隔で観測されたデータも有効に利用しているのです。

また客観解析がおこなわれている時間(定時)と、客観解析がおこなわれていない時間(非定時)の観測データをすべて客観解析がおこなわれている時間に観測されたものとして、格子点の値を決定する手法のことを**三次元変分法**といいます。

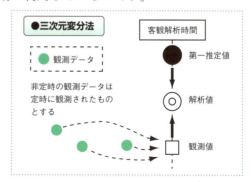

第7章 ● 数値予報　225

数値予報で表現できる現象は5〜8倍のスケールが必要

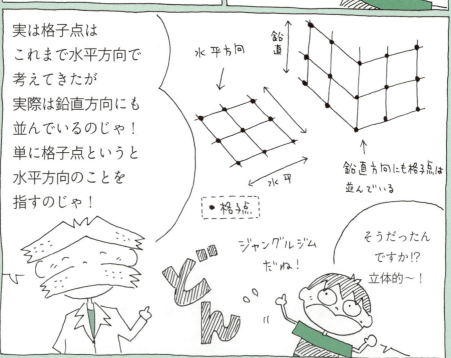

7-3 数値予報で表現できる現象

数値予報で表現できる現象

　この数値予報で表現できる現象(雨や風など)は、通常、水平(横)方向にみたときの格子点間隔の5倍～8倍以上の大きさ(水平スケール)が必要です。ではなぜ、そのようになるのか、今からイメージをしていきましょう。

　例えば右図のように空気(風)の波があり、この波を観測するとします。そして、この空気の波を観測する地点を、ここでは格子点ということにします。

　仮にAとBという2つの格子点で観測しても、右図のように、この空気の波全体は観

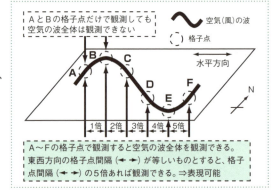

測できませんが、この空気の波を観測する格子点の数を増やせば、やがては、この空気の波全体を観測できるときがくるはずです。そして、ここでは合計AからFまでの6つの格子点で観測すると、この空気の波全体を観測することができるとします。

　具体的な数字はここでは用いませんが、この空気を観測する格子点(A～F)の水平方向にみたときの特に東西方向の間隔に注目し、それがすべて等しいものとすると、右上図のように、その格子点間隔の5倍の大きさがあれば、空気の波全体が観測できることになります。そして、空気の波全体を観測できるということは、空気の波全体を把握できるということですから、つまり、表現できることになります。

　要はある程度の数の格子点で観測できるくらいの大きさの現象でないとその全体を把握できずに、表現できないのです。そしてその大きさの基準が水平方向にみたときの格子点間隔の5倍～8倍以上ということです。

このようなイメージから、数値予報で表現できる現象は、通常、水平方向にみたときの格子点間隔の5倍〜8倍以上の大きさの現象でなければ表現できないのです。また、ここ

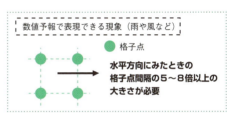

での表現できる・表現できないという言葉は、単純に、予測しやすい・予測しにくいという意味だと考えてください。

ここでは数値予報モデルの全球モデルの格子点間隔約13kmを例としてお話しします。

つまり、数値予報で表現できる現象は、通常、水平方向にみたときの格子点間隔の5倍〜8倍以上の大きさが必要ですから、約65km〜約104km以上の大きさでないと、表現できないことになります。

例えば、現象というよりは擾乱(高気圧や低気圧などのこと)とよぶほうが正しいのですが、温帯低気圧はその水平方向の大きさが数千kmであり、積乱雲(対流雲)は、その水平方向の大きさが大きなものでも10km程度です。数値予報は、通

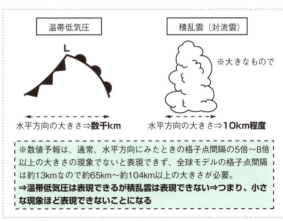

常、水平方向にみたときの格子点間隔の5倍〜8倍以上の大きさの現象でなければ表現できず、全球モデルでは、その格子点間隔は約13kmですから、約65km〜約104km以上の大きさが必要です。そのような理由から、温帯低気圧(水平方向の大きさ:数千km)は、数値予報で表現することができて予測もしやすいのですが、逆に積乱雲(水平方向の大きさ:大きなものでも10km程度)は数値予報で表現することができずに予測もしにくいことになります。つまり、この数値予報では、上記の温帯低気圧と積乱雲の例のように、小さな現象ほど表現できずに予測もしにくいことがわかります。

この数値予報は、現在の天気予報の根幹なわけですから、そのようにして

考えると、なぜ現在の天気予報では積乱雲の発生の予測が難しいのか、その理由がよくわかります。

さて、ここでひとつ疑問が生まれます。この格子点というのは、コンピュータの中でシミュレートされているものなので、コンピュータの設定を変えれば、この格子点の間隔を自由に変更することができます。

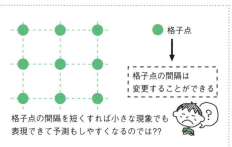

先ほどからずっとお話ししていますが、この数値予報で表現できる現象は通常、水平方向にみたときの格子点間隔の5倍〜8倍以上の大きさが必要なわけですから、極端な話、水平方向にみたときの格子点間隔を、仮に1 kmにすれば、5 km〜8 km以上の大きさの現象であれば、表現できることになり、つまり積乱雲（水平方向の大きさが大きなもので10km程度）のような小さな現象でも予測しやすくなるはずです。ではなぜ、そのようにしないのか？ それは格子点の間隔を短くすればするほど、コンピュータの予測量、つまり計算量が増えてしまうからです。

例えば、右図にある①番の図から②番の図のように、水平方向にみたときの格子点間隔を短くしたとします。

コンピュータは、この格子点上の気象要素の値を予測していますから、格子点の間隔を短くするほど、一定の空間に含まれる格子点の数も多く

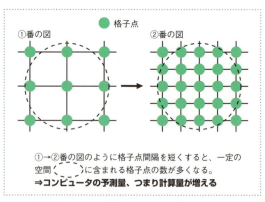

なり、要はコンピュータの予測量が増加します。

コンピュータの予測量が増加すれば、それはつまりコンピュータの計算量

230

が増加することを表していますから、予測結果をだすまでに時間がかかることになります。天気予報は、毎日発表される時間が基本的に決まっていますから、コンピュータが予測結果をだすまでに、あまりに時間がかかると、天気予報が発表される時間までに、コンピュータの予測結果が間に合わなくなってしまうことも十分に考えられます。

天気予報が発表される時間までに、コンピュータの予測結果が間に合わなければ意味がありませんから、格子点の間隔は簡単に変えることはできず、現在、数値モデルの中の全球モデルの水平方向にみたときの格子点の間隔は20kmです。

将来、コンピュータがもっと発達すれば、この格子点の間隔もさらに短くすることができて、予測しにくい現象も、予測できるようになる時代がくることでしょう。

さて先ほどから格子点の間隔を短くすると、コンピュータの予測量が増えるとお話ししていますが、格子点の間隔を半分にすると、どのくらい予測量が増えるのでしょうか？

まず、格子点の間隔が半分になるわけですから、水平方向にみたときの東西方向の格子点の数が２倍、南北方向の格子点の数が２倍に増えて、これを合計すると、２倍×２倍で４倍になります。コ

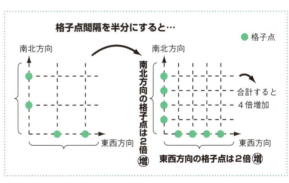

ンピュータは、この格子点上の気象要素の値を予測していますから、格子点が４倍に増えるということは、予測量も４倍に増えます。

また、コンピュータは、天気予報でよく見たり聞いたりする明日や明後日などの気象要素をいきなり予測するわけではなく、次ページの上図のように、例えば２分後・４分後・６分後と、短い時間の間隔（この時間の間隔をタイムステップという）で予測（この予測方法を時間積分という）しています。

詳しい説明はこの次のCFL条件のところでお話ししますが、格子点の間隔を短くすると、その予測で用いる時間の間隔（タイムステップ）も短くしな

くてはいけなくなり、その分だけコンピュータの予測量が増えます。

そして、一般的に格子点の間隔を半分にすると、この時間の間隔（タイムステップ）も半分にしなければいけずに、つまり、この面からもコンピュータの予測量が2倍に増えることになります。

以上のことから、格子点の間隔を半分にすると、水平方向にみたときの東西方向と南北方向の格子点の数が、それぞれ2倍と2倍で合計4倍に増えて、さらに予測で用いる時間の間隔（タイムステップ）も半分（つまり2倍の予測量が必要）になりますので、それらをすべて合計しますと8倍になります。

今回は、水平方向にみたときの東西方向と南北方向の格子点の間隔が半分になったことだけを仮定してみましたが、格子点というのは水平方向だけではなくて実際には、鉛直方向にもあるものです。

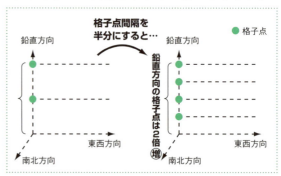

その鉛直方向の格子点の間隔も半分になった場合のことも、さらに考慮しますと、つまり、鉛直方向の格子点の間隔が半分になるわけですから、鉛直方向の格子点の数は2倍増えることになります。もう何度もお話ししていますが、コンピュータは、この格子点上の気象要素の値を予測していますから、格子点が2倍増えるということは予測量も2倍増えることになります。

水平方向にみたときの（東西方向と南北方向の）格子点の間隔が半分になったときには、予測で用いる時間の間隔も半分になることも含めて、その予測量の合計は8倍になりましたから、さらにここに、鉛直方向の格子点の間隔も半分（つまり2倍の予測量が必要）になった場合のことも考慮しますと、合計で16倍の予測量にもなるのです。

では、ここで話をもとに戻します。これまで格子点の間隔は、基本的に

20kmとお話ししてきましたが、それはあくまでも全球モデルの話であって、実際は、その格子点の間隔は一定ではなくて、その目的などに応じて変更しています。

それを**数値予報モデル**とよび、正しくは、コンピュータが天気（大気の状態）を予測（計算）する際に用いるプログラムです。この次の節では、その数値予報モデルには、いったいどのような種類があるのかを紹介していきます。

CFL条件

CFL（シーエフエル）条件（または**クーラン条件**）とはコンピュータにより安定な計算をするための条件のようなもので、**タイムステップ**（予測で用いる時間間隔）に上限があることを示したものです。

●CFL条件（クーラン条件）

コンピュータが安定な計算をするための条件

$$\frac{\Delta x}{\Delta t} > C$$

Δx：格子点間隔
Δt：タイムステップ
C：流れの速さ

CFL条件は$\frac{\Delta x}{\Delta t} > C$（$\Delta x$：格子点間隔 Δt：タイムステップ C：流れの速さ）と表すことができ、コンピュータで安定な計算をおこなう場合はこの条件を満たす必要があります。つまり＞（大なりと読む）の記号から、この場合は$\frac{\Delta x}{\Delta t}$の値が$C$の値よりも大きくなることが条件として必要であることがわかります。

そして、このCFL条件を用いてタイムステップの大きさを求めることができます。例えば格子点間隔が20kmで風速50m/sである場合を考えてみます。まず$\frac{\Delta x}{\Delta t} > C$の＞の部分を＝とし、ここでは$\Delta t$を求めるので$\Delta t = \frac{\Delta x}{C}$と式を変形します。

Δxは格子点間隔のことで風速の単位に合わせて20kmを20000mに直した値を使用し、Cは流れの速さのことでここでは50m/sがあては

＞（大なり）を＝に変形

$$\frac{\Delta x}{\Delta t} > C \quad \rightarrow \quad \frac{\Delta x}{\Delta t} = C$$

$\Delta t =$の式に変形

$$\Delta t = \frac{\Delta x}{C}$$

Δx：格子点間隔20000m（20km）
C：50m/sを代入

$$\Delta t = \frac{20000}{50} = 400秒$$

第7章 ● 数値予報　233

まります。つまり$\varDelta t = \dfrac{20000}{50}$となり、$\varDelta t$の値は400秒となります。つまりこの場合のタイムステップの上限は400秒になります。

それでは格子点間隔を20kmの半分の10kmとし、風速は50m/sと同じ場合のタイムステップの値を求めてみます。$\varDelta t = \dfrac{10000}{50}$となり、$\varDelta t$の値は200秒となります。つまりこの場合のタイムステップの上限は200秒になります。

$$\varDelta t = \frac{\varDelta x}{C}$$

$\downarrow$ $\varDelta x$：格子点間隔10000m（10km）
C：50m/sを代入

$$\varDelta t = \frac{10000}{50} = 200秒$$

実際の大気はそのときどきで風速は異なるため、今回のように50m/sと常に同じというわけではありませんが、その都度タイムステップは変えないので、風速が大きいなど最も厳しい気象条件を想定してあてはめることになります。そのような理由からここでは風速を50m/sにし、厳しい条件を想定して考えています。

つまり50m/sと風速を同じにした場合、格子点間隔を20kmから10kmにすると、タイムステップの上限が400秒から200秒に半分になることがわかります。

これが格子点間隔を半分にするとタイムステップの間隔も半分にしなければいけない理由です。

風速50m/sの場合

格子点間隔が20km⇨タイムステップ400秒

格子点間隔が10km⇨タイムステップ200秒

格子点間隔を半分にすると
タイムステップが半分になる

数値予報モデルとタイムステップ

全球モデルは2023年3月に格子点間隔が約20kmから約13kmに変更され、上記のCFL条件で計算した場合（風速50m/sとし$\varDelta t = 13000m/50m/s$で260秒となる）、全球モデルの

数値予報モデルとタイムステップ

数値予報モデル	タイムステップ
全球モデル	約260秒（理論上）
メソスケールモデル	約33秒（100/3秒）
局地モデル	12秒

タイムステップは理論上は約260秒になります。また、メソモデルは約33秒（100/3秒）、局地モデルは12秒です。

格子点法とスペクトル法

一般に大気中の気圧や気温などの物理量は、右図のように時間とともに連続（切れ間なく続くこと）して変化をしているものです。

ただ、コンピュータはこのように連続している値を完全に取り扱うことは非常に難しく、ある一定の間隔でその値を扱う必要があります。この値を**離散値**（とびとびの値）とよび、連続している値を離散値で表すことを離散化といいます。この離散値の間隔をつめて

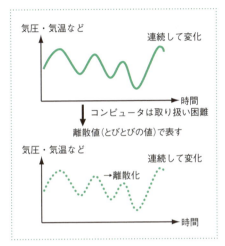

いけばもとの連続した物理量に近づきますが、決して連続した値になることはありません。

そして、連続した物理量を離散値で表現する方法に**格子点法**と**スペクトル法**があります。格子点法とは連続した物理量を格子点で区切って表したもので、スペクトル法はさまざまな波長をもつ波を重ねあわせて表したものになります（右図参照）。

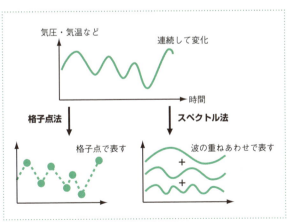

格子点法を用いたモデルを**格子点モデル**といい、メソスケールモデルがこれに該当します。スペクトル法を用いたモデルを**スペクトルモデル**とよび、全球モデルがこれに該当します。

第7章 ● 数値予報　235

コンピュータが天気を予測する際に用いるプログラム

それでは次に数値予報モデルについてお話ししていくよ！

うわ～い楽しみだな！

数値予報モデルとはコンピュータが天気を予測する際に用いるプログラムのことなのじゃ！

じゃん！

数値予報モデル

コンピューターが天気を予測（計算）する際に用いるプログラム

計算の手順を示したもの

プログラムって計算の手順を示したものって意味なんだ

つまり天気予報にも週間天気予報などいろいろと種類があるようにその目的に応じてプログラムを変えておりそれを数値予報モデルというのじゃ！

目的に応じてプログラムを変更
↓
数値予報モデル
ドン！

温帯低気圧と積乱雲を比べても大きさや雨の降り方も異なるもんね

試験によく出る！

数値予報モデル

- 全球モデル（GSM）
- メソスケールモデル（MSM・メソモデル）
- 局地モデル（LFM）

試験によく出る数値予報モデルは次の通りじゃ！

要チェックだね！

まずは
数値予報モデル
の中でも幅広く
用いられる
全球モデルが
あり、これは
格子間隔が約13
kmで今日から明後
日までの天気予報
（短期予報）などに
利用されている
ぞ！

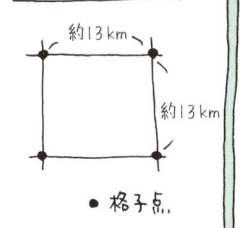
全球モデル

約13km
約13km
・格子点.

目的
今日から明後日までの
天気予報（短期予報）
…などに利用

ふむ
ふむ

次に
メソスケール
モデルがあり
これは
格子間隔が
5kmで防災気象
情報や航空気象
情報、あと降水
短時間予報など
に利用されて
いるのじゃ！

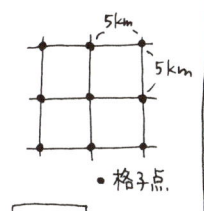
メソスケール
モデル

5km
5km
・格子点.

目的
防災気象情報
航空気象情報
降水短時間予報
…などに利用

"なるほど〜

最後に
局地モデルじゃが
これは格子間隔が
2kmと最も短く
航空気象情報や
防災気象情報、
あと降水短時間
予報などに利用
されておるぞ！

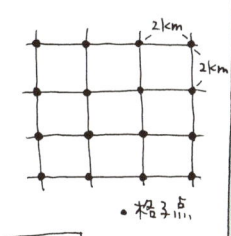
局地モデル

2km
2km
・格子点.

目的
航空気象情報
防災気象情報
降水短時間予報
…などに利用

ここまで格子間隔は
短くなったのか！

では詳しく
お話しして
いくよ！

天気予報が
詳しく
なるね！

7-4 数値予報モデル

全球モデル（GSM）

　全球モデル（GSM）は、今日から明後日までの天気予報（これを短期予報という）などに利用されており、その格子点間隔は約13kmです。

　ここでの格子点間隔とは、詳しくいうと、水平方向にみたときの東西方向と南北方向の格子点間隔が約13kmという意味です。

　そして、この格子点は水平方向だけではなくて、右図のように、鉛直方向にもあるもので、地上から0.01hPaの高さまで、全球モデルの場合、128層に分かれています。

　ただ、鉛直方向にみた格子点の間隔は均等ではなく、下層ほどその格子点の間隔が狭く、上層ほどその格子点の間隔が広く

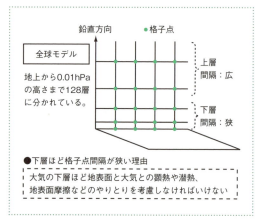

なっています。その理由は、大気の下層ほど地表面（海面を含む）と大気との顕熱（熱）や潜熱（水蒸気）、地表面摩擦などのやりとりを考慮しなければいけないからです。

　また、数値予報モデルごとに予測できる範囲が決まっており、この全球モデルは全球という言葉がつくぐらいですから、日本だけではなくて、地球全体を対象として予測をすることができます。

　この全球モデルは、今日から明後日までの天気予報に利用されているのですが、具体的には、そのほかにも、週間天気予報・台風予報・航空予報・波浪予報・海氷予報・火山灰拡散予測・黄砂予測などに利用されています。

この全球モデルを用いて、協定世界時の00時・06時・12時・18時（この協定世界時を9時間進めた時間が日本標準時になります）の6時間毎に1日4回予測されており、132時間先（5日半先）までの予測がおこなわれています。

　ただ、協定世界時で00時と12時は、この全球モデルを用いて、264時間先（11日先）までの予測をしています。

メソスケールモデル（MSM）

　メソスケールモデル（MSM） は、防災気象情報（注意報・警報・気象情報）や航空気象情報、降水短時間予報などに利用されており、単純に**メソモデル**ともいわれています。そして、その格子点間隔は5kmです。

　また、ここでの格子点間隔とは、詳しくいうと、水平方向にみたときの東西方向と南北方向の格子点間隔が5kmという意味です。

　そしてこの格子点は水平方向だけではなく、鉛直方向にもあるもので、地上から37.5km（37500m）の高さまで、メソスケールモデルは96層に分かれています。このメソスケールモデルも、先ほどの全球モデルの

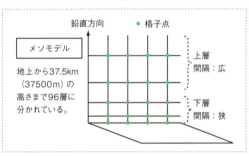

ように鉛直方向にみたときの格子点間隔は均等ではなくて、下層ほどその格子点の間隔が狭く、上層ほどその格子点の間隔が広くなっています。

　また、このメソスケールモデルで予測できる範囲は、先ほどの全球モデルのように、地球全体を予測することはできず、右図のように、日本周辺が対象ということになります。

　このメソスケールモデルを用いて、協定世界時の00時・03時・06時・09時・12時・15時・18時・21時（この協定世界時を9時間進めた時間が日本標準時になります）の3時間ごとに

1日8回、予測されています。

　この中で03・06・09・15・18・21時は39時間先まで、00・12時は78時間先までの予測がおこなわれています。

　この数値予報で表現できる現象(雨や風など)は、通常、水平方向にみたときの格子点間隔の5倍〜8倍以上の大きさ(水平スケール)が必要です。そのようにして考えますと、メソスケールモデルの水平方向にみたときの格子点間隔が5kmなので、数値予報モデルの中でも、このメソスケールモデルという数値予報モデルを用いる場合は、25km〜40km以上の大きさでないと、その現象を表現できないことになります。

　先ほどの全球モデルの水平方向にみたときの格子点間隔が20kmで、つまり全球モデルの場合、現象を表現するために100km〜160km以上の大きさが必要になりますので、それと、このメソスケールモデルの場合(25km〜40km以上の大きさが必要)を比べてみると、メソスケールモデルが、いかに細かな現象まで表現できるのかがわかります。そして、防災上で重要な局地的な大雨や強風などは、水平方向にみたときの大きさ(水平スケール)が、数十km程度しかないことが多いため、このメソスケールモデルを用いて防災気象情報(注意報・警報・気象情報)などに利用しているのです。

　ただそれでも積乱雲(対流雲)は、大きなものでも10km程度の大きさしかないですから、このメソスケールモデルでもまだまだ十分には表現できないことがわかります。

局地モデル(LFM)

　局地モデル(LFM)とは、航空気象情報や防災気象情報、降水短時間予報

などに利用されており、この格子点間隔は2kmと、数値予報モデルの中では最も格子点間隔が短いのが特徴です。もう何度もお話ししていますが、ここでの格子点間隔は水平方向にみた東西・南北の方向のことを指しています。

そしてこの格子点は鉛直方向にもあるもので、地上から約22kmの高さまでをこの局地モデルは76層に分けています。

また、この局地モデルで予測できる範囲は日本周辺が対象になりますが、先ほどのメソスケールモデルよりもその範囲は小さくなります。

この局地モデルを用いて、00・03・06・09・12・15・18・21時は18時間先、それ以外の正時は10時間先まで予測しています。

また数値予報で表現できる現象は水平方向にみたときの格子点間隔の5〜8倍以上が必要であり、つまりこの局地モデルの格子点間隔は2kmですから、少なくともその5倍の10km以上の大きさが必要になります。積乱雲は大きなものでも10km程度の水平方向の大きさですから、この局地モデルでもまだ個々の積乱雲は表現できるほどではないことがわかります。

数値予報モデルと変分法

四次元変分法とは客観解析をおこなう時間だけではなく、それ以外の時間の観測データを用いてどのような推移で気象要素が観測されているかを考慮しているため、**三次元変分法**に比べて解析に時間がかかるという欠点があります。

●数値予報モデルと変分法

数値予報モデル	変分法
全球モデル	四次元変分法
メソスケールモデル	四次元変分法
局地モデル	三次元変分法

このような理由で、現状では全球モデルとメソスケールモデルは四次元変分法、局地モデルは三次元変分法を用いています。

予測範囲のもっとも外側にある気象要素を決める

7-5 数値予報モデル2

全球アンサンブル予報モデル

　この**全球アンサンブル予報モデル（GEPS）**は、台風予報や週間天気予報、1カ月予報や早期天候情報に利用されています。水平方向にみたときの格子点間隔は予測時間により異なり、18日先までは約27km、18〜34日先までは約40kmで、鉛直方向には0.01hPa（約64km）の高さまで128層に分かれており、地球全体を予測することができます。

　数値予報は、格子点上の気象要素の値を予測していますが、具体的には客観解析により求まった解析値（観測値＋第一推定値）という格子点上の値を初期値として、未来の気象要素の値を予測しています。

　例えば、その初期値の気温が20度だったとすると、その20度をもとにして、72時間後の気温は25度のように、未来を予測していきます。

　ただ、その初期値（ここでは20度）には、必ず現実の値とは異なる何かしらの誤差が含まれています。その誤差がわずかな誤差であっても、誤差を含んだ状態で予測を始めると、仮に右図のように、その予測期間（ここでは72時間後まで）の実際の気温が事前にわかっているものとすると、その実際の気温と予測された気温との差は、時間とともに大きく（これを**大気のカオス的性質**という）なり、予測の精度が低下していきます。

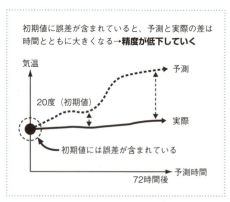

これが、今日から明後日の天気(短期予報)はまだあたりやすいけど、週間天気予報の最後の日はあたりにくい理由になります。そして、その根本にある理由は、初期値にそもそも何かしらの誤差が含まれているからです。

　つまり初期値に誤差が含まれていることが、はじめからわかっていれば、その誤差が含まれていると考えられる範囲の中で、初期値を用意(右図では仮に3つ)して予測をし、その流れをみれば、その初期値の誤差からくる予測の

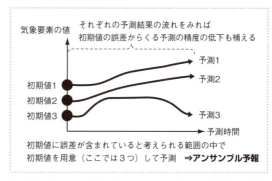

精度の低下をある程度は補うことができるはずです。このような予報の方法を**アンサンブル予報**といいます。

　そして、このアンサンブル予報を構成している個々の予報結果を**アンサンブルメンバー**(単に**メンバー**ともいう)とよびます。

メソアンサンブル予報モデルと季節アンサンブル予報モデル

　メソアンサンブル予報モデル(MEPS)はメソスケールモデルの予測に対して、信頼度(情報の確かさ)などの情報を付加することを目的としてつくられた数値予報モデルです。つまりこのメソアンサンブル予報モデルはメソスケールモデルの予測の信頼度などを目的とするため、水平方向の格子点間隔は5km、鉛直方向の格子点間隔は96層に分かれており、メソスケールモデルと同じ状態にしていることが特徴です。また協定世界時の00時、06時、12時、18時の1日4回、39時間先までの予測がおこなわれています。

　季節アンサンブル予報モデルは3か月予報や暖候期予報(3月から8月までの予報)、寒候期予報(10月から2月までの予報)、エルニーニョ現象の監視を目的とした数値予報モデルになります。

　1カ月を超える予報には大気の変動だけではなく、エルニーニョ現象やラニーニャ現象(東部太平洋赤道域の海面水温が平年より高くなればエルニーニョ現象、平年より低くなればラニーニャ現象)などの海洋の変動も合わせて

予報する必要があります。そのような理由から大気と海洋を一体として予測する**大気海洋結合モデル**をこの季節アンサンブル予報モデルでは使用しています。具体的には、大気と海洋との間における熱や水蒸気の輸送を通じて大気の温度や湿度の変化とともに、海洋

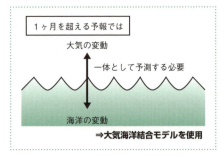

の水温や海流などの変化も予測しています。格子点間隔は、大気は55kmで、海洋は25kmとなっています。

このように数値予報モデルは天気予報の目的などに応じてプログラムを変更する必要があるため、さまざまな種類があります（下図参照）。これまで紹介したモデルの中では私たちの日々の生活に特に関係が深い全球モデルやメソスケールモデル、局地モデルが試験でも出題されやすい内容になります。

主な数値予報モデルの概要

予報モデルの種類	モデルを用いて発表する予報	予報領域と格子間隔	予報期間	実行回数
局地モデル	航空気象情報、防災気象情報、降水短時間予報	日本周辺　2km	10時間	1日16回
			18時間	1日8回
メソモデル	防災気象情報、降水短時間予報、航空気象情報、分布予報、時系列予報、府県天気予報	日本周辺　5km	39時間	1日6回
			78時間	1日2回
全球モデル	分布予報、時系列予報、府県天気予報、台風予報、週間天気予報、航空気象情報	地球全体　約13km	5.5日間	1日2回
			11日	1日2回
メソアンサンブル予報システム	防災気象情報、航空気象情報、分布予報、時系列予報、府県天気予報	日本周辺　5km	39時間	1日4回
全球アンサンブル予報システム	台風予報、週間天気予報、早期天候情報、2週間気温予報、1か月予報	地球全体 18日先まで　約27km 18〜34日先まで約40km	5.5日間	1日2回（台風予報用）
			11日間	1日2回
			18日間	1日1回
			34日間	週2回
季節アンサンブル予報システム	3か月予報、暖候期予報、寒候期予報、エルニーニョ監視速報	地球全体 大気　約55km 海洋　約25km	7か月	1日1回

気象庁HPより

格子点間隔と予測期間の関係

右図のように、格子点間隔が短いほど格子点数は増加し、逆に、格子点間隔が長いほど格子点数が減少します。数値予報は、この格子点上の気象要素の値を計算しており、それは、どの数値予報モデルでも同じです。

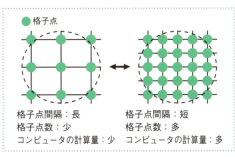

つまり、格子点間隔が短いほど格子点数も増加し、コンピュータの計算量も増えますので、その限界から予測期間が短くなります。逆に、格子点間隔が長いほど格子点数が減少し、コンピュータの計算量も減りますので、その限界から予測期間が長くなります。

数値予報モデルの中で、格子点間隔がもっとも短い局地モデル（2 km）は、長くても10時間先までしか予測できないのはそのためです。

格子点値は格子点間隔程度の領域の代表値

数値予報では、格子点上の気象要素の値を予測するというお話をしていますが、その格子点上の値というのは、具体的には、その格子点を中心とした格子点間隔程度の領域の代表値（平均値と表すこともある）になります。

例えば右図のように、格子点Aと格子点Bがあり、ここでは格子点A上の気温が10度、格子点B上の気温が12度と仮に求まっているものとします。

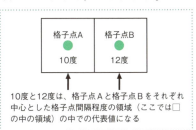

この10度と12度の気温は、格子点Aと格子点B上の気温を表しているのではなく、詳しくいうと、この格子点Aと格子点Bをそれぞれ中心とした格子点間隔（ここでは格子点Aと格子点Bの間隔）程度の領域（上図では□の中の領域）の中での代表する値を表していることになります。

式はどんな要素を考慮して計算しているのか?

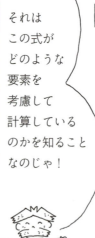
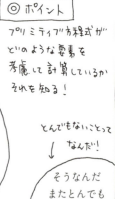

7-6 プリミティブ方程式

静力学平衡（静水圧平衡）

　プリミティブ方程式の中で、鉛直方向の運動方程式には、**静力学平衡**（**静水圧平衡**）の式を用いています。この静力学平衡の式については、しっかりと理解しておかなくてはいけません。では、今からお話ししていきます。

　まずこの静力学平衡の式は、この本の中では、右図のような形で紹介しています。これを①の式にします。なぜ①の式にしたのかというと、数式というのは、その式の中に含まれている記号を、左辺（＝より左側）や右辺（＝より右側）に移項（もう一方の辺に移すこと）するなどして、その形を必要に応じて変えることができます。それはこの静力学平衡の式も同じことで、その形を変えることで実にさまざまな形があるから①の式にしたのです。

> ●静力学平衡（静水圧平衡）
>
> $$0 = \underbrace{-\frac{1}{\rho} \cdot \frac{\partial p}{\partial z}}_{\substack{\text{気圧傾度力}\\\text{（鉛直方向）}}} \underbrace{- g}_{\text{重力}} \quad \cdots ①$$
>
> （ρ：密度 ∂p：気圧差 ∂z：高度差 g：重力加速度）

　例えば、この①の式の右辺にある$-g$の記号を、左辺に移項（移項するときに符号が逆になることに注意）させて、①の式の左辺にもともとある0を省略すると$g = -\frac{1}{\rho} \cdot \frac{\partial p}{\partial z}$と表すことができます。これを②の式とします。

　また、この②の式の左辺と右辺の要素をそのまま入れ替えることにより、$-\frac{1}{\rho} \cdot \frac{\partial p}{\partial z} = g$と表すこともでき、これを③の式とします。

　そしてこの③の式の両辺（左辺と右辺のこと）に－（マイナ

> ①の式の右辺の$-g$を左辺に移項し、①の式の左辺にもともとある0を省略すると…
>
> $$g = -\frac{1}{\rho} \cdot \frac{\partial p}{\partial z} \quad \cdots ②$$
>
> ②の式の左辺と右辺の記号を、そのまま入れ替えると…
>
> $$-\frac{1}{\rho} \cdot \frac{\partial p}{\partial z} = g \quad \cdots ③$$

ス）とρと∂zをかけて、③の式の左辺にもともとある1を省略すると、$\partial p = -\rho g \partial z$と表すこともできます。これを④の式とします。

また、この静力学平衡の式の中には∂という記号がありますが、この記号はラウンドディーやデルと読むことが多く、$\varDelta$（読み：デルタ）の記号とその意味はよく似ています。

これは静力学平衡の式だけではなくて、そのほかのプリミティブ方程式の中に出てくる∂の記号にも同じことがいえます。

つまり、右上の④の形で表された静力学平衡の式の中の∂の記号を意味がよく似ているという理由から、$\varDelta$に置き換えて、pとzの記号を大文字で表すと、$\varDelta P = -\rho g \varDelta Z$という式の形で表すことができます。これを⑤の式ということにします。

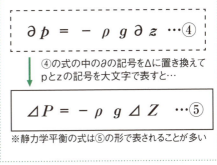

静力学平衡は、一般的にこの⑤の式の形で表されることが多いのですが、これまで紹介してきた①から④の式も、すべて静力学平衡の式です。その式の形こそ違いますが、結局はすべて同じことを意味していることに注意が必要です。

それではその静力学平衡の式の中でも、前ページの③の形で表された式を用いて、この静力学平衡について、理解を深めていくことにします。

右図が、その③の形で表された静力学平衡（③という番号はここ

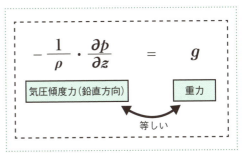

第7章 ● 数値予報　251

から先では省略することにします)の式です。この式の中の左辺($-\frac{1}{\rho} \cdot \frac{\partial p}{\partial z}$)の記号の全体の意味は、鉛直方向の気圧傾度力という力であり、右辺(g)の記号の意味は、重力(ただ正確にはgの記号の意味は重力加速度で、この重力加速度：gに質量：mをかけたものが、実際は、重力：mgを表します。わかりやすくするためにここではgを重力と表すことにします)という力です。そして、この2つの力(鉛直方向の気圧傾度力と重力)が＝(イコール)で結ばれているわけですから、つまり両者は等しいことを表しています。では、これはどのようなことを表しているのでしょうか？

まず気圧傾度力というのは、気圧に差がある場合に、気圧の高い場所(高気圧)から気圧の低い場所(低気圧)に向かって働く力のことです。

気圧とは、簡単に空気の重さのことですから、上空にいくほど空気の量が少なくなるため、気圧は必ず低くなるものです(右図参照)。

つまり地上と上空を比べた場合、上空にいくほど気圧が低くなるわけですから、地上のほうが気圧が高くて、逆に上空のほうが気圧が低くなります。

このように気圧に差がある場合に、この気圧傾度力は働き、その力の向きは気圧の高い場所から気圧の低い場所、つまり地上(気圧：高)から上空(気圧：低)に向けて働きます。これを特に地上から上空という鉛直方向に働くことから、**鉛直方向の気圧傾度力**とよんでいます。

では右図のように、仮に地上と上空の間に空気があるとすると、この空気は、鉛直方向の気圧傾度力

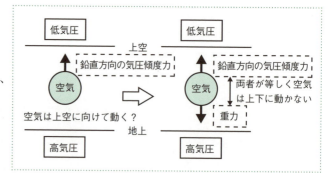

の働きにより、地上から上空に向けて動きそうなのですが、実際はどちらにも動きません。

　それはなぜかというと、この鉛直方向の気圧傾度力と同じ大きさで逆方向に重力という力が働くからです。つまりこの地上と上空の間にある空気の視点で考えてみると、上方向(鉛直方向の気圧傾度力)と下方向(重力)に同じ大きさで引っ張られていることになり、この空気は上にも下にも動かない(上昇流や下降流は起こらない)ことになります。この状態を静力学平衡というのです。

　静力学平衡が成り立つという言葉を、よくこの気象学では使うのですが、それは鉛直方向の気圧傾度力と重力が等しいために空気は動かず、つまり上昇流や下降流は無視できるという考えかたのことをいいます。

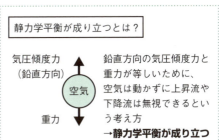

第7章 ● 数値予報　253

上昇流や下降流は予測していない!?

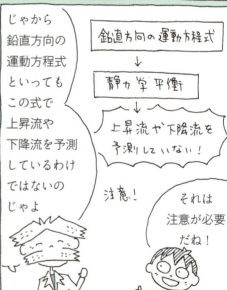

7-7 静力学平衡と連続の式

静力学平衡と連続の式

　それではなぜ静力学平衡の式を、この数値予報ではプリミティブ方程式の中でも鉛直方向の運動方程式に用いているのでしょうか？

　ここでは温帯低気圧を例にあげてその理由をお話ししていきます。

　この温帯低気圧は、右図のようにその前面に上昇流、後面に下降流があり、鉛直流（縦方向の空気の流れのこと）を伴っていることがわかります。また鉛直流のほか、前面に暖気移流、後面に寒気移流という風が吹

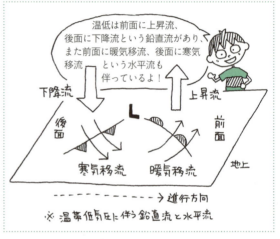

いており、水平流（横方向の空気の流れのこと）も伴っていることがわかります。ちなみにここでいう前面と後面とは、温帯低気圧の進行方向に対して、前面と後面という意味です。（上図参照）

　では、この温帯低気圧に伴う鉛直流と水平流とでは、どちらのほうがその速度が大きいのでしょうか？　答えをいうと水平流なのです。

　一般に温帯低気圧に伴う水平流の速度は秒速数m（単位：m/s）です。一方、鉛直流の速度は秒速数cm（単位：cm/s）しかありません。温帯低気圧は水平の大きさ（水平スケール）が数千kmと大きいですから、鉛直流も強そうなイメージがありますが、実際は秒速数cmなのです。

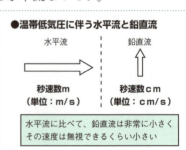

このように温帯低気圧に伴う水平流(秒速数m)と鉛直流(秒速数cm)では、その速度(速度のことをスケールという場合もある)が大きく異なり、鉛直流は、その速度が秒速数cmと無視できるくらい小さいのです。

　そして、鉛直流が無視できるくらい小さいということは、それは上昇流と下降流という鉛直流をほとんど考えなくてもいいことを意味しています。

　つまり、鉛直流が無視できるほど小さい温帯低気圧は、静力学平衡が成り立つと考えることができます。

　ただ、具体的には、鉛直流は弱いながらも存在していますので、あくまでも近似的(よく似ていること)に静力学平衡が成り立つと正しくは表現します。

　今回は温帯低気圧を例にあげましたが、そのほかの低気圧や高気圧など、大規模な擾乱ほど、この静力学平衡が(近似的に)成り立っているものです。

　つまり、鉛直流が無視できるほど小さい状態(静力学平衡が成り立つ状態)とは、上昇流や下降流をほとんど考えなくてもいいことを意味していますから、鉛直方向の空気の運動(空気の動き)を考慮する必要がありません。

　そのような理由から、この数値予報では静力学平衡の式を鉛直方向の運動

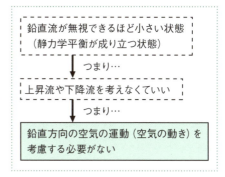

方程式として用いています。そして、静力学平衡を用いることで、まず鉛直方向の運動を考慮する必要はないということを前提(前置きとなる条件)にし、そこから、そのほかの予測式を使って、様々な気象要素を予測しています。

　しかし、鉛直方向の運動を考慮する必要がないといっても、温帯低気圧やそのほかの低気圧や高気圧などの静力学平衡が成り立つような大規模な擾乱にしても、確かに無視できるぐらい鉛直流は小さなものですが、その鉛直流

は弱いながらも実際には存在しています。だから、完全には無視することはできません。では、この鉛直流をどのように予測しているのでしょうか?

何度もお話ししていますが、静力学平衡には空気は上にも下にも動かずに上昇流や下降流は無視できるという意味がありますから、静力学平衡の式ではその上昇流や下降流という鉛直流を予測することはできません。

結論をいいますと、プリミティブ方程式の中では、連続の式(質量保存の法則)を用いて、上昇流や下降流という鉛直流を予測しているのです。

では、どのように連続の式を用いて鉛直流を予測しているのでしょうか?
右図の式がその連続の式になり、

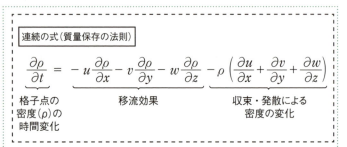

連続の式(質量保存の法則)

$$\frac{\partial \rho}{\partial t} = -u\frac{\partial \rho}{\partial x} - v\frac{\partial \rho}{\partial y} - w\frac{\partial \rho}{\partial z} - \rho\left(\frac{\partial u}{\partial x} + \frac{\partial v}{\partial y} + \frac{\partial w}{\partial z}\right)$$

格子点の密度(ρ)の時間変化　　移流効果　　収束・発散による密度の変化

格子点の密度(ρ)の時間変化は、移流効果と収束・発散による密度の変化の2つの要素を考慮して、そこから計算されていることをこの式は表しています。詳しい解説は省略しますが、下記のような考え方でこの連続の式では鉛直流を予測しています。

例えば、地上付近で10と10という量の空気が収束するとします。空気が収束するとは、空気が集まることを表していますから、地上付近で空気が集まれば、地上よりも下には空気はいけませんので、つまり上昇流が発生します。また、ここでは10と10という空気の量が地上付近で収束したわけですから、20という空気の量の上昇流が発生すると考えられます。

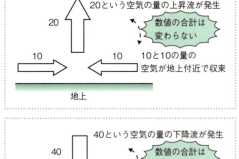

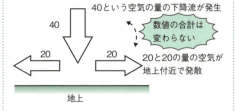

今度は、地上付近で20と20という量の空気が発散するとします。空気が発散するとは、空気が離れることを表していますから、地上付近で空気が離

れていけば、その部分(地上付近)の空気を上空から補うことになりますので、つまり下降流が発生します。また、ここでは20と20という空気の量が地上付近で発散したわけですから、40という空気の量の下降流が発生すると考えられます。このように連続の式は、空気の収束と発散から、それに見合う鉛直流を求めており、この式の別名が質量保存の法則とよばれる理由は10と10の空気が地上付近で収束すれば20の上昇流、20と20の空気が地上付近で発散すれば40の下降流というように、その数値の合計は変わらない(保存される)ことからきています。

予測可能期間と現象の水平スケールの関係

2つの変化するものの間で、一方の変化に対応して、もう一方も変化する関係のことを相関または相関関係があるといいます。そして一方が増加すれば、もう一方も増加するときの関係を正の相関といい、逆に一方が増加すれば、もう一方は減少する関係を負の相関といいます(右図参照)。

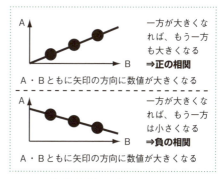

そしてこの数値予報では予測の対象となる現象(擾乱)の水平スケールとその予測可能期間には正の相関があります。つまり予測の対象となる水平スケールが大きくなるほど、その予測可能期間が長くなるということです。それを逆にいうと、予測の対象となる水平スケールが小さいほど、その予測可能期間が短くなるということもいえます。例えば積乱雲のような比較的小さな現象(つまり水平スケールは小さい)ほど、その寿命期間が短いために、短い期間中の変化も大きく、予測の誤差も大きくなる場合があります。そのような理由から予測の対象となる現象の水平スケールが小さいほど、その予測可能期間が短くなります。逆に温帯低気圧のような比較的大きな現象(つまり水平スケールが大きい)ほど、その寿命期間が長いために、短い期間中での変化が小さく、予測の誤差も小さいのです。そのような理由から予測の対象となる現象の水平スケールが大きいほどその予測可能期間が長くなります。

鉛直流を起こす積乱雲

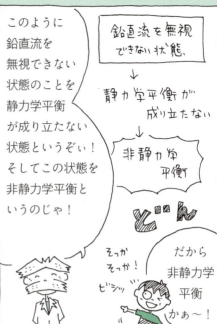

7-8 非静力学モデル

非静力学モデル

　数値予報は、鉛直方向の運動方程式に静力学平衡を用いているために、鉛直流を無視できない積乱雲（積雲対流）のような擾乱には十分に対応していないと先ほど博士がお話ししていました。ただ、数値予報モデル（コンピュータが天気を予測する際に用いるプログラムのこと）の中でも、メソスケールモデル（MSM・メソモデル）と局地モデル（LFM）だけは、その鉛直方向の運動方程式に、その静力学平衡の式を用いていないのです。このような数値予報モデルのことを**非静力学モデル**といいます。

　つまり鉛直方向の運動方程式に静力学平衡を使わないということは、鉛直方向の空気の運動を無視しないということですから、積乱雲のように鉛直流を無視できない擾乱の予測にもメソスケールモデルや局地モデルは適していることになります。

　では、この非静力学モデルは、その鉛直方向の運動方程式にどのような式を用いているのでしょうか？

　右図がその式で、名前はそのままですが、一般形の鉛直方向の運動方程式といいます。

　つまり格子点の

鉛直速度の時間変化（単に鉛直流のこと）は、鉛直方向の気圧傾度力と重力と摩擦力などの力という3つの要素を考慮し、そこから計算していることをこの式は表しています。

　これまでお話ししてきた静力学平衡とは、鉛直流は無視できるという考えかたでしたから、つまりこの一般形の鉛直方向の運動方程式の中の格子点の

●一般形の鉛直方向の運動方程式

$$\frac{dw}{dt} = -\frac{1}{\rho} \cdot \frac{\partial p}{\partial z} - g + F$$

格子点の　　　　　　気圧傾度力　　　重力　　摩擦力
鉛直速度の　　　　　（鉛直方向）　　　　　などの力
時間変化

※ $\frac{dw}{dt}$ は $\frac{\partial w}{\partial t}$ と表すこともある。

鉛直速度の時間変化 ($\frac{dw}{dt}$) と、鉛直流が発生しなければ、摩擦力などの力 (F) の影響も受けないために、この2つの要素を無視する (0にする) ことができ、残った鉛直方向の気圧傾度力 ($-\frac{1}{\rho} \cdot \frac{\partial p}{\partial z}$) と重力 (g：上図の式では-gと表記) の釣り合いを表した式が、これまでの静力学平衡の式の形なのです。

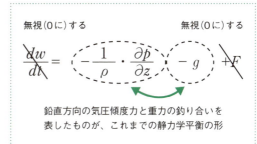

そのようにして考えると、静力学平衡の式にさらに要素をつけ足し、複雑にした式がこの一般形の鉛直方向の運動方程式という考えかたもできます。

つまりそれだけ鉛直方向の運動を考えるということは、複雑な計算が必要になることを、この一般形の鉛直方向の運動方程式は意味しており、メソスケールモデルや局地モデルは連続の式ではなく、この式から直接的に鉛直流を計算することができます。

鉛直P速度

数値予報では、鉛直流の速度を**鉛直P速度**という物理量で表すことが多く、その記号は $\frac{\Delta P}{\Delta t}$ ($=\frac{dp}{dt}$) または ωと表現されます。

この鉛直P速度は、その記号からもわかるように (右図参照) 気圧の時間変化率 (時間ごとに変化する割合) を意味しており、この鉛直P速度が負 (−) の値のときは上昇流、正 (＋) の値のときは下降流を表しています。では、なぜそのようになるのでしょうか？

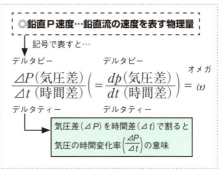

次ページ上図のように、地上と上空がありその間に空気があるとします。

上空にいくほど気圧は低くなりますから、地上と上空の気圧を比べると、地上のほうが気圧が高くて、逆に上空のほうが気圧が低くなります。

つまりこの地上と上空の間にある空気が上昇すると、気圧が低くなる方向(上空)に向けて動きます。鉛直P速度とは気圧の時間変化率のことでしたから、空気が上昇すると気圧は低くなりますので、気圧の時間変化率は負の値になります。そのような理由から、鉛直P速度が負の値になるときには上昇流を表すことになります。

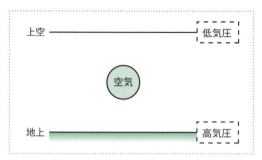

逆に、地上と上空の間にある空気が下降すると、気圧が高くなる方向(地上)に向けて動きますので、気圧の時間変化率は正の値になります。そのような理由から、鉛直P速度が正の値になるときは下降流を表すことになります。

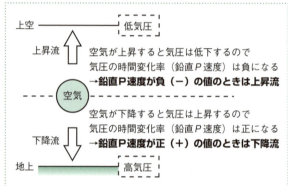

またこの鉛直P速度は、ここまでは単に気圧の時間変化率とお話ししてきましたが、具体的には、1時間あたりの気圧変化量のことで、その単位はhPa/hになります。

つまり鉛直P速度が−10hPa/hのときは、1時間に10hPa気圧が低下するに相当する上昇流になり、逆に鉛直P速度が10hPa/h(＋の記号は省略します)のときは、1時間に10hPa気圧が上昇するに相当する下降流になります(右図参照)。ただ、このように−10hPa/hや10hPa/hと、鉛直P速度(具体的には1時間あたりの気圧変化量)で鉛直流の強さを表されても、その速度がどのくらいかは、実際のところ、なかなかイメージできません。

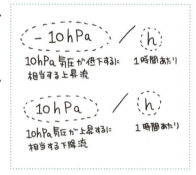

それを秒速に直すと、700hPa（約3000m）付近で、−10hPa/hは秒速約3cm（単位はcm/s）の上昇流10hPa/hは、秒速約3cm（単位はcm/s）の下降流に相当しますので、この値は知っておきましょう。

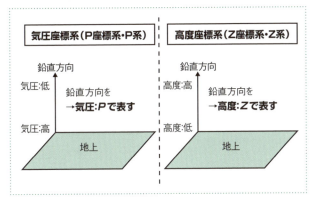

では、ここで**気圧座標系（P座標系またはP系ともいう）**と**高度座標系（Z座標系またはZ系ともいう）**についてお話しします。右図のように、気圧座標系とは鉛直方向の値を気圧：Pで表したもので、高度座標系とは高度：Zで表したものです。

つまり鉛直P速度というのは、鉛直流の速度を、気圧の時間変化率で表していましたから、詳しくいうと、この2つの図（気圧座標系と高度座標系）の中の気圧座標系における鉛直流の速度を表していることになります。

そして、この気圧座標系は静力学平衡の式を前提に作成されています。つまり静力学平衡の式を前提に作成されているわけですから、予測式に静力学平衡の式を用いていない非静力学モデル（メソスケールモデルや局地モデル）では、

この気圧座標系を作成することができないことになります。非静力学モデルは先ほどもお話ししましたが、一般形の鉛直方向の運動方程式から鉛直流の速度を求めており、それは気圧座標系ではなくて、高度座標系における鉛直流の速度を表していることになります（高度座標系における鉛直流の速度を、

そのままですが、鉛直速度とよび、鉛直P速度と区別することがある）。
　そして予測式に静力学平衡の式を用いている静力学モデル（全球モデルなど）は、その静力学平衡の式を前提に、この気圧座標系を作成して、そこから連続の式を用いて鉛直P速度という鉛直流の速度を求めています。
　そのような理由から、この鉛直P速度は積乱雲に伴うような秒速数m（単位：m/s）という鉛直流には対応しておらず、温帯低気圧や、そのほかの低気圧や高気圧などの大規模な擾乱に伴う秒速数cm（単位：cm/s）というほとんど無視できるような鉛直流に対応しているのです。

　また、気圧座標系における鉛直P速度の値は、先ほどもお話ししましたが、鉛直方向の値を気圧（上空ほど低い）で表しているので、空気が上昇（上昇流）す

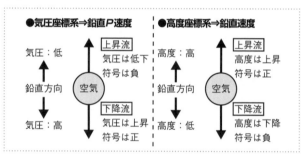

るとその値が低くなるため符号は負になり、逆に空気が下降する（下降流）とその値が高くなるため符号は正になります。一方、高度座標系における鉛直速度の値は、鉛直方向の値を高度（上空ほど高い）で表しており、空気は上昇する（上昇流）とその値が高くなるため符合は正になり、逆に空気が下降する（下降流）とその値が低くなるため符号は負になります。
　このように気圧座標系における鉛直P速度と高度座標系における鉛直速度とでは、その正負の符号が、上昇流と下降流で逆になるので注意が必要です。

水平方向の運動方程式について

　水平方向の運動方程式は、コリオリ力と気圧傾度力（単に気圧傾度力というと水平方向の気圧傾度力を表すことが多い）が釣り合うことを第一近似と

しています。これまでもお話ししてきましたが、水平方向の運動方程式（詳しくは東西方向と南北方向の2種類がある）の中には色々な要素が組み込まれています。そして、コリオリ力と気圧傾度力が釣り合うことを第一近似とするということは、その色々な要素の中でも、まずはコリオリ力と気圧傾度力が釣り合うことを前提にしているということです。

では、コリオリ力と気圧傾度力が釣り合うとはいったい何を意味しているのでしょうか？　それは地衡風であり、つまり水平方向の運動方程式は、まずは地衡風を前提（第一近似）にしているのです。

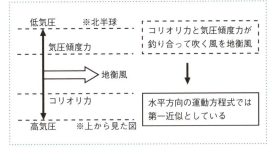

またこの水平方向の運動方程式の中の移流効果は詳しくは水平移流と鉛直移流の効果を考慮していますが、一般的に水平移流のほうが卓越（まさること）します。

予測式と数値予報モデル

ここでは数値予報で用いている予測式と数値予報モデルについてまとめておきます。これまで何度もお話ししているプリミティブ方程式（プリミティブ方程式系）とは、正確には鉛直方向の運動方程式に静力学平衡を用いている方程式のことです。また、その方程式を用いている数値予報モデルのことを静力学モデル、あるいはプリミティブモデルとよび、代表的な数値予報モデルは全球モデルです。

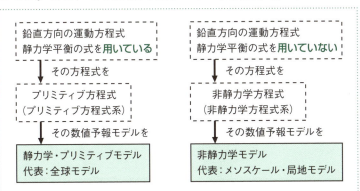

小さな現象が大きな現象に及ぼす影響を見積もる

7-9 パラメタリゼーション

パラメタリゼーションの種類

　格子点間隔以下のスケールの現象(**サブグリッドスケール現象**)について、ここでは基本的な項目をお話しします。

① 太陽放射(短波放射)

　太陽放射(**短波放射**)とは、太陽から放出される熱エネルギーのことで、主に可視光線という電磁波です。この太陽放射は、地球の大気や雲により散乱や反射され、宇宙にそのまま戻るものもあれば、その大気や雲に吸収されて、その場の大気などを加熱する効果もあります。

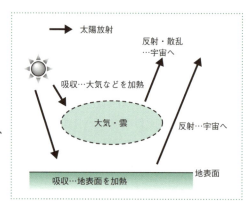

　そして地表面まで届いた太陽放射は、大気や雲と同じように地表面に反射されて宇宙に戻るものもあれば、吸収されて地表面を加熱する効果もあります(地表面が雪や氷で覆われていると太陽放射をよく反射する)。

　また雲が上空にあれば、その雲量(要は薄いか厚いか)によっては、地表面まで届く太陽放射の量が変化するため、地表面を加熱する効果も異なります。このような過程も**パラメタリゼーション**として見積もられています。

② 地球放射(長波放射・赤外放射)

　地球放射(**長波放射・赤外放射**)とは、地球(ここでの地球とは地表面だけではなく、大気や雲などもその意味に含まれています)から放出される熱エネルギーのことで、そのほとんどが赤外線という電磁波です。

　まず地表面から放出された熱エネルギーは、つまり地表面から熱エネルギーが放出されているので、その地表面を冷却する効果があります。

　また、地表面から放出された熱エネルギーは、そのまま宇宙へ出ていくわ

けではなくて、地球の大気中に含まれる温室効果気体(水蒸気・二酸化炭素など)や雲に吸収されて、そこの大気などを加熱する効果があります。

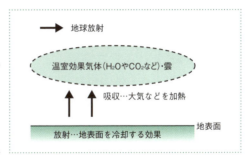

そして温室効果気体や雲は、大気などを加熱する効果がある一方、地表面から放出された熱エネルギーを吸収したままではなく、再び上向き(宇宙の方向)と下向き(地表面の方向)に熱エネルギーを放出(これを再放射という)して、そこの大気などを冷却する効果もあります。

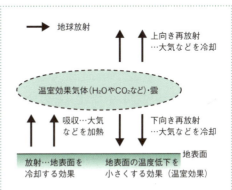

そこで下向きに放出された熱エネルギーは、つまり、地表面の方向に戻ってきますので、右図のように地表面から放出される熱エネルギーによる地表面の温度低下を小さくする効果(温室効果)があります。これらの効果を、この数値予報ではパラメタリゼーションとして見積もられています。

③ 大気境界層

大気境界層(単に**境界層**ともいう)とは地上から高度約1000mまでの空気の層のことで、簡単にいうと、地表面付近の空気のことです。ちなみにこの大気境界層の上の空気を**自由大気**とよんでいます。

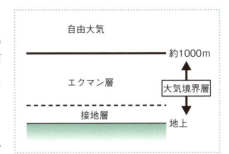

この大気境界層は、下から厚さ数十mの接地層とエクマン層(エクマン層をさらに下から対流混合層と移行層に詳しく分けることができますが、ここでは単にエクマン層と表現します)と2つの層に分けることができます。

この大気境界層の中では、地表面の樹木や建造物、地形などによる影響か

第7章 ● 数値予報　271

ら、空気の流れ(風)が乱れて時間的にも空間(場所)的にも、大小さまざまな空気の渦が発生してます。これを**乱流(乱渦)**といいます。

この乱流により、地表面の熱(顕熱と表現することもある)や、水蒸気(潜熱と表現することもある)そして運動量が鉛直方向に輸送されています。

ここでいう運動量の鉛直方向の輸送とは地表面の摩擦が鉛直方向に伝わることを表しています。つまりこの大気境界層の中では、その地表面から鉛直方向に伝わってきた摩擦の影響を強く受け、風速や風向を変化させる効果があります。これらをパラメタリゼーションとして見積もられています。

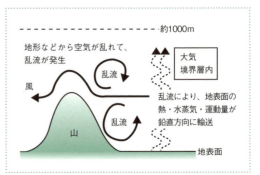

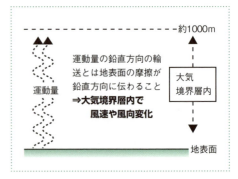

④ 地表面過程

③の大気境界層のお話しの中で、地表面の熱や水蒸気、そして運動量が、大気境界層の中で発生した乱流により、鉛直方向に輸送されているというお話しをしましたが、地表面の状態によって、その地表面で発生する熱や水蒸気、運動量の大きさは異なりますので、そのような地表面の過程も、この数値予報ではパラメタリゼーションで見積もられています。

例えば、その地表面が陸地か海面かでは、地表面から発生する水蒸気の量は異なりますし、同じ陸地でも、砂漠か植物の生い茂る場所では異なります。

また太陽放射を地表面が吸収する量も、その地表面の状態によって異なり地表面が雪や氷で覆われ

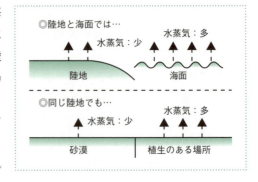

ている状態だと、太陽放射をよく反射するので、あまり吸収されずに、地表面を加熱する効果も小さく(つまり温度が上がりにくい)なります。

⑤ 重力波ドラッグ(重力波抵抗・山岳波抵抗)

山岳によって発生した重力波(山岳波のこと)は、上層まで伝播(伝わること)して、そこで消失し上層の風速を弱める効果があります。これを**重力波ドラッグ**(**重力波抵抗・山岳波抵抗**ともいう)といいます。これは山岳による摩擦が上層まで伝わることを表して

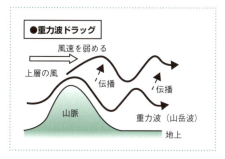

おり、重力波の運動量が大気に引き渡されると表現することもあります。この効果もパラメタリゼーションとして見積もられています。

⑥ 雲と雲物理

大気中の水は気体・液体・固体の状態で存在し、天気予報とも密接に関係しています。雲の大きさはさまざまであり、全球モデルのように格子点間隔が比較的大きな数値予報モデルにおいては、格子点と格子点の間に部分的に存在する部分雲を考える必要があります。

また、大気中の水は相変化(水が姿を変えること)を繰り返しており、雲や雨、雪やあられなど様々な状態で存在しています。このように水をいくつかのカテゴリー(範囲)に分類して、相変化を考慮することで雲の発達・衰弱を表現しているのが雲物理です。

⑦ 積雲対流

成層が不安定であれば、格子点での水蒸気の量が過飽和(または飽和)に達していなくても、計算上は凝結して降水に至ることがあります。

それは成層が不安定であるため、積雲対流(対流雲を発生させるような上昇流:対流のこと)が発生する

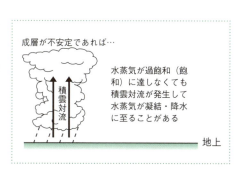

第7章 ● 数値予報　273

ことがあるからです。

この積雲対流は、格子点間隔よりも小さな現象であるため、数値予報ではこの効果をパラメタリゼーションとして見積もられています。この積雲対流による具体的な効果とは、積雲対流による凝結や降水、そして凝結する際に放出される潜熱などがあげられます。

パラメタリゼーションの方法

では、どのようにして格子点間隔以下のスケールの現象をパラメタリゼーションで見積もっているのでしょうか？　今からその方法をお話しします。

右図のように、格子点間隔よりも大きなスケールの雲が発生するとします。

雲とは、空気中の水蒸気が小さな水滴に変化(つまり凝結)したものですからここで潜熱が発生します。ただ、ここで発生する潜熱とは、格子点間隔よりも小さな現象のことであ

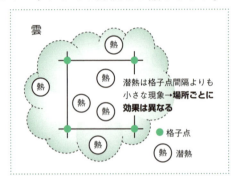

り、数値予報ではこの効果をパラメタリゼーションで見積もられています。格子点間隔以下のスケールの現象(ここでは潜熱)の効果というのは、実際のところ、どの場所でも同じではなくて、その場所ごとにその効果の大小は異なります。しかし、数値予報ではその場所ごとの大小の差を考慮はせずに、格子点間隔程度の大きさで、格子点間隔以下のスケールの現象の効果を平均しています。その平均した値を格子点の値に組み込み、格子点間隔以下のスケールの現象の効果をその格子点の値を用いて表現し予測計算をしています。このようにして数値予報では、格子点間隔以下のスケールの現象を見積られており、これをパラメタリゼーションというのです。

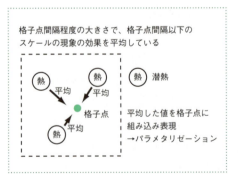

渦度

渦度というのは風の回転する割合のことで、その数値で風の回転する強さを表しています。また、その符号で風の回転する方向を表し、正（＋）のときは反時計回り（正渦度という）、負（－）のときは時計回り（負渦度という）を表しています。例えば、右図のように渦度の値が＋100×10^{-6}/s（$\times 10^{-6}$/sは天気図上での渦度の単位）と観測された場所があるとします。その場所では、つまり符号が正（＋）なので反時計回りで、さらに100×10^{-6}/sという強さで風が回転していることになります。

オメガ（ω）方程式

鉛直流の速度を表した鉛直P速度という物理量は、連続の式だけではなくて**オメガ（ω）方程式**という式から求めることがあります。

そして、このオメガ方程式では、その式から実際に計算をして鉛直P速度を求めることよりも、どのような場所で上昇流が発生、または強まるかを理解するほうがむしろ大切です。結論をいうと、上昇流は①正渦度移流域②暖気移流域③非断熱効果（非断熱過程）による加熱の起こる場所で発生、または強まりやすいのです。

正渦度移流域とは渦度の増加する場所のことです。例えば右図のように、上空で等高度線が波打っているとします。等高度線が北側に張り出している部分をリッジ、南側に張り出している部分をトラフといいます。上空の風は、等高度線の流れに沿って、一般に西から東の方角へ大きくみると吹いています。つまりリッジの部分では、風が時計回りに吹いていますから負（－）渦度、逆にトラフの部分では、風が反時計回りに吹いていますから正（＋）渦度に対応しています。

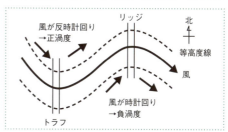

そして上空の風が西から東へ吹くように、このリッジやトラフも西から東の方向へ動いていますから、右図のように、リッジの後面またはトラフの前面は渦度が増加する場所であり、そのような場所を正渦度移流域といいます。それではなぜ正

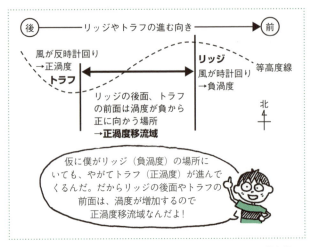

渦度移流域では上昇流が発生、または強まりやすいのでしょうか？　渦度は一般的に500hPaの高さで解析や予測しており、500hPaは約5500mの高さになります。

例えばそのような高さで渦度が$+100 \times 10^{-6}$/sから$+200 \times 10^{-6}$/sの正渦度の値になるまで増加するとします。正渦度とは反時計回りに風が回転している場所で、北半球では低気圧のことを意味して

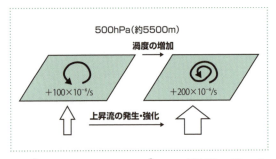

います。つまり渦度が$+100 \times 10^{-6}$/sから$+200 \times 10^{-6}$/sの正渦度の値になるまで増加することは低気圧が強まることを意味します。低気圧は上昇流を伴っており上記のように渦度が増加する場所では低気圧の渦が強まるため、上昇流が発生したり、強まりやすくなったりするのです。また暖気移流域とは、暖かい場所から風が吹いてきている場所で、非断熱効果による加熱が発生している場所とは、具体的には潜熱が放出されている場所です。つまり雲が発生している場所や降水が起きている場所と考えることができます。つまり暖気移流や非断熱効果による加熱が発生している場所は空気が暖められやすく、暖かい空気は密度が小さく軽いため熱気球のように上昇しやすいのです。そのような理由から上昇流が発生、または強まりやすくなります。

第 8 章

ガイダンス

過去のデータをもとにして作成された式で予測する

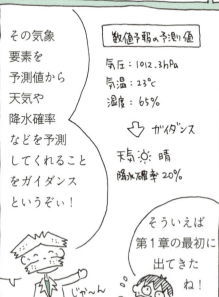

8-1 ガイダンス

ガイダンス

　このガイダンスは統計的関係式を用いているとお話ししましたが、具体的には、数値予報の予測値を統計的関係式にあてはめて、そこからガイダンス結果という天気や降水確率などを予測しているのです。

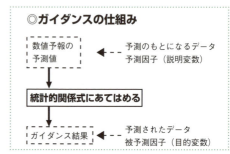

　また、予測のもとになるデータを**予測因子(説明変数)**といい、そこから予測されたデータのことを**被予測因子(目的変数)**といいます。ここでいう予測のもとになるデータは、数値予報の予測値のことですから、これが予測因子であり、そこから予測されたデータとはガイダンス結果のことですから、これが被予測因子にあてはまります。

　そして、このガイダンスは統計的関係式を用いていることが大きな特徴であり、このガイダンスを理解する上で最も大切なポイントになります。その統計的関係式とは、過去のデータをもとにして作成された式のことで、例えるなら人間の経験則によく似ています。

　極端な例ではありますし、もちろん個人差があると思いますが、空だけを見て、そこから傘を持って出かけるかどうかを判断するとします。

　すると、晴れているときは傘を持って出かけませんし、今にも雨が降りそうにどんよりとくもっている場合は、念のための傘を持って出かけることが多いでしょう。これは過去の経験から、そのように判断してい

るのです。つまり、このくらいの雲の広がり具合だったら傘はいらなかった、または必要だったというように、過去の経験を重ねることで自然に身につけた経験則です。

そのような理由から、統計的関係式と人間の経験則は、どちらも過去の出来事がもとになっているのでよく似ているのです。

そして、このガイダンスにはいくつかの種類があります。まず大きく分けると、**MOS**（model output statisticsの略で一般的にモスとよぶ）と**PPM**（perfect prognostic methodの略で一般的にピーピーエムとよぶ）という2種類のガイダンスに分けることができます。

では、このMOSとPPMというガイダンスは、何を理由にその種類が分かれるのでしょうか？ 先に結論をいうと統計的関係式の作成方法なのです。

MOS（model output statistics）

MOSというガイダンスは、過去の数値予報の予測値と、そのときの実際の天気などの気象要素（実測値）から統計的関係式を作成しています。

例えば、ある日（右図では1日目）の数値予報の予測値が気温2℃・降水ありで、そのときの実際の天気が雪だったとします。

そしてまた別の日（右図では2日目）の数値予報の予測値が気温3℃・降水ありで、そのときの実際の天気が雨だったとし、さらに別の日（右図では3日目）の数値予報の予測値が気温5℃・降水なしで、そのときの実際の天気が雨だったということにします。

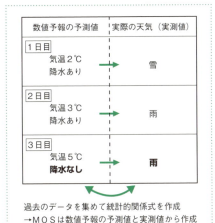

ここでのポイントは、これらはすべて過去のことであり、ガイダンスとはこのように過去のデータ（ここでは3日分）を集めて、そこから統計的関係式を作成しています。そして、MOSというガイダンスは過去のデータの中でも数値予報の予測値と、そのときの実際の天気などの気象要素（実測値）を集

第8章 ● ガイダンス 281

めて、そこから統計的関係式を作成しているのが特徴なのです。

ここで大切なことがあります。前ページの図の中の太文字で表されていますように、数値予報が降水というものを予測していなかった（図中では降水なしと表記）としても、実際は予報がはずれて雨が降ってくることもあります。

つまり数値予報の予測値には誤差が含まれており、このMOSは数値予報の予測値とそのときの実際の天気などの気象要素を比べて統計的関係式を作成しているため、数値予報の予測値に含まれる誤差も考慮された統計的関係式を作成できるのです。

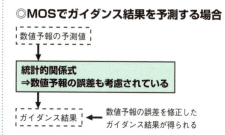

そして、その数値予報の誤差も考慮された統計的関係式をMOSで使用することにより、実際に数値予報の予測値からガイダンス結果（天気や降水確率など）を予測する際に、数値予報の予測値に含まれている誤差も修正することができます。特に誤差の中でも、数値予報の中にもともと含まれている **系統的誤差**（**バイアス**ともいう）を、このMOSでは修正することができます。

系統的誤差とは簡単にいうと、数値予報のくせ（偏った誤差）みたいなもので、その系統的誤差は、主に地形データの不十分さから発生するものです。

数値予報をおこなうコンピューターの中には、地形がシュミレートされており、その上で、風や

全球モデル（GSM）で
用いている地形

メソモデル（MSM）で
用いている地形

※メソモデルのほうが地形は細かく表現

気温などを予測しています。そして、数値予報モデルごとにその地形は異なるもので、例えば、全球モデルとメソスケールモデルを比べると、前ページの最も下の図のようにメソスケールモデルのほうが細かく再現（解像度または分解能が高い）されています。つまり、格子点の間隔（全球モデル：20km　メソスケールモデル：5 km）が小さければ小さいほど、詳細な地形を表現することができ、局地モデル：2 kmは図にはありませんが、さらに地形は詳細に表現されています。

ただ全球モデルにしてもメソスケールモデル、局地モデルにしても、実際の正確な地形を表現することはまず不可能で、大まかに平均された地形データが用いられています。

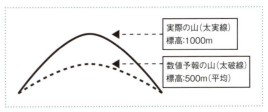

例えば、右図のように、実際の山の高さが1000mであり、数値予報の中でシミュレートされている山（以下、数値予報の山と表す）の高さが、それを平均した500mということにします。気温は高さが高くなるほど低くなり、一般的に対流圏の気温減率（気温の低下する割合）は100mにつき0.6℃（100mにつき0.65℃と表現されることが多いが、ここではわかりやすくするために100mにつき0.6℃の気温減率とする）です。

つまり、数値予報の山の頂上（500m）で、気温が10℃と予測されても、実際の山の頂上（1000m）は、数値予報の山の頂上に比べて500m高いわけです。一般的に対流圏の気温

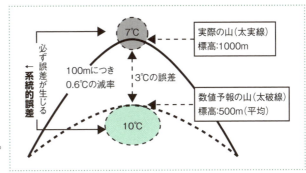

減率は100mにつき0.6℃ですから、数値予報の山の頂上で予測された気温が正しいものとすると、実際の山の頂上の気温はそれよりも3℃低い7℃に

なります。このような場所では、数値予報(コンピューター)でシュミレートされている地形の設定を変えない限り、常に数値予報の山と実際の山の高さに違いがありますから、この場所の山の頂上の気温を予測しても、必ず数値予報の予測値(ここでは10℃)と実測値(ここでは7℃)との間には誤差(ここでは実測値が数値予報の予測値よりも3℃低い)が生じます。これが系統的誤差なのです。

　このガイダンスでは過去のデータをもとにして作成された統計的関係式を用いており、上記のような理由から、常に発生する系統的誤差に関しては、統計的関係式を作成する際に利用する過去のデータの中にも常に含まれていることになります。つまり、過去のデータの中に系統的誤差が常に含まれているとわかっていれば、それを考慮した統計的関係式を作成することができます。

　そして、その系統的誤差を考慮した統計的関係式をMOSというガイダンスで用いることで、実際に数値予報の予測値からガイダンス結果を予測する際に、この系統的誤差を修正することが可能になるわけです。

PPM(perfect prognostic method)

　PPMというガイダンスは、観測値や数値予報の解析値(以下、単に解析値と表記)または初期値と、そのときの実際の天気などの気象要素(実測値)から統計的関係式を作成しています。

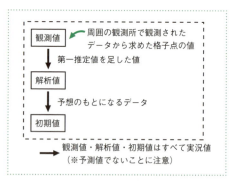

　観測値とは観測所で観測されたデータから求めた格子点の値で、それに第一推定値を足したものが解析値であり、その解析値を初期値(予報のもとになるデータ)としています。

　つまり、ここでいう観測値や解析値または初期値、すべてに共通することが、予測値ではなく実況値であるということです。

　そのような理由から、このPPMというガイダンスは観測値や解析値また

は初期値という実況値と、そのときの実際の天気などの気象要素との関係を、過去のデータから導きだして統計的関係式を作成していることになります。

ここで注意があります。先ほどのMOSは数値予報の予測値とそのときの実際の天気などの気象要素(実測値)をもとにして統計的関係式を作成していましたから、数値予報の予測値に含まれる系統的誤差を考慮した統計的関係式を作成することができました。ただし、このPPMは観測値や解析値、または初期値という実況値と、そのときの実際の天気などの気象要素との関係から統計的関係式を作成しているために、数値予報の予測値に含まれる系統的誤差を考慮された統計的関係式を作成することができません。つまり、このPPMは、MOSのように数値予報の系統的誤差を修正することができないことが欠点であるため、MOSよりも精度が低く、現在はほとんど用いられていません。

ロジスティック回帰(LOG)

ロジスティック回帰(LOG)とは「雨が降る・降らない」のように、実況が現象の有無の2つの値(有りが1で無しが0となる)で表すことができる場合の確率を予測する際に使用されている統計手法のことです。

現在、気象庁では、ロジスティック回帰を用いて発雷確率などを作成する際に用いられています。

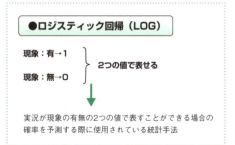

MOSに学習機能をもたせた KLMとNRN

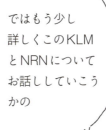

8-2 KLMとNRN

KLMとNRN

　KLM(カルマンフィルター) と **NRN(ニューラルネットワーク)** の違いは、使われている統計的関係式の違いです。KLMは**線形**、NRNは**非線形**という種類の統計的関係式を用いています。

　線形はその関係をグラフに表したときに直線になる式であり、逆に非線形は直線にはならない式です。詳しい話は省略しますが、その関係をグラフに表したときに、直線にはならない非線形のほうが複雑だということがイメージできていれば、ここでは十分です。

　そして、その両者(KLMとNRN)は、簡単にいうとMOSを進化させたガイダンスのことですから、線形や非線形と統計的関係式の種類は違っても、その作成方法はMOSと基本的に同じです。

　つまり、数値予報の予測値とそのときの実際の天気などの気象要素から、統計的関係式を作成していますので、その統計的関係式を逐次最適化していくだけでなく、数値予報に含まれている誤差、特に系統的誤差も考慮した統計的関係式を作成でき、修正することができます。

◎KLMとNRNの統計的関係式の作成方法
→MOSと基本的に同じ作成方法

数値予報の予測値
（誤差が含まれている）

↓比較↑

数値予報の予測値に含まれている誤差、特に系統的誤差を考慮した統計的関係式を作成

実際の天気などの気象要素

　そして、気象庁では天気予報の要素の特徴の違いから、このKLMとNRNを使い分けて、それぞれの要素を求めています(右ページ上図参照)。

◎ KLMとNRNで予測している天気予報の要素

要素		手法
降水	平均降水量	KLM
	降水確率	KLM
	最大降水量	NRN
降雪	降雪量地点	NRN
気温	格子型式気温	KLM
	時系列・最高・最低気温	KLM
風	定時・最大・最大瞬間風速	KLM
天気	日照率	NRN
発雷確率	発雷確率	LOG
湿度	時系列湿度	KLM
	日最小湿度	NRN

ガイダンス利用上の注意点

　このガイダンスを利用する上で、注意しなければいけないことがあります。

　ガイダンスは統計的関係式という過去のデータをもとにした式を

用いているために、その過去のデータにほとんどないような稀な現象は、式には反映されにくいために予測が不十分なところがあります。例えば、大雨や強風など顕著(いちじるしいさま)な現象は、稀であるために予測が不十分です。

　また、気象の状況（梅雨期から盛夏期の気温の変化など）が急激に変化する場では、一時的にガイダンスの精度が低くなる場合があります。統計的関係式を、逐次最適化していくKLMとNRNでも、気温の高い日が

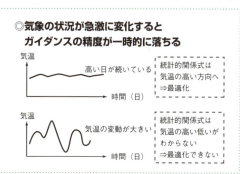

第8章 ● メソスケールの運動　289

続けば、それに合わせて統計的関係式を最適化することができますが、気温の差が大きいと前ページの最も下の図のように統計的関係式の最適化が追いつかなくなります。そのような理由から、気象の状況が急激に変化する場では、一時的にその精度が低くなるのです。

そして、ガイダンスでは擾乱(高気圧や低気圧などのこと)の位相のズレを補足することができません。

右図のように、低気圧が九州の南海上にあり、予測では12時間後(T＝12)にAという海上まで進む予想でしたが、実際はBという海上にまで進んだとします。位相とは、移動方向と速度のことで、擾乱の位相のズレを補足できないとは、つまり数値予報で予測された擾乱(ここでは低気圧)の移動方向や速度と、実際の擾乱の移動方向と速度とのズレは補足できないという意味です。このような系統的でない誤差は、ランダム誤差とよばれガイダンスでは補足できないのです。

短期予報

このようにガイダンスによって、天気(晴・曇など)や降水確率などが予測されているわけですが、天気予報にはどのような種類があるのでしょうか？今からその天気予報を**短期予報・週間天気予報(中期予報)・季節予報(長期予報)**と大きく3つの種類に分けてお話ししていきます。

まず短期予報というのは、今日から明後日までの天気予報のことで、一般的に天気予報というと、この短期予報のことをさします。そして、この短期予報には具体的に**府県天気予報・地方天気分布予報・地域時系列予報**があります。

また、第6章のところでお話ししました降水短時間予報もこの短期予報に含めることがあります。具体的には6〜12時間先までを対象として行う予報を一般的に短時間予報とよび、このうち1〜3時間程度先までを対象とした予報を特にナウキャストとよんでいます。

◎府県天気予報

　府県天気予報とは、簡単にいうとその名の通り、都道府県単位の天気のことで、詳しくは各都道府県を地域ごとに細分化した一次細分区域単位での天気予報のことです。
右図は高知県を地域ごとに細分化した**一次細分区域**と、その一次細分区域をさらにいくつかの地域に分けた**市町村等をまとめた地域**です。注意報や警報は細かい地域ごとに発表する

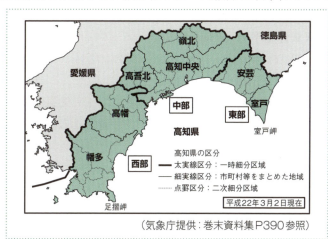

（気象庁提供：巻末資料集P390参照）

必要があり、現在は原則として市町村(東京都特別区は区)ごとに発表し、これを**二次細分区域**といいます。

　この府県天気予報は、毎日5時・11時・17時の1日3回発表されており、予報と実際の天気の経過が大きく異なる場合や、注意報や警報が発表されてその内容と合わせる必要がある場合などに随時(その都度)修正されます。

　この府県天気予報で発表される内容は、今日(17時発表の際は今夜と表される)・明日・明後日の天気と風(風向や風の強さ)そして波浪(波の高さ)、

21日11時 高知地方気象台 発表　天気予報(今日21日から明後日23日まで)
（ / ：のち、｜：時々または一時）

中部		降水確率		気温予報		
今日21日	南西の風 後 南の風 海上 では 南西の風 やや強く 雨 夕方 から 時々 くもり 所により 雷 を伴う 波 2.5メートル	00-06 06-12 12-18 18-24	―％ ―％ 70％ 60％		高知	日中の最高 29度
明日22日	南東の風 海上 では 西の風 やや強く くもり 昼過ぎ から 時々 晴れ 波 2.5メートル 後 1.5メートル	00-06 06-12 12-18 18-24	20％ 20％ 20％ 10％	高知	朝の最低 25度	日中の最高 31度
明後日23日	北東の風 晴れ 時々 くもり 波 1.5メートル					

明日までの6時間ごとの降水確率（10%間隔）と最高気温と最低気温の各要素の予想です。前ページの下図は、高知県中部の府県天気予報の例です。

◎天気分布予報

天気分布予報（分布予報またはメッシュ予報ともいう）とは、日本全国を5km四方（5kmメッシュ）の正方形のマス目ごとに分けて、そのマス目ごとに天気を明日24時まで予報したものです。

予報する要素は、3時間ごとの卓越天気・気温・降水量・降雪量、そして日中の最高気温と朝の最低気温です。地図上に、予報結果ごとに色分けして表示していますので、全国または地方ごとの天気分布と変化傾向がひと目でわかるという長所があります。この天気分布予報は、毎日5時・11時・17時の1日3回、明日24時までを対象に発表されます。

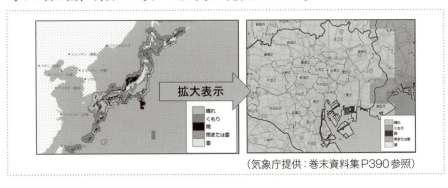
（気象庁提供：巻末資料集P390参照）

◎地域時系列予報

地域時系列予報（時系列予報ともいう）とは、一次細分区域単位で、3時間ごとの卓越天気・風（風向と風速）・気温（正しくは一時細分区域内の特定地点における気温）を、毎日5時・11時・17時の1日3回、明日24時までを対象に発表されます。

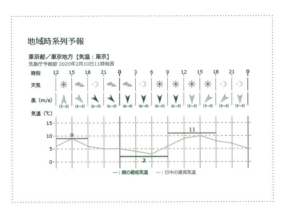

3時間ごとの各気象要素(卓越天気・風・気温)の予報結果が、時系列(時間の経過に従い整理されて並んでいること)で表示(前ページの下図参照)されますので、その地域の各気象要素の予測の推移(うつりかわりのこと)が詳しく把握できます。

予報用語について

　天気予報で用いられている用語(予報用語)には独特の表現があり、それぞれにしっかりとした意味があります。それらを下の表にまとめておきます。

◎予報用語とその定義

一時	現象が連続して起こり、その発生時間が予報期間の1/4未満の場合
時々	現象が断続的(起きたり起こらない時間を繰り返す)に発生し、その発生時間の合計が予報期間の1/2未満
のち	予報期間の前後(おおむね予報期間の1/2)を境に現象が変化する場合

◎1時間雨量と予報用語との関係

1時間雨量(mm)	予報用語
10～20mm未満	やや強い雨
20～30mm未満	強い雨
30～50mm未満	激しい雨
50～80mm未満	非常に激しい雨
80mm以上	猛烈な雨

◎平均風速と予報用語との関係

平均風速(m/s)	予報用語
10～15m/s未満	やや強い風
15～20m/s未満	強い風
20～30m/s未満	非常に強い風
30m/s以上	猛烈な風

◎波高と予報用語との関係

波高(m)	予報用語
0から0.1mまで	おだやか
0.1をこえ0.5mまで	おだやかなほう
0.5をこえ1.25mまで	多少波がある
1.25をこえ2.5mまで	波がやや高い
2.5をこえ4mまで	波が高い
4をこえ6mまで	しけ
6をこえ9mまで	大しけ
9mをこえる	猛烈にしける

◎1日の時間細分図

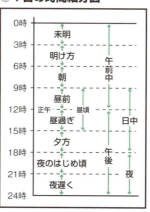

地点確率と地域確率

では次に確率予報についてお話ししていくぞい

楽しみだなぁ〜！

この確率予報には大きく分けて地点確率と地域確率の2種類があるのじゃ！

確率予報
・地点確率
・地域確率
　↓ 大きく分けて
　2種類がある

お〜！

まず地点確率とは、例えばA地点やB地点といった地点ごとで対象となる現象の発生する確率のことなのじゃ

地点確率
例) A地点 B地点
　　 ↓　　 ↓
　　30%　 50%
　　　↓
※地点ごとで対象となる現象の発生する確率

簡単にいうと地点ごとの確率だね

そして地域確率とはA地域など地域の中の少なくとも1地点で対象となる現象の発生する確率のことじゃぞい！

地域確率
例) A地域 70%

※地域の中の少なくとも1地点で対象となる現象の発生する確率

簡単にいうと地域内のどこかで現象が発生する確率だね

8-3 確率予報

降水確率について

確率予報は、**地点確率**と**地域確率**の２種類に大きく分けることができるとお話ししましたが、それでは**降水確率**は、そのどちらに分類されるのでしょうか？　例えば、東京地方の降水確率は30％というように、降水確率は一般に地域ごとに発表されるものですから、いかにも地域確率のような印象を受けますが、答えをいうと、予報対象区域の中で平均された地点確率なのです。

右図のように、ある地域の中にA・B・C地点があり、それぞれ20％・40％・30％の降水確率だとすると、この地域の降水確率は、この３地点の降水確率を平均（A地点は20％、B地点は

40％、C地点は30％なので平均すると30％になる）したものになります。

それと同じような考え方で、この降水確率は発表されていますので、地域確率ではなくて、平均された地点確率なのです。また、地域確率の代表的なものには大雨確率：予報対象区域内の少なくとも１地点で大雨になる確率と、発雷確率：予報対象区域内の少なくとも１地点で発雷する確率があります。

また、この降水確率は予報対象期間が長くなると、その確率が高くなるという特徴があります。例えば、０～６時までの降水確率が50％、６～12時までの降水確率も同じ50％と６時間ごとに予測されていても、それを０～

12時までの12時間あたりの確率にまとめた場合、降水確率は0〜6時と6〜12時までに、それぞれ予測されていた50%よりも高くなるということです。

つまり、0〜6時と6〜12時までの降水確率がそれぞれ50%ということは、それを0〜12時までの12時間あたりで考えた場合、50%で降水がある確率が2区間できるわけですから、降水のある確率は50%よりも高くなるはずです。そのような理由から、降水確率は予報対象期間が長くなると高くなるのです。

週間天気予報（中期予報）

週間天気予報とは、明日（発表日の翌日）から7日先（一週間先）までの天気予報のことです。この週間天気予報には、各地方ごとの要点をまとめた**地方週間天気予報**、そして、簡単にいうと都道府県ごとの気象要素を予測した**府県週間天気予報**があります。

一般に週間天気予報というと、府県週間天気予報のことをさし、ここではその府県週間天気予報（以後、単に週間天気予報と表記）を紹介していきます。

8月9日11時 石川県の週間天気予報

日付		10 土	11 日	12 月	13 火	14 水	15 木	16 金
石川県		晴時々曇	晴時々曇	晴時々曇	曇時々晴	曇	曇	曇一時雨
降水確率(%)		0/0/10/10	30	20	20	30	40	50
信頼度		/	/	A	A	A	B	C
金沢	最低(℃)	34	34 (32〜36)	35 (33〜37)	36 (34〜38)	36 (34〜39)	35 (32〜39)	32 (31〜38)
	最高(℃)	27	26 (25〜28)	27 (26〜28)	28 (26〜29)	28 (26〜29)	28 (26〜30)	28 (26〜30)

平年値	降水量の合計	最高最低気温	
		最低気温	最高気温
金沢	平年並 5 − 37mm	24.0℃	31.2℃

上図は石川県の週間天気予報で、1日ごとの天気（日別天気）と最高・最低気温、降水確率を毎日11時と17時の1日2回発表しており、2日目（上図では11日：日）以降の予報には、最高・最低気温の予測値のほかに地域・季節ごとの標準的な予報誤差の幅が（　）の中に付加されています。

また、３日目以降（前ページの図では12日：月以降）の予報には、信頼度（日別信頼度）が表示されています。これは、降水の有無の予報が適中しやすいか、または変わりにくいかを示す情報のことで、Ａ・Ｂ・Ｃの３段階で表しています。

　簡単にいうと、この信頼度がＡ→Ｂ→Ｃに向かうにつれて予報の確度（確かさの度合い）は低くなります。詳しい意味は、下図にまとめておきます。

信頼度A	**確度が高い予報** ・予報の適中する割合が明日の予報並に高い ・降水の有無の予報が、翌日発表の週間天気予報で変わる可能性はほとんどない
信頼度B	**確度がやや高い予報** ・予報の適中する割合が４日先の予報と同程度 ・降水の有無の予報が、翌日発表の週間天気予報で変わる可能性は低い
信頼度C	**確度がやや低い予報** ・予報の適中する割合が信頼度Ｂよりも低い もしくは ・降水の有無の予報が、翌日発表の週間天気予報で変わる可能性が信頼度Ｂよりも高い

　そのほか、予報対象期間（明日から７日先まで）の７日間で合計した降水量の平年並の範囲と、予報対象期間の中の４日目（前ページの石川県の週間天気予報では13日：火）に該当する最高・最低気温の平年値も、週間天気予報の中では発表されています。予報対象期間で合計した降水量の平年並の範囲と、予報対象期間の中の４日目の最高・最低気温の平年値は、前ページの石川県の週間天気予報の中の下のほうに書いてありますので、参考にしてください。

　ちなみに、平年値（いつもの年ということもある）とは、過去30年間の気象要素の値の平均のことで、2001年や2011年など、西暦の１の位の数値が１になる10年ごとに更新されています。

```
●平年値とは…

過去３０年間の気象要素の値の平均値

（※2001年や2011年など、西暦の
　1の位の数値が1になる10年ごとに
　更新される）
```

　また府県週間天気予報は原則として府県ごとの区域で予報をしていますが、例えば冬型（西高東低）の気圧配置の時は日本海側では「雪」、太平洋側では「晴れ」といったように同じ府県の中でも天気が大きく異なる場合があります。

298

このような理由から、冬季など特定の季節に数日以上にわたって、同じ府県の中で異なる天気が続く場合は、その季節の間は区域を細分して府県週間予報を発表しています（右図参照）。

> **府県週間天気予報の注意点**
>
> 冬季など特定の季節に数日以上にわたり
> 同じ府県の中で異なる天気が続く場合
> **→その季節の間は区域を細分して発表**
>
> 例：滋賀県は11月1日～翌年3月31日は
> 　　冬型により「北部」と「南部」に細分

季節予報（長期予報）

季節予報には、**1カ月予報**や**3カ月予報**、そして、**暖候期予報**および**寒候期予報**があり、要は一カ月程度よりも長い期間を対象にした天気予報のことです。

そして、この季節予報には、全国を対象とした**全般季節予報**と、各地方を対象とした**地方季節予報**があります。予報の内容に関しては、予報期間内の平均気温や降水量（冬季には降雪量も加わる）、日照時間（詳しくは下図の季節予報の種類などを表した図を参照のこと）などがあり、平年値と比べて「低い（少ない）」「平年並み」「高い（多い）」の3階級のどれに該当するかを予報し、その可能性の大きさを確率(%)で発表しています。

予報の種類	発表日時	予報の主な内容
1カ月予報	毎週木曜日 14時30分	1カ月の平均気温、降水量、日照時間、降雪量（冬季のみ）の確率予報 第1週、第2週および第3・4週の平均気温の確率予報
3カ月予報	毎月25日以前の 火曜日14時	3カ月の平均気温、降水量、降雪量（冬季のみ）の確率予報 月ごとの平均気温、降水量の確率予報
暖候期予報	毎年2月25日 以前の火曜日14時	夏季（6～8月）の平均気温、降水量の確率予報 梅雨時期（6～7月、沖縄・奄美は5～6月）の降水量の確率予報
寒候期予報	毎年9月25日 以前の火曜日14時	冬季（12～2月）の平均気温、降水量、降雪量の確率予報

また、この季節予報の仕組みに関しては、第10章の季節予報のところで詳しくお話ししていますので、そちらも含めて参考にしてください。

第8章 ● ガイダンス　299

高温注意情報 <small>(現在、熱中症警戒アラートの運用に伴い、高温注意情報は廃止されています。)</small>

　全国の都道府県で、毎年4月第四水曜日から10月第四水曜日を対象とした期間に、翌日または当日の最高気温がおおむね35℃以上(一部の地域では35℃以外の基準を用いることもある)になることが予想される場合に**高温注意情報**を発表し、熱中症への注意をよびかけます。

　前日17時過ぎに地方単位の情報を、当日5時過ぎから17時頃まで府県単位の情報をそれぞれ発表し、主な地点の気温予測のグラフもあわせて発表しています。

最高・最低気温分布予報 <small>(現在、最高・最低気温分布予報はP292で紹介した天気分布予報内で行われており、単独ではしていません。)</small>

　最高・最低気温分布予報とは、日本全国を20km四方の正方形のマス目に分けて、気温の予想を表示したものです。海上や予測対象でない地域は、網かけにて表示しています。

　毎日5時に当日日中の最高気温、11時に当日日中の最高気温と翌日朝の最低気温、17時に翌日日中の最高気温と翌日朝の最低気温を表示します。また、5時に発表される最低気温は前日17時に発表されたものがそのまま表示されます。下図は朝の最低気温(左)と日中の最高気温(右)の予想図です。

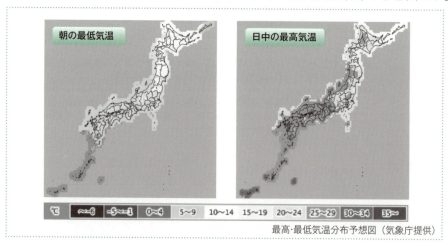

最高・最低気温分布予想図(気象庁提供)

METEOROLOGY

第 9 章

予報精度評価

天気予報が当たる確率ってどのくらい？

まずカテゴリー予報とは降水など気象現象の発生を「ある・なし」のどちらかで予想して発表することなのじゃ！ この評価は分割表を用いるぞい！

① カテゴリー予報

降水などの気象現象の発生を「ある・なし」のどちらかで予想して発表

⇒ 分割表を用いる

ちなみにカテゴリーとはある・なしなどの範囲のことじゃ！

ふむふむ分割表ね！

どーん

次に量的予報とは気温や降水量など数値で表される予報のことじゃ！ この評価は平均誤差（ME・バイアス）か2乗平均平方根誤差（RMSE）を用いるぞい！

② 量的予報

ばーん

気温や降水量など数値で表される予報

⇒ 平均誤差（MEまたはバイアス）
2乗平均平方根誤差（RMSE）を用いる

ガキッ

2乗平均…イタッ！舌かんだ！

最後に確率予報とは降水確率など確率で表される予報のことじゃ！ この評価はブライアスコア（BS）を用いるぞい！

③ 確率予報

降水確率など確率で表される予報

⇒ ブライアスコア（BS）を用いる

ドーン

…（舌が痛い）

どどーん

では詳しくお話ししていくよ！

がんばろうっていってる！

が…む…ば…ど…う！

9-1 予報精度評価

カテゴリー予報の精度評価

カテゴリー予報とは、気象現象(降水など)の発生をある・なしのどちらかの範囲(カテゴリー)で予想して発表することをいいます。このカテゴリー予報は**分割表**という表を作成して、そこから予報の精度を評価します。

◎降水のある・なしについての分割表

		予報		合計
		降水あり	降水なし	合計
実況	降水あり	A	B	N_1
	降水なし	C	D	N_2
	合計	M_1	M_2	N

M_1…降水ありと予報した合計(A＋C)　　M_2…降水なしと予報した合計(B＋D)

N_1…実際に降水があった合計(A＋B)　　N_2…実際に降水がなかった合計(C＋D)

N…予報を出した合計の回数(A＋B＋C＋D＝M_1＋M_2＝N_1＋N_2)

ここではカテゴリー予報の中でも、降水のある・なしについて分割表を作成して、その精度を評価し、その分割表が上図のように作成されるとします。

つまり、この図の見方は、降水があると予報して実際に降水があった回数がA回、降水があると予報して実際は降水がなかった回数がC回です。そして、降水がなしと予報して実際は降水があった回数がB回、降水がなしと予報して実際に降水がなかった回数がD回です。また、降水があると予報した合計がM_1(A＋C)回、降水がなしと予報した合計がM_2(B＋D)回であり、実際に降水のあった合計がN_1(A＋B)回、実際に降水がなかった回数がN_2(C＋D)回になります。

そして、A・B・C・Dを合計した回数がN回(つまり、予報を出した合計回数)になります。(※詳しくはM_1＋M_2またはN_1＋N_2でもNは求まりますが、本文中ではわかりやすくN＝A＋B＋C＋Dと表記しています。)

このような分割表を用いて、カテゴリー予報では、その精度を評価してい

くわけですが、具体的には**適中率・空振り率・見逃し率・スレットスコア**などを求めて、そこから、その精度を評価していくことになります。

まず適中率とは、予報が適中している割合のことで、前ページの図の分割表の中で予報が適中している回数は、降水があると予報して実際に降水があったAの回数と降水がないと予報して実際に降水がなかったDの回数ですから、これが予報を出した合計回数のN(A＋B＋C＋D)回の中で、どれだけの割合を占めているかを求めることができれば、それがここでの適中率になります。

つまり、予報が適中しているAとDの回数を足し合わせて、それを予報を出した合計回数のN(A＋B＋C＋D)回で割れば、どれだけ予報が適中しているかの割合、つまり、適中率を求めることができます(右図参照)。

◎降水のある・なしについての分割表
◯は予報が的中している部分

		予報		合計
		降水あり	降水なし	
実況	降水あり	Ⓐ	B	N_1
	降水なし	C	Ⓓ	N_2
	合計	M_1	M_2	N

●適中率の求め方

(A+D)÷N(A+B+C+D) → または分数で $\dfrac{A+D}{N(A+B+C+D)}$

仮にAとDを足し合わせた回数が21回、予報を出した合計回数のN(A＋B＋C＋D)の回数が30回とすると、ここでの適中率は $21÷30＝\dfrac{21}{30}＝0.7$ で、それを百分率(％)で表すと70％になり、これが1(百分率で100％に相当)に近くなるほど予報は適中している(つまり精度が高い)ことになります。

次に空振り率とは、簡単にいうと予報がはずれた割合のことです。ただし、この天気予報ではそのはずし方にも、空振りと見逃しの2種類があります。

空振りとは、対象としている現象が起きると予報をして、実際はその現象が起きなかったというものです。野球に例えると、バットは振ったけどボールにあたらなかった場合(つまり空振り)と同じことです。

それを分割表で確認すると、降水があると予報をして実際は降水がなかったというCが、空振りをした回数を表しており、つまり、このCの回数が予

報を出した合計回数のN(A＋B＋C＋D)回の中で、どれだけの割合を占めているかを求めることができれば、それがここでの空振り率になります。

　求め方は、空振りを表したCの回数を予報を出した合計回数のN(A＋B＋C＋D)回で割れば、どれだけ予報が空振りをしているかの割合、つまり、空振り率を求めることができます(右図参照)。

　仮に空振りを表したCの回数が6回、予報を出した合計回数のN(A＋B＋C＋D)の回数が30回とすると、ここでの空振り率は$6÷30＝\frac{6}{30}＝0.2$で、それを百分率で表すと20％になります。これが1(100％)に近くなるほど、予報がはずれ(詳しくは空振りし)ている(つまり精度が低い)ことになります。

◎降水のある・なしについての分割表
○は予報が空振りしている部分

		予報		
		降水あり	降水なし	合計
実況	降水あり	A	B	N_1
	降水なし	Ⓒ	D	N_2
	合計	M_1	M_2	N

●空振り率の求め方

$C÷N(A＋B＋C＋D)$ →または分数で→ $\frac{C}{N(A＋B＋C＋D)}$

　次に見逃し率とは、これも先ほどの空振り率と同じく、簡単にいうと予報がはずれた割合のことで、詳しくは対象としている現象が起きると予報をしていなかったが、実際はその現象が起きたというものです。野球に例えると、ストライクではないと思いバットは振らなかったけど、実はストライクだった場合(つまり見逃し)と同じことです。

　それを分割表で確認すると、降水がないと予報をして実際は降水があったというBが、見逃しをした回数を表しており、つまり、このBの回数が予報を出した合計回数のN(A＋B＋C＋D)回の中で、どれだけの割合を占めているかを求めることができれば、それがここでの見逃し率になります。

　求め方は、見逃しを表したBの回数を、予報を出した合計回数のN(A＋B＋C＋D)回で割れば、どれだけ予報が見逃しをしているかの割合、つまり、見逃し率を求めることができます(右ページの上図参照)。仮に見逃しを表したBの回数が3回、予報を出した合計回数のN(A＋B＋C＋D)の回数が30

回とすると、ここでの見逃し率は$3 \div 30 = \frac{3}{30} = 0.1$で、それを百分率で表すと10%になります。これが1（100%）に近くなるほど、予報がはずれ（詳しくは見逃し）ている（つまり精度が低い）ことになります。

◎降水のある・なしについての分割表

◯は予報が見逃ししている部分

		予報		合計
		降水あり	降水なし	
実況	降水あり	A	(B)	N_1
	降水なし	C	D	N_2
	合計	M_1	M_2	N

●見逃し率の求め方

$B \div N(A+B+C+D)$ → または分数で → $\frac{B}{N(A+B+C+D)}$

バイアススコア

バイアススコアとは、実況の合計回数に対する予報の合計回数の比を表したものです。

分数表の中では予報の合計回数は$M_1(A+C)$、実況の合計回数は$N_1(A+B)$であり、求め方は予報の合計回数を実況の合計回数で割れば求めることが可能です。

◎降水のある・なしについての分割表

M1 は予報の合計回数　N1 は実況の合計回数

		予報		合計
		降水あり	降水なし	
実況	降水あり	A	B	(N_1)
	降水なし	C	D	N_2
	合計	(M_1)	M_2	N

●バイアススコアの求め方

$M_1(A+C) \div N_1(A+B)$ → または分数で → $\frac{M_1(A+C)}{N_1(A+B)}$

予報の合計回数が実況の合計回数よりも多い場合はバイアススコアは1（100%）より大きくなり、空振りが多いことになります。逆に予報の合計回数が実況の合計回数よりも少ない場合は、バイアススコアは1（100%）より小さくなり、見逃しが多いことになります。つまり1に近いほど予報と実況の合計回数が一致しており精度が高いことになります。

発生することの少ない現象の適中率はどのくらい？

分割表では冬季の太平洋側では晴れる日が多いので降水なしと予報して実際になかったDの適中よりも降水ありと予報して実際に降水があったAの適中のほうが価値があるわけじゃ

冬季の太平洋側では価値がある

		予報		合計
		降水あり	降水なし	
実況	降水あり	(A)	B	N_1
	降水なし	C	(D)	N_2
	合計	M_1	M_2	N

冬季の太平洋側ではあまり価値がない。晴れる日が多いから！

ふむふむ

そのような理由から冬季の太平洋側では分割表のDの回数を考えず、Aの回数がDをのぞいた予報の合計の回数（A＋B＋C）の中でどれだけの割合で占めているかを求めることがある。それをスレットスコアというぞい！

		予報		合計
		降水あり	降水なし	
実況	降水あり	A	B	N_1
	降水なし	C	D	N_2
	合計	M_1	M_2	N

冬季の太平洋側ではDをくわえて考えない！

バン

スレットスコア ← Aの回数がDをのぞいた予報の合計（A＋B＋C）の中でどのくらいの割合で占めるか

そしてAの適中の回数をDをのぞいた予報の回数の合計（A＋B＋C）で割れば冬季の太平洋側の降水のように発生の少ない現象の適中率、つまり、スレットスコアを求めることができるのじゃ！

スレットスコアの求めかた

$$\frac{A の適中の回数}{D をのぞいた予報の回数の合計(A+B+C)}$$

⇓ 分数で表すと…

$$\frac{A}{A+B+C}$$

わかったかな、学君？

その状況に見合った評価の方法があるんだね！

9-2 スレットスコア

注意報・警報の精度評価

　注意報や警報も、その精度を評価しており、先ほどのカテゴリー予報(降水の有無)の予報精度を評価する際に用いた分割表をここでも用いています。

　今回は注意報や警報の中でも大雨警報の発表(予報)の有無を例にあげて、その精度を評価し、その際に用いる分割表が下図のように作成されるとします。

◎大雨警報の有無についての分割表

※Dについては精度評価の対象となっておらず、考慮されていない

		発表(予報)		
		あり	なし	合計
実況	あり	A	B	N_1
	なし	C	~~D~~	N_2
	合計	M_1	M_2	N

M_1…大雨警報が発表された合計(A＋C)

M_2…大雨警報が発表されていなくて、実際それに見合う雨が降った合計(＝B)

N_1…実際に大雨警報に見合う雨が降った合計(A＋B)

N_2…大雨警報が発表されて、実際それに見合う雨が降らなかった合計(＝C)

N…A＋B＋Cの合計(＝M_1＋M_2＝N_1＋N_2)

　この図の見方は、大雨警報が発表されて実際にそれに見合う雨が降った回数がA回、大雨警報が発表されて実際はそれに見合う雨が降らなかった回数がC回、大雨警報が発表されていなくて実際はそれに見合う雨が降った回数がB回になります。そして、この注意報や警報(ここでは大雨警報)の精度を評価する際に用いる分割表の中で、最も特徴的なことが、Dの回数は最初から考慮されていないということです。

　注意報や警報とは、その注意報や警報に見合うだけの現象が発生すると予想された場合にのみ発表されるもので、逆に、注意報や警報に見合うだけの

現象が予想されない場合は、その対象となる注意報や警報は発表されないことになります。Dの部分は、注意報や警報が発表されていなくて実際にそれに見合う雨が降らなかった回数のことを表しており、結局、注意報や警報は発表されていないことになります。そのような理由から、精度評価の対象にはならず、最初からDの回数に関しては考慮されていないのです。

ただし、同じように注意報や警報が発表されていなくても、それに見合うだけの現象が発生する場合もあります。それについては見逃し（注意報や警報の見逃しについては後で詳しくお話しします）という精度評価の対象になりますので、この分割表の中でBの回数に関しては考慮されています（※そのほか分割表の中のM1・M2・N1・N2・Nの意味については、前ページの図を参照してください）。

この分割表を用いて注意報や警報は精度を評価していくのですが、詳しくは適中率・空振り率・見逃し率・**捕捉率（ほそくりつ）**などを求めて、ここでは大雨警報の発表の有無の精度を評価します（※適中率・空振り率・見逃し率は、先ほどのカテゴリー予報：降水の有無の予報精度評価の場合と求め方が異なるので、注意が必要）。

適中率とは注意報や警報が適中している割合のことで、この分割表の中で適中している部分は、大雨警報が発表されていて実際にそれに見合う雨が降ったAの回数のことですから、これが大雨警報が発表された合計回数を表すM1（A＋C）回の中で、どれだけの割合を占めているかがわかれば、それがここでの適中率です。つまりAの回数（適中数）を、M1（A＋C）回（大雨警報が発表された合計回数）で割れば適中率を求めることができます（下図参照）。

仮にAが4回、M1（A＋C）が5回とすると、適中率は$4 \div 5 = \dfrac{4}{5} = 0.8$で、百分率（％）で表すと80％となり、これが1（百分率では100％）に近いほど、その注意報や警報は適中している（精度が高い）ことになります。

空振り率は、注意報や警報が空振りをしている割合

◎**大雨警報の有無についての分割表**

〇大雨警報が適中している部分

		発表（予報）		合計
		あり	なし	
実況	あり	Ⓐ	B	N_1
	なし	C	~~D~~	N_2
	合計	M_1	M_2	N

●**適中率の求め方**

または分数で

$A \div M_1(A+C) \longrightarrow \dfrac{A}{M_1(A+C)}$

第9章 ● 予報精度評価　311

のことで、この分割表の中で空振りしている部分は、大雨警報が発表されて実際はそれに見合う雨が降らなかったCの回数のことですから、これが大雨警報が発表された合計回数を表すM1（A＋C）回の中で、どれだけの割合を占めているかを求めることができれば、それがここでの空振り率になります。

つまり、Cの回数（空振り数）をM1（A＋C）回（大雨警報が発表された合計回数）で割れば、空振り率を求めることができます（右図参照）。仮にCが1回、M1（A＋C）が5回とすると、空振り率は$1 \div 5 = \frac{1}{5} = 0.2$で百分率では20%となり、これが1（100%）に

◎**大雨警報の有無についての分割表**
　　　○大雨警報が空振りしている部分

		発表（予報）		
		あり	なし	合計
実況	あり	A	B	N_1
	なし	Ⓒ	~~D~~	N_2
	合計	M_1	M_2	N

●**空振り率の求め方**　　　または分数で

$$C \div M_1(A+C) \longrightarrow \frac{C}{M_1(A+C)}$$

近いほど注意報や警報がはずれ（詳しくは空振りし）ている（精度が低い）ことになります。

　見逃し率は注意報や警報が見逃しをしている割合のことで、この分割表の中で見逃しをしている部分は、大雨警報が発表されていなくて実際はそれに見合う雨が降ったBの回数です。これが実際に大雨警報に見合うだけの雨が降った合計回数を表すN1（A＋B）の中で、どれだけの割合を占めているか

を求めることができれば、それがここでの見逃し率です。つまり、Bの回数（見逃し数）をN1（A＋B）回（実際に大雨警報に見合うだけの雨が降った合計回数）で割れば見逃し率を求めることができます（右図参照）。

◎**大雨警報の有無についての分割表**
　　　○大雨警報が見逃ししている部分

		発表（予報）		
		あり	なし	合計
実況	あり	A	Ⓑ	N_1
	なし	C	~~D~~	N_2
	合計	M_1	M_2	N

●**見逃し率の求め方**　　　または分数で

$$B \div N_1(A+B) \longrightarrow \frac{B}{N_1(A+B)}$$

　仮にBが2回、N1（A＋B）が6回とすると、見逃し率は$2 \div 6 = \frac{2}{6} = 約0.33$で、百分率では約33%となり、これが1（100%）に近いほど、注意報や警報がはずれ（詳しくは見逃し）ている（精度が低い）ことになります。

捕捉率とは簡単にいうと、注意報や警報に見合うだけの現象をどれだけとらえていたか（それを捕捉という）を表す割合のことで、具体的には、注意報や警報に見合うだけの現象が起きた合計回数の中で、どれだけ注意報や警報が発表されていたかを表す割合です。この分割表の中でそれを確認していくと、大雨警報が発表されていて、実際にそれに見合う雨が降ったAの回数（つまり適中数）が、大雨警報に見合う雨が降った合計回数を表す$N_1(A+B)$の中でどれだけの割合を占めているかがわかれば、それがここでの捕捉率になります。

つまり、Aの回数（適中数）を$N_1(A+B)$回（実際に大雨警報に見合うだけの雨が降った合計回数）で割れば、捕捉率を求めることができます（右図参照）。仮にAが4回、$N_1(A+B)$が6回とすると、捕捉率は$4÷6=\frac{4}{6}=$約0.67で、百分率では約67%となり、これが1（100%）に近いほど、注意報や警報が適中（詳しくは捕捉）している（精度が高い）ことになります。

◎大雨警報の有無についての分割表
○ 大雨警報が適中している部分

		発表（予報） あり	発表（予報） なし	合計
実況	あり	Ⓐ	B	N_1
実況	なし	C	~~D~~	N_2
	合計	M_1	M_2	N

●捕捉率の求め方　または分数で
$A÷N_1(A+B) \longrightarrow \dfrac{A}{N_1(A+B)}$

ここでは注意報や警報の捕捉率を求めましたが、カテゴリー予報（降水の有無）の捕捉率も同じような考え方で求めることができます。

一致率

一致率とは、簡単にいうと予報を出した合計回数の中で実況もあった割合を表したものです。求め方はP304の分割表よりA（予報を出して実況もあった回数）÷M_1（予報を出した合計回数）で求めることができます。一致率は1（100%）に近いほど精度が高いことになります。

●一致率の求め方
A（予報を出して実況もあった回数）
÷
M_1（予報を出した合計回数）

誤差が小さく精度のよい予報とは？

この2つの式の中の
F（i）は予報値、A（i）
は実況値、Σは合計、
そしてNは予報回数を
表しているぞ！

$$\frac{\sum (F_{(i)} - A_{(i)})}{N} \Rightarrow ME$$

$$\sqrt{\frac{\sum (F_{(i)} - A_{(i)})^2}{N}} \Rightarrow RMSE$$

$F_{(i)}$：予報値　$A_{(i)}$：実況値

Σ：合計する　N：予報回数

まずは記号の意味を覚えないとね

まず平均誤差とは
①1回目の予報値から実況値を引き、
それを予報回数分だけ繰り返し、
②それを合計する。
③その合計した値を予報回数で
割ると1回あたりの平均された予報の
誤差が求まるのじゃ！

平均誤差　①1回目の予報から実況値を引き
予報回数分だけ繰り返す

$$\sum (F_{(i)} - A_{(i)})$$

N ← ③予報回数で割る

②$(F_{(i)} - A_{(i)})$の
答えを合計する
（予報回数分）

⇒ 1回あたりの平均された予報
誤差が求まる

うんうん

次に2乗平均平方根誤差は
①1回目の予報値から実況値を引き
②その答えを2乗し、
それを予報回数分だけ繰り返す。
③そしてその値を合計し
④予報回数で割る。最後に
⑤√（ルート）をかけてやれば
1回あたりの平均された予報誤差
が求まるぞ！

2乗平均平方根誤差

①1回目の予報値から実況値を
引き②その答えを
2乗し予報回数分
だけ繰り返す

$$\sum (F_{(i)} - A_{(i)})^2$$

N ← ④予報回数で割る

③$(F_{(i)} - A_{(i)})^2$の値を
合計する

⑤最後にルートをかければ
1回あたりの平均された予報誤差が求まる

2乗とか忘れそう…

平均誤差、2乗平均平方根
ともにその答えが0に近い
ほど1回あたりの平均された
予報の誤差が
小さく、精度が
良いのじゃ！

平均誤差
2乗平均平方根誤差
↓
0に近いほど
精度が高い

オッケー
わかったよ、
博士！

9-3 量的予報と確率予報の精度評価

確率予報の精度評価

　では、次に確率予報の精度評価についてお話ししていきます。確率予報とは、降水確率のように、予報の結果が確率（%）で表されるもので、**ブライアスコア（BS）** という式を用いて、その予報の精度を評価していきます。

　そのブライアスコアは右図のような形をしており、先ほどの量的予報の精度評価で用いた**平均誤差**（**ME**または**バイアス**）と**2乗平均平方根誤差**（**RMSE**）とよく似ていますので注意が必要です。

　このブライアスコアの記号の意味は、F(i) が予報値、A(i) が

●ブライアスコア（BS）

$$\frac{\Sigma(F(i)-A(i))^2}{N}$$

F（i）：予報値　A（i）：実況値（観測値）
N：予報回数
※A（i）はO（i）と表されることもある

実況値（観測値）、そしてNが予報回数を表しています（A(i) はO(i) と表されることもある）。

　つまり、このブライアスコアという式は、1回目の予報値F(i)から、その1回目の予報値に対する実況値A(i) を引き、その答えを2乗します。

　それと同じような作業を予報回数分（N）だけ繰り返して、それぞれの答え（F(i) –

1回目の予報値（F（i））から、その1回目の予報値に対する実況値A（i）を引き、その答えを2乗する。
⇒それを予報回数分（N）だけ繰り返す。

$$\frac{\Sigma(F(i)-A(i))^2}{N}$$

（F（i）－A（i））²を合計する。※予報回数分

予報を出した回数（N）で割る

1回あたりの平均された誤差が求まる（※0に近いほど精度はよい）

A(i))^{2}を合計します。

　あとは予報を出した回数（N）で割れば、1回あたりの平均された予報誤差が求まり、その答えが0に近くなるほど、精度がよいということになります。

　この式の記号の中に、それぞれ対応した予報値や実況値をあてはめて、そこから予報の精度を求めていくのですが、この確率予報の場合、単純にその対応した予報値や実況値を、そのまま、あてはめるわけではありません。

　ここでは降水確率を例にあげます。右図のように、3回予報（10%・100%・30%）を出したとして、その予報に対する実況も3回（降水なし・降水あり・降水あり）結果が求められているとします。こ

●降水確率（予報）とそのときの降水の有無（実況）			
回数	1回目	2回目	3回目
予報（降水確率）	10%	100%	30%
実況（降水の有無）	降水なし	降水あり	降水あり

こでの予報値とは10%・100%・30%という降水確率そのものであり、実況値は降水なし・降水あり・降水ありという、それぞれの降水確率に対して降水があったのかそれともなかったかという降水の有無になります。このように確率予報とは、予報値が確率で表され、そのときの実況値が現象の発生の有無になるのです。

　つまりこのような予報値と実況値を先ほどのブライアスコアの式に代入する場合、予報値である降水確率は確率（%）のまま代入するのではなく、右図のように、必ず小数値に直してから代入します。

●降水確率（予報）とそのときの降水の有無（実況）			
回数	1回目	2回目	3回目
予報（降水確率）	10%⇒**0.1**	100%⇒**1.0**	30%⇒**0.3**
実況（降水の有無）	降水なし⇒**0**	降水あり⇒**1**	降水あり⇒**1**

そして実況値は降水のある場合は1・降水がない場合は0というように、降水の有無を1か0のどちらかに直してから、ブライアスコアに代入します。ここでは降水確率を例にあげていますが、そのほかの確率予報を評価する場合も、同じように確率は小数値に直し、現象の有無は1（現象あり）か0（現象なし）のどちらかに直してから求めていきます。

第9章 ● 予報精度評価　317

量的予報と確率予報の精度評価の計算

下の表は5日間の気温の予報値と実況値をまとめたものです。この表から平均誤差(ME・バイアス)と2乗平均平方根誤差(RMSE)を求めてみましょう。

日	1日目	2日目	3日目	4日目	5日目
予報値	30℃	31℃	32℃	29℃	30℃
実況値	29℃	31℃	35℃	28℃	28℃

◎平均誤差の計算

1日目から5日目までの予報値から実況値を下図のように引きます。

日	1日目	2日目	3日目	4日目	5日目
予報値	30℃	31℃	32℃	29℃	30℃
実況値	29℃	31℃	35℃	28℃	28℃
予報値−実況値	1℃	0℃	−3℃	1℃	2℃

次に予報値から実況値を引いた値を合計し、予報した日数で割ります。つまり1℃+0℃+(−3℃)+1℃+2℃÷5日＝1℃÷5日＝0.2℃になり、5日間の平均された誤差が0.2℃であることがわかります。これが平均誤差の求め方です。

ただ、この平均誤差は予報値から実況値を引いた値が正(＋)の値もあれば負(−)の値もあるため、合計した値がお互いの値を打ち消し合って、誤差の値が小さくなることがあります。

そのような理由から平均誤差の値が0になってもその期間の平均された誤差が0であるとは単純にはいえないため、注意が必要です。平均誤差の別名はバイアスであり、偏りという意味があります。つまりその期間の平均された誤差が正の値に偏っているのか、それとも負の値に偏っているのか、その傾向を平均誤差で求めているのです。

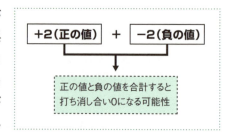

◎２乗平均平方根誤差の計算

１日目から５日目までの予報値から実況値を下図のように引いて、さらにその値を２乗します。

日	1日目	2日目	3日目	4日目	5日目
予報値	30℃	31℃	32℃	29℃	30℃
実況値	29℃	31℃	35℃	28℃	28℃
予報値－実況値	1℃	0℃	－3℃	1℃	2℃
2乗した値	1℃	0℃	9℃	1℃	4℃

次に２乗した値を合計し、予報した日数で割ります。つまり1℃＋0℃＋9℃＋1℃＋4℃÷5日＝15℃÷5日＝3℃になります。ただ、この3℃は2乗した値を合計し予報した日数で割った値であるため、平均された値ではありますが、２乗された値になります。そのような理由から２乗して3になる数値は何になるかということで、最後に3℃に√をかけます。そして、$\sqrt{3}$の近似値は1.73であるため、この期間の２乗平均平方根誤差は1.73℃になります。

この２乗平均平方根誤差は予報値から実況値を引いた値を２乗するために負の値がなくすべて正の値になります（負の値は２乗すると正の値になる）。

$$(予報値－実況値)^2$$

予報値から実況値を引いた値を２乗するため
負の値はなく、すべて正の値

合計しても正と負の値で打ち消し合う
ことがなく、正確な誤差を求められる

そのような理由から、先ほどの平均誤差のように正と負の値を合計してお互いの値を打ち消し合うことがないため、より正確な誤差を求めることができます。

◎ブライアスコアの計算

下の表は５日間の降水確率とそれに対応する降水の有無をまとめたものです。この表からブライアスコア(BS)を求めてみましょう。

日	1日目	2日目	3日目	4日目	5日目
降水確率（予報値）	10%	30%	100%	0%	70%
降水の有無（実況値）	降水なし	降水あり	降水あり	降水なし	降水あり

第9章 ● 予報精度評価　319

降水確率は小数値に直し、降水の有無は降水がある場合は1、ない場合は0に直してから、下図のように予報値(降水確率)と実況値(降水の有無)を引いて、その値を2乗します。

日	1日目	2日目	3日目	4日目	5日目
降水確率(予報値)	10%	30%	100%	0%	70%
降水の有無(実況値)	降水なし	降水あり	降水あり	降水なし	降水あり
予報値−実況値	0.1	−0.7	0	0	−0.3
2乗した値	0.01	0.49	0	0	0.09

　次に2乗した値を合計し、予報した日数で割ります。つまり0.01＋0.49＋0＋0＋0.09÷5日＝0.59÷5日＝0.118になり、5日間の平均された誤差が0.118ということになります。これがブライアスコアの求め方です。

コスト・ロスモデル

　特定の天気現象により起こる損失を**ロス**(記号：**L**)、その損失を防ぐための対策費用を**コスト**(記号：**C**)といいます。このロスとコストをコスト／ロスの式(これを**コスト・ロス比**という)で表し、その値が、損害を生じる現象の発生する確率Pよりも小さいとき(コスト／ロス＜確率P)に対策を取れば利益がでて、長い期間で見れば損をすることはありません。これを**コスト・ロスモデル**といいます。

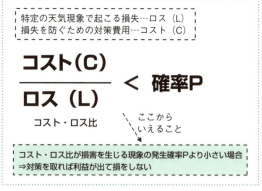

　このコスト・ロスモデルが0に近いときは、コスト(対策費用)が小さくロス(損失)が大きい状況です。極端ですが、コストが1円でロスが1000000(百万)円だった場合、コスト・ロスモデルは1/1000000でその値が0に近くなります。つまりコスト・ロスモデルが0に近いときとは、ロスが大きく、対象となる現象を見逃したときに大きな損失を招くことを意味しています。

第 **10** 章

季節予報

1カ月程度よりも長い期間を対象としたアンサンブル予報

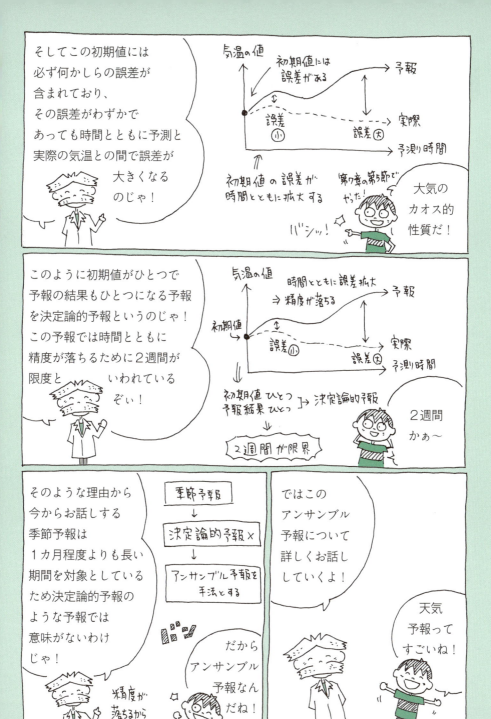

10-1 アンサンブル予報

アンサンブル予報

　先ほど博士がお話しされていました**決定論的予報**（初期値がひとつで、そこから求められた予報結果もひとつという予報）は、予測時間とともに予測値と実況値の誤差が大きくなり、予報の精度も悪くなるので、その限界は長くても2週間なのです。

　その原因は、初期値にもともと何かしらの誤差が含まれているからです。

　ただし、初期値に誤差が含まれていることが、はじめからわかっていれば、その誤差が含まれていると考えられる範囲の中で、少しずつ異なる初期値を用意（数には限界はあり、右図では3つ）して、そ

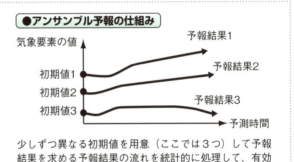

の初期値ごとに予報結果を求めます。

　そして、その個々の予報結果の流れを統計的に処理することで、有効な情報を取り出そうとする予報のことを**アンサンブル予報**といいます。

　また、右図のように、アンサンブル予報を構成している個々の予報結果を**アンサンブルメンバー**（単に**メンバー**ともいう）とよび、

季節予報の中の1ヵ月予報では、そのアンサンブルメンバー数は50になります。

アンサンブルという言葉には、音楽用語でいう合奏や合唱などの意味があり、アンサンブル予報も多数のアンサンブルメンバー（予報結果）から構成されていますので、音楽用語のアンサンブルとその意味がよく似ています。

そして、このアンサンブル予報をおこなうことで、アンサンブル平均、予報精度の予報、確率予報という3つの情報がもたらされ、この情報を組み合わせることで季節予報は成り立っています。それでは詳しくお話ししていきましょう。

① アンサンブル平均

アンサンブル平均とは、右図のように、アンサンブル予報を構成している個々のアンサンブルメンバー（ここでは①・②・③と書かれた合計3つ）を平均した予報結果（図中では太実線で表示）です（※平均する

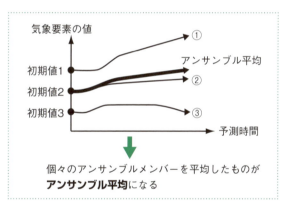

とは真中の値をとることなので、ここでは①と③の予報結果のほぼ真中にあたる②のアンサンブルメンバーと同じような流れになります）。このように平均することで、個々のアンサンブルメンバーに含まれている予報の誤差が打ち消されて、その予報精度が向上します。そのため、決定論的予報の限界（長くても2週間）を超えるような長い期間の予報でも、このアンサンブル予報の中のアンサンブル平均をみることで、その予報が可能になります。

また、この季節予報は平年値（過去30年の平均値）に比べて、高い（多い）か低い（少ない）かそれとも平年並になるのか、あくまでも平年と比べることで、その気象要素を予報しています。季節予報の詳しい予報の内容については、第8章の第3節の中の季節予報（長期予報）の内容を参照してください。

② 予報精度の予報

予報精度の予報とは、いったいどういうことなのでしょうか？ 簡単にいうと予報結果の精度がよいのか悪いのかを予報することで、その方法として**スプレッドとスキルの関係**を用いています。ここでいう**スプレッド**とは、アンサンブルメンバー間のばらつき、**スキル**とは予報の成績(精度)のことです。

例えば、右図のように、アンサンブル予報を構成している個々のアンサンブルメンバー(ここでは①・②・③と書かれた合計3つ)が、その予報期間の前半は、ほとんど同じ流れで、期間の後半になると、その流れが崩れて予報結果が大きく広がることにします。

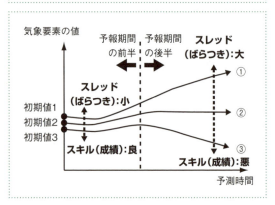

つまり、期間の前半は、個々のアンサンブルメンバーが、ほとんど同じ流れ(ばらつきが小さい)で予報されていますから、スプレッドは小さく、その予報の成績(精度)はよい、つまり、スキルもよいと考えることができます。

逆に、期間の後半では、個々のアンサンブルメンバーの流れが崩れて大きく広がっています(ばらつきが大きい)ので、スプレッドは大きく、その予報の成績(精度)は悪い、つまり、スキルも悪いと考えることができます。

このようにアンサンブルメンバー間のばらつきと、そこから求まる予報の成績との関係をスプレッドとスキルの関係といい、その関係から、予報の精

度がよいのか悪いのかの予報(つまり予報精度の予報)が求まります。

③ 確率予報

　これまでお話ししてきましたアンサンブル平均と予報精度の予報の2つの考え方を合わせることで、最終的にこの季節予報は、その予報の結果が確率として表されます。それを**確率予報**といいます。

　例えば、気温を1か月よりも長く予報(つまり季節予報)することにし、その結果を右図に表現していきます。

　この図の見方は、まず、横軸がその予測される時間(図の左端が初期時刻で、つまり予測を始める時間、そして、右にいくほど時間が進む)を表しています。

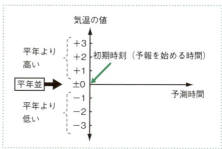

　そして、縦軸が気温の値を表しているのですが、この季節予報は、平年に比べて気象要素の値がどのようになるのかを予報するもので、図中の真中の±0と表記されている部分が平年並、そこから上にいくほど平年よりも1度ごと気温が高くなり、下にいくほど平年よりも1度ごと気温が低くなります。

　まず、ここでは①・②・③と番号をつけた合計3つのアンサンブルメンバー（それぞれ破線で表記）が、どれもほとんど同じような流れで予報されるものとし、それらを平均したアンサンブル平均を太実線で表します（平均とは真ん中の値をとることなので、ここでのアンサンブル平均は、①と③のほぼ真ん中にあたる②のアンサンブルメンバーと同じような流れになります）。

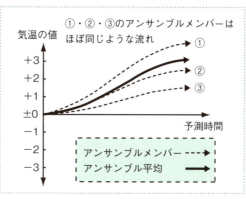

　このようにアンサンブルメンバーを平均することで、個々のアンサンブルメンバーに含まれている予報誤差が打ち消されて、その予報精度が向上し、

長い期間の予報も可能になります。つまり、個々のアンサンブルメンバーを平均したこのアンサンブル平均の予報結果が、季節予報の予報結果になるわけです。そのような理由から、ここでの予報結果は前ページ下図のアンサンブル平均より、気温は予報期間中、平年よりも高くなるという結果が得られるのです。

ただし、いくらアンサンブル平均をしたからといっても、あくまで個々のアンサンブルメンバーに含まれている予報誤差が打ち消されて、その予報精度が向上するだけですから、このアンサンブル平均の予報結果が正しいとは限りません。

そこで次に目印になるのが、スプレッドとスキルの関係です。今回は①・②・③のアンサンブルメンバーが、どれもほぼ同じような流れで予報されているわけですから、メンバー間のばらつきを表したスプレッドは小さく、そのときの予報の成績を表したスキルはよいわけです。

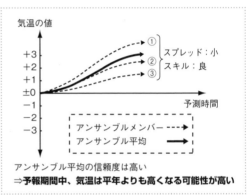

そのような理由から、ここでのアンサンブル平均も予報の成績はよく、その信頼度は高いことになります。つまり予報期間中、そのアンサンブル平均の結果から、平年よりも気温が高くなる可能性が最も高いことになり、その確率は70％、続いて平年並が20％、平年よりも低いが10％（ここでの確率はあくまで例）のように、最終的に確率でその予報結果が表されるのです。

つまり予報の信頼が高い場合は、確率予報の中のひとつの確率（ここでは平年より気温の高くなる確率が70％とほかよりも高い）が高くなることです。これをメリハリのある状態とよび、要はアンサンブル平均の信頼度も高く、予報期間中は、そのアンサンブル平均の示す予報結果になる可能性が高いために、あるひとつの確率が高くなるのです。

次に、右ページ上図のように①・②・③と番号をつけた合計3つのアンサンブルメンバー（それぞれ破線で表記）が、今度は大きく異なるような流れで予報されるものとし、それらを平均したアンサンブル平均は図中の太実線の

ような結果になるとします（平均とは真ん中の値をとることなので、ここでのアンサンブル平均は、①と③のほぼ真ん中にあたる②のアンサンブルメンバーと同じようになります）。

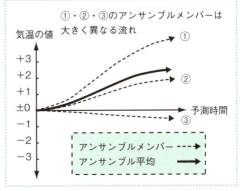

そして、このアンサンブルメンバーを平均したこのアンサンブル平均の結果が、季節予報の予報結果にもなるので、そのような理由から、ここでの予報結果は、右上図のアンサンブル平均より、気温は予報期間中、平年よりも高くなるという結果が得られるのです。

ただし、今回は①・②・③のアンサンブルメンバーが、大きく異なるような流れで予報されているわけですから、メンバー間のばらつきを表したスプレッドは大きく、そのときの予報の成績を表したスキルは悪いわけです。

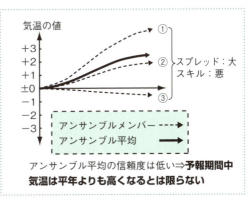

つまり、ここでのアンサンブル平均も予報の成績は悪く、その信頼度は低いことになります。そのような理由から、予報期間中、そのアンサンブル平均のような予報の結果になるとは限らないので、平年よりも気温が高いが40％、平年並が30％、平年よりも低いが30％（ここでの確率はあくまで例）のような結果になります。これをメリハリのない状態とよび、要は、予報の信頼が低くアンサンブル平均の信頼度も低いために、予報期間中はどの予報結果がでてもおかしくないので、どれも同じような確率になるのです。

平年より低い	10%	30%
平年並	20%	30%
平年より高い	70%	40%

　　　　　　　↓　　　　↓
　　　　　　信頼度 高　信頼度 低

季節予報では平均天気図を用いる

では次に季節予報で用いる天気図についてお話ししていくよ！

どんとこい！

この季節予報で用いる天気図は主にある期間を平均した天気図、つまり平均天気図を用いるぞ

季節予報
ある期間を平均した平均天気図を使用

へぇー日々の天気図ではないんだね

例えば次の図のように1カ月間を平均した天気図があり日本付近に高気圧があるとする。

つまりこの高気圧は1カ月間ほとんど日本付近に位置しているからこのように1カ月を平均した天気図でも日本付近に現れるのじゃ！

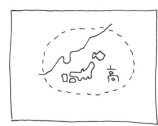
1ヵ月間を平均した天気図

高気圧は1ヵ月間、日本付近にほとんど位置している
↓ だから
1ヵ月間の平均天気図で現れる

お〜なるほど！

そしてその季節予報で用いる平均天気図には平年偏差が付け加えられているのがほとんどで、その意味は平年からの差のことじゃ！

平年偏差
平年からの差のこと

お〜！

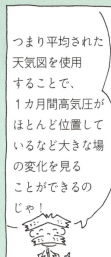

平均天気図
大きな場の変化をみるため

つまり平均された天気図を使用することで、1ヵ月間高気圧がほとんど位置しているなど大きな場の変化を見ることができるのじゃ！

そっか〜小さな場の変化はあまり必要ではないんだね

では季節予報で用いる天気図についてさらに詳しくお話ししていこうかの！

がんばろうね！

天気図で…
・網かけ域（▨）
⇒ 負偏差：平年より数値が低い
・白抜き域（□）
⇒ 正偏差：平年より数値が高い

そして天気図で網かけ域（▨）は負偏差といい平年偏差が負（−）の領域、つまり平年よりも数値が低い領域を意味しているぞい！
逆に白抜き域（□）は正偏差で、負偏差の逆の意味になる！

そんな意味があるんだね！

10-2 季節予報で用いる天気図

500hPa高度場と地上気温との関係

　500hPaは平均すると約5500mの高さになりますが、詳しくは500hPaよりも下の層の気温により、その高さは異なります。

　例えば、右図のように、赤道と極があれば、赤道は極よりも地上から500hPaになる高さが高くなり、極は赤道よりも500hPaになる高さが低くなります。

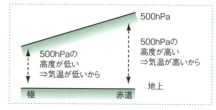

　その理由は、理想気体の状態方程式と静水圧平衡の式の関係より、空気は気温が高いと密度が小さくなり高度差（ここでは、地上から500hPaまでの高度差）が大きくなるもので、逆に、気温が低いと密度が大きくなり高度差が小さくなるものです。

　要は、暖かい空気は軽くて膨張する（膨らむ）性質があり、冷たい空気は重くて収縮する（縮む）性質があるため、赤道の地上から500hPaまでの高さは高く、極は低くなるのです（高度差のことを層厚ともいう）。

　右図は、2009年の4月11日〜5月8日までの28日間を平均した500hPa高度・平年偏差天気図です。図の中の実線（太・細実線とも）が、500hPaになる高度の等しいところを結んだ線（等高度線）です。そして、網かけになっているところが負偏差で、平年よ

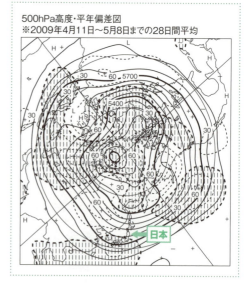

りも値(ここでは高度)の低い場所を表しており、白抜きになっているところが**正偏差**で、平年よりも値(ここでは高度)の高い場所を表しています。日本付近に注目すると、北日本は白抜き域、東日本と西日本から沖縄にかけては網かけ域に位置している場所がほとんどです。

つまり、北日本の500hPaの高度は平年よりも高く、東日本と西日本から沖縄にかけては500hPaの高度は平年よりも低いことを表しています。

500hPaの高さは、その下の層の気温により差がでるわけですから、北日本では平年よりも500hPaの高度が高いということは、平年よりも500hPaより下の層の気温が高いことを意味しており、つまり地上気温も高いことになります。

逆に、東日本と西日本から沖縄にかけては、平年よりも

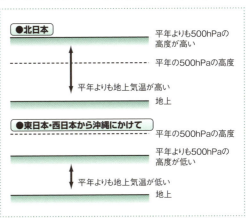

500hPaの高度が低いわけですから、平年よりも500hPaより下の層の気温が低いことを意味しており、つまり地上気温も低いことになります。このように500hPaの高度と、そのときの**平年偏差**(平年となる数値からの差のことで**アノマリー**ともいう)との関係をみることで、平年と比べた地上気温の高さや低さがわかります。

東西指数(ゾーナルインデックス)

東西指数(ゾーナルインデックス)とは、偏西風の強さや流れを表す指数のことで、特定の緯度間の高度差を表したものです。通常は、北緯40度〜60度上の500hPaの高度を、東西(日本では東経90度〜170度間)に平均して比較した高度差のことを表しています。

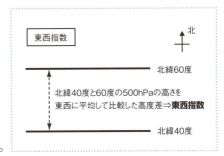

先に結論をいうと、この東西指数が小さい状態（北緯40度～60度上の500hPaの高度を東西に平均した高度差が小さい状態）を**低指数**といい、そのように表されたときは偏西風が弱くて、南北の蛇行が大きい（偏西風の南北の蛇行が大きい状態を**南北流型**という）ことを表しています。

　逆に、東西指数が大きい状態（北緯40度～60度上の500hPaの高度を東西に平均した高度差が大きい状態）を**高指数**といい、そのように表されたときは、偏西風が強くて、南北の蛇行が小さく東西に流れている（偏西風の南北の蛇行が小さく東西に流れている状態を**東西流型**という）ことを表しています。

　例えば、右図のように、上空で偏西風が南北に大きく蛇行しているとします。

　上空の風は等高度線に沿って吹くという性質がありますから、偏西風が南北に蛇行するということは、上空の等高度線も南北に蛇行していることになります。

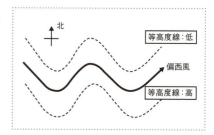

　ここでの等高度線は500hPaになる高度の等しいところを結んだ線であるものとし、一般的に、北側のほうが気温が低いので、北側に位置する等高度線の値ほど低く（つまり500hPaになる高さが低い）、逆に南側のほうが気温が高いので、南側に位置する等高度線の値ほど高く（つまり500hPaになる高さが高い）なります。

　ここでは偏西風が南北に蛇行していることを仮定しているので、等高度線も南北に蛇行していることになり、北緯40度と北緯60度上を東西にみると、右図のように、等高度線の値が低く交わる場所もできれば、高く交わる場所もできることになります。つまりこの場合は、北緯40度と北緯60度上の500hPaの高度（＝等高度線の値）を、それぞれ東西に平均した場合、等高度線の値が低く交

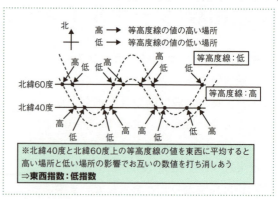

334

わる場所や高く交わる場所ができるために、お互いの数値を打ち消しあうことになります。

　そのため、この場合の両者（北緯40度と北緯60度上の500hPaの高度を東西にみて平均した高度）を比較すると、それほど差がでない（つまり差が小さい）ことになります。つまり、東西指数は低指数になるのです。

　このような理由から、東西指数が低指数のときは南北の高度差（詳しくは平均された高度差）が小さい（高度差：小＝気圧差：小）ために偏西風は弱く、そして南北の蛇行が大きいのです。また偏西風が南北に大きく蛇行しているために、暖気の北上や寒気の南下が顕著になることも意味しています。

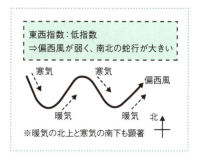

　次に、右図のように、上空で偏西風が東西に流れている場合を考えてみます。

　上空の風は等高度線に沿って吹きますので、偏西風が東西に流れているということは、上空の等高度線もそれに沿うように東西に描かれることになり、ここでの等高度線は500hPaになる高度の等しいところを結んだ線（前ページでお話し

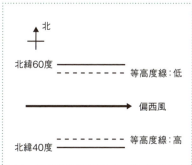

したように北側ほどその値が小さく、南側ほどその値が大きい）です。つまり、北緯40度と北緯60度上を東西にみると、等高度線が東西（つまり緯度線に沿うよう）に描かれているために、その値がどこでも一定です（上図では、北緯40度は等高度線の値が高いまま東西に一定、北緯60度は等高度線の値が低いまま東西に一定となっている）。

　偏西風が南北に大きく蛇行している場合は、等高度線も南北に蛇行しているので、北緯40度と60度上を東西にみると、その値が低い場所もできれば高い場所もできることになり、平均すると、お互いの数値を打ち消しあうことになるのですが（前ページ参照）、今回は北緯40度と北緯60度上の500hPaの高度（＝等高度線の値）をそれぞれ東西にみると一定です。

　つまり、北緯40度と北緯60度上の500hPaの高度をそれぞれ東西にみて

平均しても、その値は変わらない（右図参照）ことになり、この両者（北緯40度と北緯60度の500hPaの高度を東西にみて平均した高度）を比較すると、偏西風が南北に蛇行している場合よりも高度差が大きくなるはずです。つまり、東西指数は高指数になります。

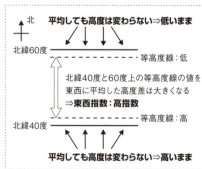

このような理由から、東西指数が高指数のときは南北の高度差（詳しくは平均された高度差）が大きい（高度差：大＝気圧差：大）ために偏西風は強く、そして南北の蛇行が小さく東西に流れています。また偏西風が東西に流れているため、暖気の北上や寒気の南下が弱いことも意味しています。

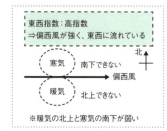

西谷と東谷

西谷の流れ（単に**西谷**ともいう）と**東谷の流れ**（単に**東谷**ともいう）は、その名前の通り、日本の西に気圧の谷（トラフ）がある状態を西谷の流れ、そして日本の東に気圧の谷（トラフ）がある状態を東谷の流れといいます。

右図は、2006年の6月10日〜7月7日までの28日間を平均した500hPa高度と平年偏差天気図です。図の中の実線（太・細実線とも）が、500hPaになる高度の等しい

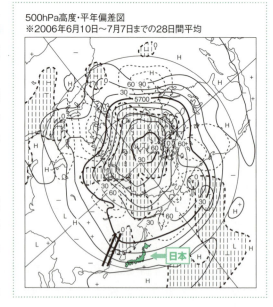

336

ところを結んだ線(等高度線)であり、日本の西側でその等高度線が、どちらかというと南側に出っ張っている部分があります。

その部分を線でつないだものが、気圧の谷(前ページの最も下図では二重の太実線で表している)であり、このように日本の西に気圧の谷がある状態を西谷の流れといいます。つまり、前ページの最も下図は2006年の6月10日～7月7日までの28日間を平均した天気図ですから、その平均天気図の中で日本の西に気圧の谷があるということは、その期間中、日本の西に、気圧の谷がほとんど位置していることを意味しています。

一般に、気圧の谷は西から東へ進むもので、気圧の谷の進行方向の前面(方角でいうと東側)では、低気圧(前線)が発生・発達しやすい場所です。

つまり、西谷になると日本付近は、その気圧の谷の進行方向の前面にあたりますので、低気圧(前線)の発生・発達しやすい場所であり、また、等高度線の流れから、南西の暖かく湿った風が流れ込みやすくなります。以上のことから、西谷になると、日本付近の天気は曇りや雨の日が多くなるのです(上図を参照)。

次に、右図は、2008年の

●西谷の流れ

低気圧(前線)が発生・発達しやすい
南西の暖湿な風が流れ込みやすい
⇒ **曇りや雨の日が多い**

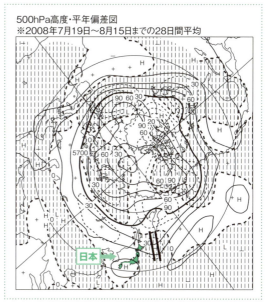

500hPa高度・平年偏差図
※2008年7月19日～8月15日までの28日間平均

7月19日～8月15日までの28日間を平均した500hPa高度と平年偏差天気図です。

　図の中の実線(太・細実線とも)が、500hPaになる高度の等しいところを結んだ線(等高度線)であり、日本の東側で、その等高度線が、どちらかというと南側に出っ張っている部分があります。

　その部分を線で結んだものが気圧の谷(前ページの下図では、二重の太実線で表されている)とよばれ、このように、日本の東に気圧の谷がある状態を東谷の流れといいます。つまり、前ページの下図は2008年の7月19日～8月15日までの28日間を平均した天気図ですから、その平均天気図の中で日本の東に気圧の谷があるということは、その期間中、日本の東に気圧の谷がほとんど位置していることを意味しています。

　また、気圧の谷の進行方向の後面(方角でいうと西側)は、低気圧(前線)が発生・発達しにくい場所でもあります。

　つまり、東谷になると、日本付近はその気圧の谷の

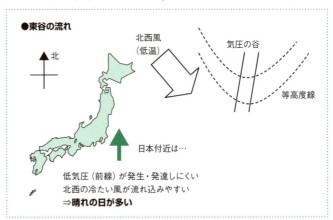

進行方向の後面にあたりますので、低気圧(前線)の発生・発達しにくい場所であり、等高度線の流れから、北西の冷たい風が流れ込みやすく南西の暖湿流が流れ込みにくくなります。以上のことから、東谷になると、日本付近の天気は晴れの日が多くなるのです(右上図を参照)。

　ただし、冬季に北西の冷たい風が吹くと、日本海で雲(俗にいう冬季の日本海の筋状雲)が発生して、この影響で、日本海側の地域では雪

(雨)が降りますので、東谷になると日本付近は晴れの日が多くなるのですが、冬季の日本海側はのぞかれます。

2週間気温予報

週間天気予報の先の2週間先まで(8日先から12日先までを中心とした5日間平均)について、地点ごとの最高気温、最低気温と地域ごとの平均気温を平年に比べて高いのか、または低いのかを5段階(かなり高い・高い・平年並・低い・かなり低い)に分けて、毎日14時30分ごろに予報します。

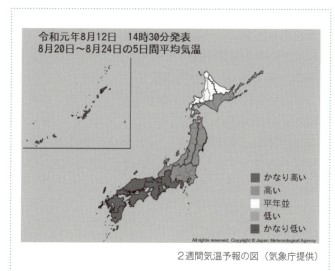

2週間気温予報の図（気象庁提供）

早期天候情報

10年に1度程度しか起きないような著しい高温や低温、降雪量(冬季の日本海側)となる可能性が、平年よりも高まっているときに、6日前までに注意をよびかける情報です。

6日先から14日先までの期間で5日間平均気温が「かなり高い」「かなり低い」とな

高温に関する早期天候情報（気象庁提供）

る確率が30％以上、または5日間降雪量が「かなり多い」となる確率が30％以上と予想される場合に発表します。毎週月曜日と木曜日の14時30分ごろに関東甲信地方などの地方ごとに発表しています。

階級区分値

　天候が平年の状態からどの程度隔たっているかの統計的な指標として、階級値を用います。これは過去の観測資料をもとに、その年の天候がどの程度現れやすいかを指標化したものです。

　季節予報では、気温や降雪量などを「平年より低い（少ない）」「平年並」「平年より高い（多い）」の3つの階級を用いて予報しており、これは過去30年間の値をもとに決めています。

　例えば4月の平均気温といっても過去30年間であれば、30個の4月の平均気温があることになります。それは同じ4月の平均気温でもその年によって高い年もあれば、逆に低い年もあることを意味しています。

　そして30個の4月の平均気温の中でも上位33％（1～10位）が平均より高い区分、下位33％（1～10位）が平年より低い区分、その間の33％（11～20位）は平年並の区分になります。またそれぞれの境目の値（しきい値）を階級区分値といいます。

　このように3つの階級を定めることで、過去30年間の値は3つの階級それぞれ10回ずつに分けることができ、出現率（条件に該当する割合）はどれも等しい値（33％ずつ）になります。これを特に**気候的出現率**といいます。

　このうち上位10％（1～3位）は、平年よりかなり高い（多い）区分、下位10％（28～30位）は平年よりかなり低い（少ない）区分に該当します。

METEOROLOGY

第 11 章

気象災害

気象現象が原因となる被害・気象災害

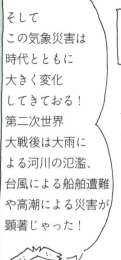

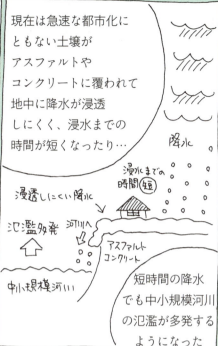

そしてこの気象災害は時代とともに大きく変化してきておる！第二次世界大戦後は大雨による河川の氾濫、台風による船舶遭難や高潮による災害が顕著じゃった！

そんな時代があったんだね！

現在は急速な都市化にともない土壌がアスファルトやコンクリートに覆われて地中に降水が浸透しにくく、浸水までの時間が短くなったり…

短時間の降水でも中小規模河川の氾濫が多発するようになった

さらに都市の高度利用で増えた低地の地下空間に降水などが流れ込むといった新しいタイプの災害も増えてきておる！そのほかにも住宅などががけの下などにも建設され、がけ崩れなどの土砂災害が増加の傾向にあるぞい！

ありゃ！それは大変だね！

ではこの気象災害がどのようなものか詳しくお話ししていくよ！

気象災害から身を守るには正しい知識が必要だね！

11-1 気象災害

雨が原因で発生する気象災害

　雨が原因で発生する災害で、代表的なものといえば、**土砂災害・低地の浸水・河川の氾濫**です。もし気象予報士試験で、雨が原因で発生する災害を3つあげなさいという問題が出たら、基本的にはこの3つを答えるのが無難です。

　土砂災害とは、土砂(土と砂のこと)の移動が原因で発生する自然災害の総称で、詳しくいうと、**山崩れ・がけ崩れ・地すべり・土石流**のことです。

　山崩れとは、山地の斜面を造っている岩石などが、急に崩れ落ちることでがけ崩れとは、急な斜面(簡単にいうとがけのこと)の地中にしみ込んだ雨の水などが原因で、突然、その急な斜面が崩れ落ちることです(山崩れやがけ崩れのことを土砂崩れともいいますが、気象庁では、その使用を控えていますので、試験でも使用しないほうがいいでしょう)。

　地すべりとは、緩やかな斜面の場所に雨の水などがしみ込んで、その場所の地面がゆっくりと時間をかけて移動することです(右図参照)。

　この地すべりは、広い範囲で起こるのが特徴的で、1日に数ミリから数センチメートル程度と目に見えないほどの動きですが、突然ズルズルと数mも動くことがあります。

　土石流とは、山や谷の斜面から土や石などが雨の水などといっしょになって流れてくることで、水分の量が多ければ**鉄砲水**と呼ばれることもあります。

　これらの土砂災害は、数日前からの雨(降水)が原因になることがあり、そのような雨のことを**先行降雨(せんこうこうう)**とよびます。また雨が止んだ

後も、しばらくは土砂災害が発生する場合がありますので注意が必要です。

　低地の浸水とはそのままですが、低い土地が浸水することであり、浸水とは水にひたったり、水が入りこむことをいいます。低い土地は、周囲に比べて土地が低いため、地中にしみ込まなくなった雨の水などが入りこみやすくなります。その結果、浸水の被害が起こりやすくなるのです。

　河川の氾濫とは、河川の水が町や農地にあふれだすことをいいます。

　雨の中で短時間強雨（短い時間に強い雨が降ること）の場合は、河川の中でも中小規模河川（単に中小河川ともいう）、大雨の場合は、中小規模河川だけでなく大規模河川（単に大河川ともいう）までも氾濫することがあり、注意が必要です。

```
河川の氾濫→河川の水が町や農地にあふれだすこと

短時間強雨 （数時間で数10mm以上の雨が降ること）
→中小規模河川が氾濫する恐れ
大　　雨 （雨が継続的に降り1日の総雨量が100mm以上）
→中小規模河川だけでなく
　大規模河川も氾濫する恐れ
```

　ここでいう短時間強雨や大雨には、具体的な基準はありません。数時間（2～3時間）で数10mm以上の雨が降ることを短時間強雨、雨が断続的（簡単にいうと雨が降ったり止んだりすること）に降り、1日の総雨量が100mm以上になる場合を、大雨の目安と、ここではお考えください。

　この河川の氾濫と似たような言葉で、**洪水**という言葉があります。

　洪水とは、河川の水位（水面の高さ）や流量（川を流れる水の量のことで水量ということもある）が著しく増加（河川の水位や流量が増加することを**河川の増水**という）したり、その水が、町や農地にあふれだすことをいいます。

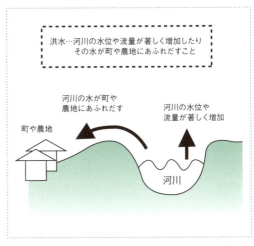

　そのほかにも雨が原因で発生する気象災害があります。河川の水が堤防

(河川の氾濫などを防ぐために土砂やコンクリートで作られた構築物)をこえてあふれだすことを溢水(読み：いっすい)や越水(読み：えっすい)とよび、河川の流量が増大することを出水(読み：でみず・しゅっすい)といいます。

そして田畑や作物などに水がかぶることを冠水(読み：かんすい)といいますので、言葉と意味ぐらいは知っておくようにしましょう。

では、ここで氾濫という言葉について詳しくお話しします。氾濫とは、簡単にいうと水があふれだすことをいいますが、具体的には内水氾濫(ないすいはんらん)と外水氾濫(がいすいはんらん)の2種類があります。

まずこの内水氾濫と外水氾濫をお話しする前に、堤内地(ていないち)と堤外地(ていがいち)についてお話しします。

右図のように、堤内地とは堤防によって、河川の氾濫などから守られている地域のことで堤外地とは、堤防でその河川の氾濫を食い止めている地域のことをいいます。そして、この堤内地に降った雨

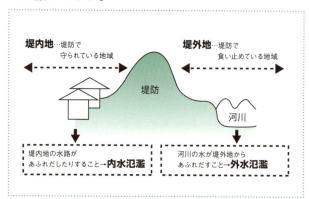

が自然に河川へ排水できなくなり堤内地の水路があふれだしたり、下水道のマンホールから下水が噴きだしたりすることを内水氾濫といい、河川の水が雨などにより増えて、堤外地からあふれだすことを外水氾濫といいます。

風が原因で発生する気象災害

気象庁によると、風による災害には強風や竜巻により引き起こされる災害とあり、広義(広い意味)では、塩風害や乾風害も含めるとあります。

強風とは風の強い状態の総称を表すこともあれば、地域により基準は異なりますが平均風速がおおむね12m/s〜20m/s未満の風を指すこともあります。平均風速がおおむね20m/s以上の風の場合は、こちらも地域により基準が異なりますが、暴風とよびます。このような風が海上で吹くと、波を発

達させ、高波による災害を同時に引き起こすことがあります。

　また、**塩風害(えんぷうがい)**とは、海上から風により運ばれてきた塩分により植物や送電線などに起こる災害のことです。

　またこの塩風害は台風の通過時に起きることが多く、特に台風の進行方向の左側で起きやすい傾向にあります。

　北半球では台風は大きく見て北の方向へと進み、反時計回りに風が吹いているため、台風の右側は南よりの風、左側は北よりの風が吹いていることになります。つまり台風の進行方向の

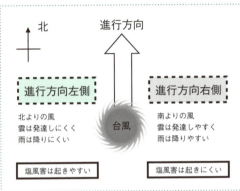

右側では南よりの風が吹き雲が発達しやすく雨も降りやすいため、海上から塩分が運ばれてきて植物や送電線や付着しても、その雨により塩分が洗い流されるために塩風害が起こりにくいのです。逆に台風の進行方向の左側では北よりの風が吹き、右側に比べると雲は発達しにくく雨は降りにくいため（あくまでも右側に比べて）、海上から運ばれてきた塩分が植物や送電線に付着しやすくなり、塩風害が起きやすいのです。

　乾風害(かんぷうがい)とは、**フェーン現象**などによる乾燥した気温の高い風による災害の総称で、火災が発生すると大火（読み：たいか　意味：大規模な火災）となる場合があります。フェーン現象とは山の風下側で高温・乾燥する現象で、夏場に発生すると、熱中症にも注意が必要です。

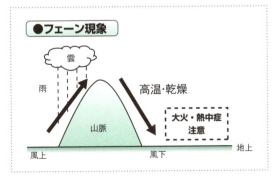

雪や氷が原因の気象災害には どんなものがあるの？

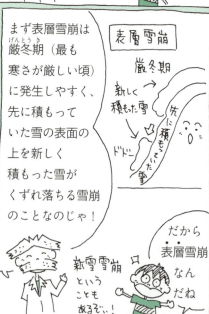

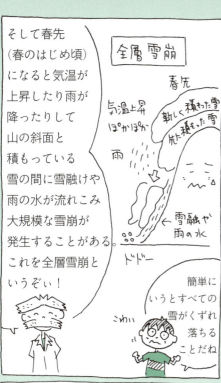

11-2 雪や氷が原因で発生する気象災害

雪や氷が原因で発生する気象災害

　気温が比較的高い場所（0度前後）で降る雪は、少し融けて湿っているもので、その雪を構成している粒自体も大きいものです。このような雪を**湿った雪**とよび、ぼたん雪ともいいます。逆に、気温が比較的低い場所で降る雪は、さらさら乾いており、その雪を構成している粒自体も小さいです。このような雪を**乾いた雪**とよび、粉雪やパウダースノーともいいます。

　例えば、手が水でぬれていたりして、湿った状態だと、紙などにくっつきやすくなるように、湿った雪は少し融けて湿っていますから、ものに付着しやすい性質があります。

　このため湿った雪は送電線や通信線に付着することがあります。これを**着雪（ちゃくせつ）**といいます。そしてその付着した湿った雪の重みで送電線や通信線が切断したり、鉄塔や電柱などが倒壊することがあります。また、樹木などにも付着して、枝が折れて損傷することもあります。

　また、送電線や通信線に雪が付着した状態で、強い風が吹くと、その重みで大きく送電線や通信線が振動し、接触やショートをして停電することもあります。

　この着雪と似た言葉で、**着氷（ちゃくひょう）**という言葉があります。

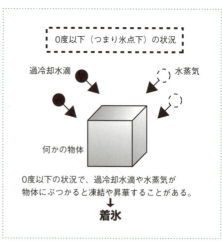

0度以下(つまり氷点下)の状況で、過冷却水滴(0度以下になっても凍らない水滴)や水蒸気が、物体に衝突すると、凍結(水が氷に変化することで凝固ともいう)や昇華(ここでは水蒸気が氷に変化することを意味)することがあります。これを着氷といいます。では実際、どのようなときに、この着氷が起こるかというと、例えば航空機が雲(特に積乱雲)の中を飛行すると、雲を構成している小さな水滴(これを雲粒ともいい、この雲粒は、0度以下でも凍らない過冷却水滴であることも多い)が、航空機にあたって凍結し、着氷することがあります。

そのほか、漁船などの船舶も高緯度の海洋を航行すると、波のしぶきが船体にあたり、凍結して着氷することがあります。いずれにしても、このようなことが起きると、着氷により、航空機や船舶などの機体のバランスが崩れたりなどして、事故を引き起こすことがあります。

また、雪が降っていて強い風が吹いていると、**吹雪(ふぶき)**や**猛吹雪(もうふぶき)**に注意をしなければなりません。

気象庁では平均風速が10m/s以上の風で雪を伴う場合を吹雪とよび、特に平均風速が15m/s以上の風で雪を伴う場合を猛吹雪とよんでいます。このように風の強さで、吹雪と猛吹雪を区別していますが、強い風が吹いて雪を伴うような場合は、視界(目で見通すことのできる範囲)が悪くなりますので、交通障害などにも気をつけなければいけません。これを**視程不良害**といいます。

積乱雲が原因で発生する気象災害

まず、気象災害には数分〜数日と短期間で発災(災害が発生すること)するタイプと、発災するまでに数週間〜数ヶ月と長期間かかるタイプがあります。前者(数分〜数日と短期間で発災)のタイプは、台風や集中豪雨、竜巻などの気象学的にはそれほど大きな規模ではないメソスケール規模の現象が主な原

因であり、いずれも**積乱雲**という主に鉛直方向(縦方向)に発達する対流雲が関わっているものです。

　一方、後者(数週間〜数ヶ月と長期間で発災)のタイプは、長雨・低温・日照不足・干ばつ(長い期間水不足の状態であること)など、極端な話、低気圧が動かない(低気圧が動かなければ、雨が長引く)などの気圧配置(高気圧・低気圧などの分布)に関わる比較的大規模なスケールの現象が主な原因となっています。

　ここでのテーマとなっている積乱雲が発生すると、その下では、**短時間強雨(短い時間の強い雨)・落雷・突風・降ひょうのシビア現象**(激しい現象)を伴うことがあります。

　ここで注意点があります。ここに書いた短時間強雨・落雷・突風・降ひょうはいずれも積乱雲に伴うシビア現象で、分類は雨や風などの気象現象です。ですから、気象予報士試験で積乱雲(対流雲)によって注意しなければいけない<u>気象現象(または単に現象)</u>を答えよと問われた場合は、必ず<u>短時間強雨・落雷・突風・降ひょう</u>の中から、問題に合った解答をするようにしましょう。

●気象予報士試験で…

積乱雲(対流雲)によって、注意しなければいけない現象を答えよと問われた場合
①短時間強雨　②落雷　③突風　④降ひょう
の中から、問題に合った解答をすること！
※土砂災害・低地の浸水・河川の氾濫などと答えてはダメ！

　そこで、土砂災害・低地の浸水・河川の氾濫などと答えてしまうことがありますが、それは積乱雲に伴う気象現象ではなくて、積乱雲から起こる気象現象(ここでは短時間強雨が対象)により、発生することが予想される気象災害にあたりますので、注意が必要です。

　気象現象と気象災害はよく似ている言葉でどちらかよく迷うのですが、気

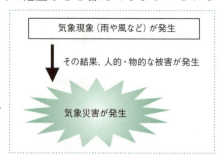

象現象(雨や風など)がまず起こり、その結果、人的・物的な被害が出たことを気象災害と考えて、判断してもらえればよいでしょう。

また前ページで、問題に合った解答をするようにしましょうと書きましたが、ここでいう問題に合った解答とは積乱雲が連続して発生したり雨が長引けば、短時間強雨よりも大雨と答えたほうがよいですし、冬は短時間強雨ではなく、大雪になる場所もあります。

そして降ひょうは、積乱雲がよく発達する夏の頃に多いのですが、気温が高いと融けてしまうので、真夏よりも初夏の頃に多く見られます。つまり問題に合った解答とは季節や場所などの状況に合わせて、解答をしてくださいという意味です。

最近は、この積乱雲に伴う現象で**ダウンバースト**や**竜巻**を耳にすることがあります。このダウンバーストや竜巻は防災上、突風として考えますが、詳しくはダウンバーストとは、積乱雲に伴う下降流が、地表面付近で放射状(四方八方に吹き出すこと)に広がり被害をもたらすような気流のことです。

そして竜巻とは、積乱雲にともない発生する激しい渦巻きで、しばしば象の鼻のような漏斗雲(ろうとうん:ろうとぐも)を伴うこともあります。日本ではこの竜巻は、台風(台風は積乱雲のかたまりみたいなもの)の接近にともない発生することが多く、台風シーズンである9月頃に多くなります。

ここで、**藤田スケール**

前線や台風、大気の不安定度が大きくなりやすいことなどから、竜巻は7月から11月(9月がピーク)にかけて多く、ダウンバーストやガストフロント(積乱雲下の冷たい空気の吹き出しと周辺の暖かい空気との衝突により形成される局地的な前線)は7月〜8月に多くなる傾向がある

(**Fスケール**)についてお話しします。藤田スケールとは竜巻などの強さを、建物などの被害状況から推定するもので、当時シカゴ大学の教授であった藤田哲也氏により考察されたものです。これは今も、世界中のあちこちで使用されています(次ページの上図参照)。

第11章 ● 気象災害　353

藤田スケール（Fスケール）

階級	風速	被害状況
F0	17～32 (m/s)	テレビアンテナなどの弱い構造物が倒れる。小枝が折れ、根の浅い木が傾くことがある。非住家が壊れるかもしれない。
F1	33～49 (m/s)	屋根瓦が飛び、ガラス窓が割れる。ビニールハウスの被害甚大。根の弱い木は倒れ、強い木は幹が折れたりする。走っている自動車が横風を受けると、道から吹き落とされる。
F2	50～69 (m/s)	住家の屋根がはぎとられ、弱い非住家は倒壊する。大木が倒れたり、ねじ切られる。自動車が道から吹き飛ばされ、汽車が脱線することがある。
F3	70～92 (m/s)	壁が押し倒され住家が倒壊する。非住家はバラバラになって飛散し、鉄骨づくりでもつぶれる。汽車は転覆し、自動車はもち上げられて飛ばされる。森林の大木でも、大半折れるか倒れるかし、引き抜かれることもある。
F4	93～116 (m/s)	住家がバラバラになって辺りに飛散し、弱い非住家は跡形なく吹き飛ばされてしまう。鉄骨づくりでもペシャンコ。列車が吹き飛ばされ、自動車は何十mも空中飛行する。1t以上ある物体が降ってきて、危険この上もない。
F5	117～142 (m/s)	住家は跡形もなく吹き飛ばされるし、立木の皮がはぎとられてしまったりする。自動車、列車などがもち上げられて飛行し、とんでもないところまで飛ばされる。数tもある物体がどこからともなく降ってくる。

　しかしこの藤田スケールは米国で考察されたもので、日本の建築物等の被害に対応していないなどの理由から、気象庁ではこの藤田スケールを改良し、より精度良く竜巻などの強さを推定できる**日本版改良藤田スケール**（JEFスケール）を現在は使用しています（下図参照）。

日本版改良藤田スケールにおける階級と風速の関係

階級	風速の範囲（3秒平均）	主な被害の状況（参考）
JEF0	25～38 m/s	・木造の住宅において、目視でわかる程度の被害、飛散物による窓ガラスの損壊が発生する。比較的狭い範囲の屋根ふき材が浮き上がったり、はく離する。 ・園芸施設において、被覆材（ビニルなど）がはく離する。パイプハウスの鋼管が変形したり、倒壊する。 ・物置が移動したり、横転する。 ・自動販売機が横転する。 ・コンクリートブロック塀（鉄筋なし）の一部が損壊したり、大部分が倒壊する。 ・樹木の枝（直径2cm～8cm）が折れたり、広葉樹（腐朽有り）の幹が折損する。

JEF1	39～52 m/s	・木造の住宅において、比較的広い範囲の屋根ふき材が浮き上がったり、はく離する。屋根の軒先又は野地板が破損したり、飛散する。 ・園芸施設において、多くの地域でプラスチックハウスの構造部材が変形したり、倒壊する。 ・軽自動車や普通自動車（コンパクトカー）が横転する。 ・通常走行中の鉄道車両が転覆する。 ・地上広告板の柱が傾斜したり、変形する。 ・道路交通標識の支柱が傾倒したり、倒壊する。 ・コンクリートブロック塀（鉄筋あり）が損壊したり、倒壊する。 ・樹木が根返りしたり、針葉樹の幹が折損する。
JEF2	53～66 m/s	・木造の住宅において、上部構造の変形に伴い壁が損傷（ゆがみ、ひび割れ等）する。また、小屋組の構成部材が損壊したり、飛散する。 ・鉄骨造倉庫において、屋根ふき材が浮き上がったり、飛散する。 ・普通自動車（ワンボックス）や大型自動車が横転する。 ・鉄筋コンクリート製の電柱が折損する。 ・カーポートの骨組が傾斜したり、倒壊する。 ・コンクリートブロック塀（控壁のあるもの）の大部分が倒壊する。 ・広葉樹の幹が折損する。 ・墓石の棹石が転倒したり、ずれたりする。
JEF3	67～80 m/s	・木造の住宅において、上部構造が著しく変形したり、倒壊する。 ・鉄骨系プレハブ住宅において、屋根の軒先又は野地板が破損したり飛散する、もしくは外壁材が変形したり、浮き上がる。 ・鉄筋コンクリート造の集合住宅において、風圧によってベランダ等の手すりが比較的広い範囲で変形する。 ・工場や倉庫の大規模な庇において、比較的狭い範囲で屋根ふき材がはく離したり、脱落する。 ・鉄骨造倉庫において、外壁材が浮き上がったり、飛散する。 ・アスファルトがはく離・飛散する。
JEF4	81～94 m/s	・工場や倉庫の大規模な庇において、比較的広い範囲で屋根ふき材がはく離したり、脱落する。
JEF5	95m/s～	・鉄骨系プレハブ住宅や鉄骨造の倉庫において、上部構造が著しく変形したり、倒壊する。 ・鉄筋コンクリート造の集合住宅において、風圧によってベランダ等の手すりが著しく変形したり、脱落する。

日照不足・低温が原因で発生する気象災害

　5月から7月頃にかけて、主にオホーツク海に中心を持つ停滞性の高気圧が発生するようになります。この高気圧のことを**オホーツク海高気圧**といいます。

　高気圧は、その中心を軸にして、北半球では時計回りに風が吹いています。つまり、このような気圧配置になると北東からの低温で湿潤な空気が、東

第2節　雪や氷が原因で発生する気象災害

第11章 ● 気象災害　355

北地方の太平洋側から関東地方を中心に、継続して流れ込むようになり、層雲や霧などが発生して日射が遮られて気温も低下し、日照不足や低温の状態が続くことがあります。そこから農作物の生育不良、そして霧が発生すれば視界が悪くなることも考えられ、交通障害などの視程不良害にも注意が必要になります。

南岸低気圧による大雪

　冬季から春先にかけて日本の南海上を低気圧が東から北東に進むと、太平洋側では降雪になることがあります。この低気圧を特に**南岸低気圧**とよび、特に関東地方ではこの南岸低気圧により大雪となり、交通機関に影響が出ることも珍しくはありません。

　右図のように本州の南を低気圧が進む場合、関東地方には低気圧に吹き込む北東風により寒気が入り込みやすくなります。このため地表面付近の気温が低下し、降雪となり、時には大雪となる場合があります。

　ただ、この南岸低気圧による関東地方の降雪予測は難しく、低気圧の位置や気温または湿度などのさまざまな状況により、雪になることもあれば雨になることもあり、場合によっては降水がないこともあります。また、雨と雪が混ざって降るものをみぞれといいますが、統計的な区分は雪に該当します。

第12章

注意報・警報

とても大切な注意報・警報

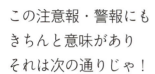

12-1 注意報・警報

注意報・警報の種類

　単純に注意報や警報といっても、その種類はさまざまです。ここではその注意報や警報にはどのような種類があるのかをお話しし、また、注意報や警報に関する注意点などについても、お話ししていくことにします。

　まず注意報には、**大雨注意報・大雪注意報・強風注意報・風雪注意報・雷注意報・濃霧注意報・乾燥注意報・霜注意報・雪崩注意報・融雪注意報・着雪注意報・着氷注意報・低温注意報**（以上の13種類を総称して**気象注意報**という）・**洪水注意報・波浪注意報・高潮注意報・津波注意報・地面現象注意報・浸水注意報**などがあります。ただ、このうち地面現象注意報や浸水注意報は、○○注意報・○○警報発表のように標題(題名)としては用いずに、その注意事項を、大雨注意報などの気象注意報の中に含めて発表します。

> 注意報には…
>
> 大雨・大雪・強風・風雪・雷・濃霧
> 乾燥・霜・雪崩・融雪・着雪・着氷
> 低温・洪水・波浪・高潮・津波
> 地面現象・浸水注意報などがある。
>
> (大雨・大雪・強風・風雪・雷・濃霧・乾燥・霜・雪崩・融雪・着雪・着氷・低温注意報を総称して気象注意報という。)

　そして、警報には、**大雨警報・大雪警報・暴風警報・暴風雪警報**（以上の4種類を総称して**気象警報**という）・**洪水警報・波浪警報・高潮警報・津波警報・地面現象警報・浸水警報**などがあります。ただし、このうち地面現象警報や浸水警報は、○○注意報・○○警報発表のように標題としては用いずに、その警報事項を、大雨警報などの気象警報の中に含めて発表します。

> 警報には…
>
> 大雨・大雪・暴風・暴風雪・洪水・
> 波浪・高潮・津波・地面現象・
> 浸水警報などがある。
>
> (大雨・大雪・暴風・暴風雪の4種類を総称して気象警報という。)

雷注意報

雷(落雷)により災害が発生するおそれがある場合に発表されます。この雷注意報の中には、積乱雲にともなう突風やひょう(降ひょう)、また急な強い雨(短時間強雨)への注意も含まれています。

濃霧注意報

ごく小さな水滴が地上付近の大気中に浮遊している現象で、視程(大気中の見通しのこと)が1km以上ならもや、1km未満なら霧とよび、さらに、その霧が濃くなり、視程が悪くなった状態のことを**濃霧**といいます(右図参照)。

濃霧により、交通機関などに著しい障害が発生するおそれがある場合に発表されるのが濃霧注意報であり、視程を基準に発表されます。

乾燥注意報

空気の乾燥(乾燥とは乾いている状態のことで、湿気や水分が少ない状態、湿度が低い状態と表す場合もある)により災害が発生するおそれがある場合に発表されるものであり、基本的には、最小湿度と実効湿度をもとに発表されます。

まず最小湿度とは、その名の通り、ある期間(通常は1日)の中でもっとも低い値を示した湿度(1日の中でもっ

とも低い値を示した湿度を、特に日最小湿度といいます)のことです。

次に実効湿度とは、火災に対して実際に効力のある湿度という意味で、木材のおおよその乾燥度合いを表す指数です。この実効湿度は、当日の平均湿度と前日の平均湿度を用いて計算されており、もっと細かく2日前や3日前の平均湿度を用いる場合もあります。

木材の乾燥は、主に空気の湿度に影響されます。一時的に湿度が低くなっても、木材の内部まで急激に乾燥することはなく、湿度の低い日が何日も続いて木材の内部まで乾燥し、はじめて燃えやすい状態になります。このことから実効湿度は、数日前からの湿度を考慮して計算されているのです。

霜注意報

霜とは、大気中の水蒸気が昇華(水蒸気から氷に変化すること)して、地面などに氷の結晶となり付着したものをいいます。霜により災害が発生するおそれがある場合に発表されるもので、具体的には、晩霜(晩春から初夏にかけての霜)や早霜(秋の季節はずれに早い霜)などによって農作物に著しい被害が予想されるときに発表されるものです。

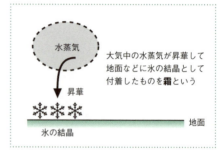

この霜は簡単にいうと、地面などに氷が付着したものですから、例えば地面でいうと、地面の温度が0度以下になれば、この霜は発生しやすくなります。

気温は一般に、地面から1.5mの高さで観測しており、単純に気温というとその1.5mの高さの気温のことです。

夜間に放射冷却(地面から熱が放出され、地面や地面付近の空気の温度が下がること)がおこると、右図のようにその1.5mの高さの

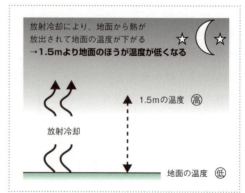

気温よりも、地面の温度のほうが相対的に低くなります。

そして、1.5mの高さの気温が2〜3度になると、地面の温度は0度以下になっていて、霜が降りることも考えられます。

天気予報などで発表される気温は、その1.5mの高さの気温ですので注意が必要です。つまり天気予報などで、朝の最低気温が2〜3度と予想されるときは、地面付近は0度以下になっていて霜が降りることも考えられます。

雪崩注意報

雪崩により災害の発生するおそれがある場合に発表されるもので、24時間降雪量や、現在の積雪の深さと気温または降水量などを基準にして発表されます。

融雪注意報

融雪(雪：積雪が融けること)により、災害が発生するおそれがある場合に発表され、具体的には、その融雪による洪水や浸水、土砂災害などの災害の発生が予想される場合に発表されます。

●融雪注意報

融雪（雪が融けること）により災害が発生するおそれがある場合に発表
（具体的には、融雪による洪水や浸水、土砂災害などの災害発生が予想される場合に発表）

この融雪注意報は、日本海側などの降雪地帯のみ発表されるもので、平均気温や24時間降水量などが発表の基準となります。

着雪・着氷注意報

著しい着雪(雪が付着すること)や著しい着氷(過冷却水滴が凍結したり水蒸気が昇華したりすること)により、災害が発生するおそれがある場合に、それぞれ**着雪注意報**と**着氷注意報**は発表され、具体的には、通信線や送電線、船体などへの被害が発生するおそれがある場合に発表されます。

第12章 ● 注意報・警報　363

日本海側などの降雪地帯では、気温と降雪の強さから着雪注意報が、水温と気温・風速などを基準に着氷注意報が発表されます。それ以外の地域は、大雪に関する注意報や警報の発表と、気温などを基準に発表されます。

低温注意報

低温により災害が発生するおそれがある場合に発表されるもので、具体的には、その低温により、農作物や冬季の水道管凍結や破裂などの被害が予想される場合に発表されます。

> **●低温注意報**
>
> 低温により、災害が発生するおそれがある場合に発表
> 　（具体的には、低温による農作物や冬季の水道管凍結や破裂などの被害が予想される場合に発表）

また、この低温注意報は地域ごとの差だけではなく、夏季は平均気温、冬季は最低気温が基準になるなど、夏季と冬季でも、その基準が異なっている地域があります。

大雨注意報・警報

大雨により災害が発生するおそれがある場合(大雨注意報)や、重大な災害が発生するおそれがある場合(大雨警報)に発表されます。ここでいう災害や重大な災害とは、詳しくは土砂災害や浸水などのことで、雨が止んだ後も、その土砂災害や浸水などの発生するおそれが残る場合には大雨注意報や大雨警報の発表はしばらく継続されます。

この大雨注意報や大雨警報は、いずれも**表面雨量指数**と**土壌雨量指数**を基準に発表されています。

> **●大雨注意報・警報の発表基準**
>
> **表面雨量指数**
> **土壌雨量指数** を基準に発表

まず表面雨量指数とは、短時間の強雨による浸水の危険度の高まりを把握するための指標のことです。降った雨が地中に浸み込みやすい山地や水はけのよい傾斜地では、雨水が溜まりにくいという特徴がありますが、地表面の多くがアスファルトで覆われている都市部では、雨水が地中に浸み込みにくく地表面に溜まりやすいという特徴があります。表面雨量指数は、こうした

地面の状況や地質、地形の勾配などを考慮して、降った雨が地表面にどれだけ溜まっているかを数値化したものです。

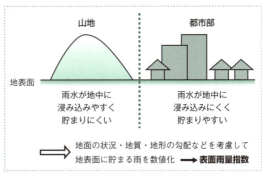

続いて土壌雨量指数についてお話しします。土砂災害の発生する危険性は、降った雨が地中(土壌中)の水分としてたまっている量(土壌水分量)が多いほど高いことが知られています。つまり土壌雨量指数とは、降った雨がどのくらい地中にたまっているかを示す指数のことで、土砂災害発生の危険性を示す指標(判断する目印)のことなのです。

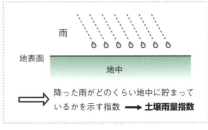

現在、大雨警報については大雨警報(浸水害)と大雨警報(土砂災害)に分かれていて、大雨警報(浸水害)は表面雨量指数、大雨警報(土砂災害)については土壌雨量指数を基準に発表されています。

洪水注意報・洪水警報

湛水型の内水氾濫は流域雨量指数と表面雨量指数を複合し洪水注意報・警報を発表しています。

洪水による災害が発生するおそれがある場合(洪水注意報)や重大な災害が発生するおそれがある場合(洪水警報)に発表されます。

この洪水注意報・警報は、いずれも**流域雨量指数**を基準に発表されています。

●**洪水注意報・警報の発表基準**

流域雨量指数 を基準に発表

この流域雨量指数とは、簡単にいうと、河川の流域(河川の流れに沿う地域)で降った雨がどれだけ下流(川の流れていく方向)の地域に影響を与えるかを指数化した、洪水による災害発生の危険性を示す指標のことです。

この流域雨量指数は、解析雨量や降水短時間予報などの雨量データから、**流出過程**と**流下過程**を求めて計算されています。

流出過程とは、降った雨がどのくらい河川に流れこむか、その量を推定す

るものであり、流下過程とは、先ほどの流出過程により求められた、降った雨がどのくらい河川に流れこむかという推定量から、その流れこんだ雨水により、どのくらいその河川の流れが速くなるのかを推定したものです。

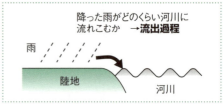

このように流出過程と流下過程の2つの要素を求めることで、流域雨量指数が求められており、現在は、洪水注意報・警報に役立てられています。

今までお話ししてきた洪水注意報や洪水警報は、詳しくいうと、気象庁が単独で発表するものであり、天気予報などでよく聞く洪水注意報や洪水警報がそれにあてはまります。

その気象庁が単独で発表する洪水注意報や洪水警報とは、対象となる地域の中で、特に河川を指定せずに、不特定の河川における洪水による災害、または重大な災害が発生するおそれがある場合に発

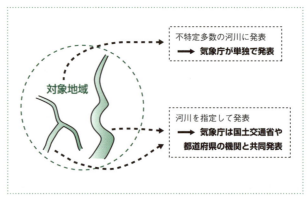

表されるものです。また、不特定の河川ではなくて、例えば利根川など、あらかじめ指定された河川(国土交通大臣や都道府県知事が指定した流域面積の大きな河川で、洪水により相当な被害が発生するおそれがある河川)の場合は、気象庁は国土交通省や都道府県の機関と共同して、**指定河川洪水予報**を別に実施しています(上図参照)。

指定河川洪水予報には、**氾濫注意情報**という**指定河川洪水注意報**(単に洪水注意報とも表記)に相当するものと、**氾濫警戒情報・氾濫危険情報・氾濫**

発生情報という**指定河川洪水警報**(単に洪水警報とも表記)に相当するものがあります。

いずれも発表される際には、〇〇川氾濫注意情報や、〇〇川氾濫警戒情報のように、その対象となる河川名をつけた標題(題名)として発表され、水位(水面の高さ)や流量(水の流れる量)の情報も示されています(気象庁が単独で発表する洪水注意報や洪水警報は河川を特定しないために、水位や流量の情報は示されていません)。

大雪注意報・大雪警報

大雪により災害が発生するおそれがある場合(**大雪注意報**)や、重大な災害が発生するおそれがある場合(**大雪警報**)に発表されるもので、24時間降雪量などが、その発表の基準となります。

強風注意報・風雪注意報・暴風警報・暴風雪警報

強風により災害が発生するおそれがある場合に発表されるもので、詳しくは地域により異なりますが、平均風速がおおむね(だいたい)10m/sを超えるような場合に発表されます。

そして、その**強風注意報**が発表されるような状況(強風により災害が発生するおそれがある場合で、詳しくは地域により異なりますが、平均風速がおおむね10m/sを超えるような場合)で、さらに雪を伴うような場合は、**風雪注意報**が発表されます。

つまり、風雪注意報は強風注意報が発表されるような状況で、さらに雪を

伴うような場合に発表されるので、風雪注意報の中に強風注意報の注意事項も含まれているため、風雪注意報と強風注意報が同時に発表されることはありません。

暴風警報とは、暴風により重大な災害が発生するおそれがある場合に発表されるもので、詳しくは地域により異なりますが、平均風速がおおむね20m/sを超えるような場合に発表されます。

```
┌─────────────────────────────────────────┐
│ 暴風により、重大な災害が発生するおそれがある場合  │
│ ※詳しくは地域により異なるが、平均風速が          │
│     おおむね20m/sを超えるような場合              │
│                                          │
│   ───▶    暴風警報が発表される                 │
└─────────────────────────────────────────┘
     │
     ▼    その状況で、さらに雪を伴うような場合

   暴風雪警報が発表される
```

そして、その暴風警報が発表されるような状況（暴風により重大な災害が発生するおそれがある場合で、地域により異なりますが、平均風速がおおむね20m/sを超えるような場合）で、さらに雪を伴うような場合は、暴風雪警報が発表されます。

つまり、暴風雪警報は暴風警報が発表されるような状況で、さらに雪を伴うような場合に発表されるので、暴風雪警報の中に暴風警報の警報事項も含まれているため、暴風雪警報と暴風警報が同時に発表されることはありません。

また、風雪注意報にしても暴風雪警報にしても、大雪に対する注意や警報事項は、その中に含まれていないため、風雪注意報や暴風雪警報が発表されていて、さらに大雪に対する注意や警報事項がある場合は、風雪注意報や暴風雪警報とはまた別に、大雪注意報や大雪警報が発表されることになります。

波浪注意報と波浪警報

高波（風浪・うねり）により、災害が発生するおそれがある場合（波浪注意報）や、重大な災害が発生するおそれがある場合（波浪警報）に発表されます。この波浪注意報や波浪警報は、波の高さが、その基準に達すると予想される場合に発表されるもので、ここでの波の高さとは、詳しくは、有義波高（有義波高については第2章の第1節の中の波浪の観測の内容を参照のこと）のことです。

高潮注意報と高潮警報

　高潮とは、海面の高さ(潮位)が異常に上昇する現象のことをいいます。この高潮には色々と発生要因がありますが、例えば、台風の接近による吸い上げ効果(高潮の発生要因や吸い上げ効果については第2章の第2節の中の潮位と高潮の内容を参照のこと)により異常に海面の高さが上昇して、災害が発生するおそれがある場合には **高潮注意報**、重大な災害が発生するおそれがある場合には **高潮警報** が発表されます。潮位がその基準に達すると予想される場合に発表されるものです。

　潮位とは、ある基準面からの海面の高さのことで、ある基準面とは、東京湾の平均的な海面高度(**東京湾平均海水面** ともいい、記号で **TP** と表すこともできる)のことです。

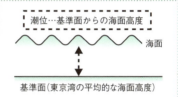

津波注意報と津波警報

　海底で地震が発生すると、海底が持ち上がったり下がったりし、その海底の動きに合わせて、海面も上下することになります。

　この海面の動きが、四方八方に広がることが津波で、この津波により災害の発生が予想される場合に、**津波注意報** や **津波警報**(津波警報には、津波警報・大津波警報がある)が発表されます。

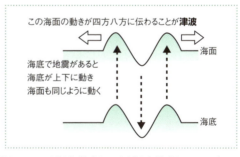

地面現象注意報と地面現象警報

　地面現象とは、簡単にいうと山崩れや地すべりなどのことです。つまり、この **地面現象注意報・警報** は、大雨などにより、山崩れや地すべりなどの災

第12章　● 注意報・警報　　369

害が発生するおそれがある場合(地面現象注意報)や、重大な災害が発生するおそれがある場合(地面現象警報)に発表されます。ただし、この地面現象注意報と地面現象警報は、○○注意報・警報発表のように標題

(題名)としては用いずに、気象警報や気象注意報に含めて発表されます(詳しくはその原因となる現象により、大雨・大雪注意報・警報、または雪崩・融雪注意報のどれかに含めて発表されます)。

浸水注意報と浸水警報

浸水注意報・警報は、浸水(水にひたったり水が入りこむこと)により災害が発生するおそれがある場合(浸水注意報)や重大な災害が発生するおそれがある場合(浸水警報)に発表されます。

ただし、大雨などにより河川が氾濫して低い土地が浸水し、災害の発生が予想される場合は洪水注意報・警報が発表され、高潮や津波により海岸(陸地と海が接する地域)付近の低い土地が浸水し、災害の発生が予想される場合は、高潮や津波の注意報や警報が発表されます。これ以外(河川氾濫・高潮・津波以外)の理由で、浸水による災害の発生が予想される場合のみ、浸水注意報や浸水警報が発表さ

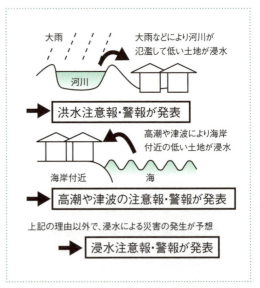

れます。ただし、この浸水注意報と浸水警報は、○○注意報・警報発表のように標題(題名)としては用いずに、気象警報や気象注意報に含めて発表されます(詳しくはその原因となる現象により、大雨注意報・警報、または融雪注意報のどれかに含めて発表されます)。

特別警報

特別警報とは、警報の発表基準をはるかに超えるような大雨や高潮などの現象に対して発表されます。

特別警報の種類と基準

特別警報の発表基準は、地域の災害対策を担う都道府県知事および市町村長の意見を聴いて決めています。

特別警報の発表種類や基準は以下の通りです。

特別警報の種類と基準

現象の種類	基準	
大雨	台風や集中豪雨により数十年に一度の降雨量となる大雨が予想される場合	
暴風	数十年に一度の強度の台風や同程度の温帯低気圧により	暴風が吹くと予想される場合
高潮		高潮になると予想される場合
波浪		高波になると予想される場合
暴風雪	数十年に一度の強度の台風と同程度の温帯低気圧により雪を伴う暴風が吹くと予想される場合	
大雪	数十年に一度の降雪量となる大雪が予想される場合	

（気象庁提供）

◎雨を要因とする特別警報の指標

・大雨特別警報（土砂災害）の場合

過去に多大な被害をもたらした現象に相当する土壌雨量指数の基準値を地域ごとに設定します。そして、この基準値以上となる1km格子の領域がおおむね10個以上まとまって出現すると予想される状況で、さらに激しい雨が降り続くと予想される市町村などに大雨特別警報（土砂災害）が発表されます。

・大雨特別警報（浸水害）の場合

過去に多大な被害をもたらした現象に相当する表面雨量指数および流域雨

量指数の基準値を地域ごとに設定します。そして、次の①または②の条件を満たすことが予想される状況で、さらに激しい雨が降り続くと予想される市町村などに大雨特別警報(浸水害)が発表されます。
①表面雨量指数が基準値以上となる1km格子がおおむね30個以上まとまって出現する。
②流域雨量指数が基準値以上となる1km格子がおおむね20個以上まとまって出現する。

◎台風などを要因とする特別警報の指標

　伊勢湾台風に匹敵(中心気圧930hPa以下または最大風速50m/s以上)するくらいの台風や同程度の強さの温帯低気圧が来襲する場合に、特別警報が発表されます。ただし、沖縄地方、奄美地方および小笠原諸島については、中心気圧910hPa以下または最大風速60m/s以上とします。
　台風については、指標となる中心気圧又は最大風速を保ったまま、中心が接近や通過すると予想される地域(台風の進路予報を示す予報円がかかる地域)における暴風・高潮・波浪の警報を特別警報として発表されます。
　温帯低気圧については、指標となる最大風速と同程度の風速が予想される地域における暴風(雪を伴う場合は暴風雪)・高潮・波浪の警報を、特別警報として発表されます。

◎雪を要因とする特別警報の指標

　府県程度(都道府県ひとつ程度の大きさ)の広がりをもち、そして50年に1度の積雪深(積雪の深さ)となり、そのあとも警報級の降雪が丸1日程度以上続くと予想される場合に大雪特別警報を発表します。
　このように特別警報には種類があり、このうち気象特別警報といわれたら、それは大雨・大雪・暴風・暴風雪特別警報の4種類のことをさしています。

早期注意情報（警報級の可能性）

　警報級の現象が5日先までに予想されているときには、その可能性を**早期注意情報（警報級の可能性）**として「高」「中」の2段階で発表しています。

> **早期注意情報（警報級の可能性）**
> 警報級の現象が5日先までに予想されている場合、可能性を「高」「中」の2段階で発表する情報

　翌日までの早期注意情報に関しては、定時の天気予報の発表（毎日5時、11時、17時）に合わせて、天気予報の対象地域と同じ発表単位（○○県南部などの1次細分区域）で発表しています。また、2日先から5日先までに発表される早期注意情報は、週間天気予報の発表（毎日11時、17時）に合わせて、週間天気予報の対象地域と同じ発表単位（○○県などの府県予報区）で発表しています。また早期注意情報は、大雨、暴風（暴風雪）、大雪、波浪、高潮を対象に発表しています。

5日先までの早期注意情報（警報級の可能性）　　　　（気象庁引用　巻末資料集P391参照）

○○県南部の早期注意情報（警報級の可能性）
　南部では、4日までの期間内に、暴風、波浪、高潮警報を発表する可能性が高い。また、4日明け方までの期間内に、大雨警報を発表する可能性がある。

翌日まで
前日の夕方の段階で、必ずしも可能性は高くないものの、夜間～翌日早朝までの間に警報級の大雨となる可能性もあることが分かる！

翌日まで
・天気予報と合わせて発表
・時間帯を区切って表示

2日先～5日先まで
・週間天気予報と合わせて発表
・日単位で表示

○○県南部	3日	4日				5日	6日	7日	8日
警報級の可能性	18-24	00-06	06-12	12-18	18-24				
大雨	→ [中]	[中]	—			—	—	[中]	—
暴風	—	[高]				—	[中]	[高]	
波浪	—	[高]				—	[中]	[高]	
高潮	—	[高]				—	[中]	[高]	—

[高]：警報を発表中、又は、警報を発表するような現象発生の可能性が高い状況です。明日までの警報級の可能性が[高]とされているときは、危険度が高まる詳細な時間帯を気象警報・注意報で確認してください。

[中]：[高]ほど可能性は高くありませんが、命に危険を及ぼすような警報級の現象となりうることを表しています。明日までの警報級の可能性が[中]とされているときは、深夜などの警報発表も想定して心構えを高めてください。

※警戒レベルとの関係
　早期注意情報（警報級の可能性）＊・・・【警戒レベル1】
　＊大雨、高潮に関して、[高]又は[中]が予想されている場合。

2日先～5日先まで
数日先の荒天について可能性を把握することができる！

第1節　注意報・警報

第12章 ● 注意報・警報　373

注意報・警報の基準は地域ごとに異なる

またタ火山噴火や強い地震の後は災害の起きやすさが変わってくるため一時的（暫定的）に注意報や警報の基準を低くすることもあるぞぃ

強い地震の後って少しの雨でも土砂災害とか起きるもんね

そしてこの注意報や警報が発表されるとその効力はそれが解除されるか、または新たな注意報や警報に切り替わるまで継続されるものなのじゃ

☆注意報や警報は解除されるか新たな注意報や警報に切り替わるまで効力は継続する

へぇーそうなんだ

例えばある地域で大雨注意報が発表されていたとする

しばらくすると同じ地域で強風注意報に切り替わるとする。この時点で大雨注意報は効力がなくなったことになるのじゃ！

そっかどんどん切り替わっていくんだね

そしてまたしばらくして強風注意報が解除されたとする。この時点で強風注意報もその効力がなくなったことになる

では詳しくお話していこうかの

ラストがんばるよ！

12-2 注意報・警報の注意点

全般・地方海上警報

　船舶の安全を支援する警報として**全般海上警報**と**地方海上警報**があります。この2つの警報の違いは、発表の対象となる地域です。まず、全般海上警報は全般海上予報区（北緯0度〜60度・東経100度〜180度の海域）を対象として発表されており、地方海上警報は、地方海上予報区という日本の海岸線（陸地と海の境界線）から、300海里（約600km）以内の海域を対象として発表されています（地方海上予報区は12予報区からなる）。

　全般海上警報や地方海上警報で発表される海上警報にはいろいろとありますが、右図のような種類が代表的で、右図に紹介した海上警報は、いずれも、現在そのような状況にあるか、または今後24時間以内に、そのような状況になると予想される場合に発表されます。

警報名	記号	内容
海上風警報	[W]	風速が28kt（13.9m/s）以上34kt（17.2m/s）未満の状態。または24時間以内にその状態になると予想される場合。
海上濃霧警報	FOG [W]	視程がおおむね500m（0.3海里）以下の状態。または24時間以内にその状態になると予想される場合。※瀬戸内海では1km（0.5海里）以下。
海上強風警報	[GW]	風速が34kt（17.2m/s）以上48kt（24.5m/s）未満の状態。または24時間以内にその状態になると予想される場合。
海上暴風警報	[SW]	台風の場合、風速が48kt（24.5m/s）以上64kt（32.7m/s）未満の状態。または24時間以内にその状態になると予想される場合。温帯低気圧の場合、風速が48kt（24.5m/s）以上の状態。または24時間以内にその状態になると予想される場合。
海上台風警報	[TW]	台風により、風速が64kt（32.7m/s）以上の状態。または24時間以内にその状態になると予想される場合。

水防警報と火災警報

　水防警報は、国土交通大臣が、洪水または高潮により、国民の経済上、重

大な損害を生ずるおそれがあると認めて指定した河川、湖沼(湖と沼)または海岸については、国土交通大臣が、水防警報をしなければなりません。

また都道府県知事は、上記の国土交通大臣が指定した河川、湖沼または海岸以外で、洪水または高潮により相当な損害を生ずるおそれがあると認めて指定した河川、湖沼または海岸について、水防警報をしなければなりません。

```
国土交通大臣が、洪水または高潮により、国民の経
済上、重大な損害を生ずるおそれがあると認めて指定
した河川、湖沼または海岸
    → 国土交通大臣が水防警報を発表

国土交通大臣が指定した河川、湖沼または海岸以外で、
洪水または高潮により、国民の経済上重大な損害を生ずる
おそれがあると認めて指定した河川、湖沼または海岸
    → 都道府県知事が水防警報を発表
```

次に、**火災警報**がどのように発表されるのかについてお話しします。まず、気象庁長官、管区気象台長、沖縄気象台長、地方気象台長または測候所長は、気象の状況が火災の予防上危険であると認めるときは、その状況を直ちに、都道府県知事に通報しなければなりません。

そして、その通報を受けた都道府県知事は、直ちに市町村長に通報しなければならず、市町村長は、その通報を受けた場合や、または自ら気象の状況が火災の予防上危険であると認めるときは、火災警報を発表することができます。

火災警報が発表されたときは、その火災警報が解除されるまで、その区域にいる人は、条例で定められた火の使用の制限に従わなければいけません。

気象情報

気象情報とは、気象の予報などについて、一般および関係機関に対して発表する情報のことで、注意報や警報の代わりにはなりませんが、注意報や警報と有機的(お互いがかかわりあいながら全体を形作ること)に結合して、防災的に大きな情報とすることができます。具体的にこの気象情報には、予告的な機能と補完的な機能があります。予告的な機能とは、注意報や警報の発表基準に達すると思われる現象が予想されるときに、その注意報や警報

の発表前にこのような状況を、防災機関や国民に知らせておくことが適切であろうと判断されるときに発表することです。補完的な機能とは、注意報や警報が発表された後に、それらには十分に記述できなかった現象・量・時刻・地域に関する実況や今後の推移、防災上の記述などについて具体的に解説し、警戒をよびかける機能のことです。

この気象情報は発表する地域から3種類に分けることができます。全国（全国予報区）を対象とした**全般気象情報**、東北地方や九州南部地方など、全国を11の区域に分けた地方（地方予報区）を対象とした**地方気象情報**、簡単にいうと、都道府県ごと（府県予報区）を対象とした**府県気象情報**があります。

土砂災害警戒情報

土砂災害警戒情報とは、大雨警報（土砂災害）発表後に、その大雨により土砂災害の危険度が高まったときに都道府県と気象庁が共同で市町村ごとに発表する防災情報のことです。市町村ごとに発表することで、市町村長の避難指示や住民の自主避難の判断などに利用できることを目的としています。

記録的短時間大雨情報 ※雨量基準は、1時間雨量の歴代1位または2位の記録を参考におおむね府県予報区ごとに決めています。

記録的短時間大雨情報は、大雨警報発表中に数年に1度程度しか発生しないような1時間雨量※を雨量計で観測したり、気象レーダーと地上の雨量計のデータを組み合わせて解析し、さらにキキクルの危険（紫）が出現している場合に発表される情報です。

地上の雨量計で記録的短時間大雨情報を観測した場合の発表については、右図のように観測した地点名が明確であり、1時間雨量が1mm単位で観測されるなどその値も正確です。

> **地上の雨量計の観測による発表例**
> 熊本県記録的短時間大雨情報　第3号
> 平成28年6月21日00時01分　熊本地方気象台発表
> 　23時50分熊本県で記録的短時間大雨
> 　山都町原で115ミリ

一方、気象レーダーと地上の雨量計を組み合わせた解析による発表につい

ては推定値であるため、右図のように地点名は○○付近と表示され、1時間雨量も10mm単位でおよそ(約)の値となっています。

気象レーダーと地上の雨量計の観測を組み合わせた解析による発表例

長崎県記録的短時間大雨情報　第2号
平成28年6月20日23時02分　長崎地方気象台発表

22時30分長崎県で記録的短時間大雨
南島原市付近で約110ミリ

キキクル(危険度分布)

◎土砂キキクル(大雨警報(土砂災害)の危険度分布)

土砂キキクル(大雨警報(土砂災害)の危険度分布)は、大雨による土砂災害発生の危険度の高まりを、地図上で1km四方の領域ごとに5段階に色分けして示す情報です。10分毎に更新しており、土砂災害警戒情報や大雨警報(土砂災害)などが発表されたときに、大雨警報(土砂災害)の危険度分布により、どこで危険度が高まっているかを把握することができます。

避難にかかる時間を考慮して、危険度の判定には2時間先までの雨量および土壌雨量指数の予測値を用いています。

◎浸水キキクル(大雨警報(浸水害)の危険度分布)

浸水キキクル(大雨警報(浸水害)の危険度分布)は、大雨警報(浸水害)を補足する情報です。短時間強雨による浸水害発生の危険度の高まりの予測を示しており、大雨警報(浸水害)などが発表されたときに、どこで危険度が高まるかを地図上で面的に確認することができます。表面雨量指数の実況値や1時間先までの予測値が大雨警報(浸水害)等の基準値に到達したかどうかで、危険度を5段階に判定し、色分け表示しています。

◎洪水キキクル(洪水警報の危険度分布)

洪水キキクル(洪水警報の危険度分布)では、大雨による中小河川の洪水災害発生の危険度の高まりを5段階に色分けして地図上に表示しています。危険度の判定には3時間先までの流域雨量指数の予測値を用いており、中小河川の特徴である急激な増水による危険度の高まりを事前に確認することが

第12章 ● 注意報・警報　379

第2節　注意報・警報の注意点

できます。

防災気象情報と警戒レベルとの対応について

　内閣府（防災担当）により「避難勧告などに関するガイドライン」が平成31年3月に改定されました。これによると住民は「自らの命は自らが守る」意識を持ち、自らの判断で避難行動をとるとの方針が示されました。

　この方針に沿って気象庁などから発表される防災情報を用いて、住民がとるべき行動を直感的に理解しやすくなるように5段階の警戒レベルを明記し、防災情報が提供されることとなりました。防災気象情報をもとにとるべき行動と相当する警戒レベルについて、下の表にまとめておきます。

防災気象情報をもとにとるべき行動と相当する警戒レベルについて

（気象庁提供）

情報	取るべき行動	警戒レベル
・大雨特別警報 ・氾濫発生情報 ・キキクル「災害切迫（黒）」	地元の自治体が警戒レベル5緊急安全確保を発令する判断材料となる情報です。災害が発生又は切迫していることを示す警戒レベル5に相当します。何らかの災害がすでに発生している可能性が極めて高い状況となっています。命の危険が迫っているため直ちに身の安全を確保してください。	警戒レベル 5相当
・土砂災害警戒情報 ・高潮特別警報 ・高潮警報 ・氾濫危険情報 ・キキクル「危険（紫）」	地元の自治体が警戒レベル4避難指示を発令する目安となる情報です。危険な場所からの避難が必要とされる警戒レベル4に相当します。災害が想定されている区域等では、自治体からの避難指示の発令に留意するとともに、避難指示が発令されていなくてもキキクル（危険度分布）や河川の水位情報等を用いて自ら避難の判断をしてください。	警戒レベル 4相当
・大雨警報（土砂災害）　・洪水警報 ・高潮注意報（警報に切り替える可能性が非常に高い旨に言及されているもの） ・氾濫警戒情報 ・キキクル「警戒（赤）」	地元の自治体が警戒レベル3高齢者等避難を発令する目安となる情報です。高齢者等は危険な場所からの避難が必要とされる警戒レベル3に相当します。災害が想定されている区域等では、自治体からの高齢者等避難の発令に留意するとともに、高齢者等以外の方もキキクル（危険度分布）や河川の水位情報等を用いて避難の準備をしたり自ら避難の判断をしたりしてください。	警戒レベル 3相当
・氾濫注意情報 ・キキクル「注意（黄）」	避難行動の確認が必要とされる警戒レベル2に相当します。ハザードマップ等により、災害が想定されている区域や避難先、避難経路を確認してください。	警戒レベル 2相当
・大雨注意報　・洪水注意報 ・高潮注意報（警報に切り替える可能性に言及されていないもの）	避難行動の確認が必要とされる警戒レベル2です。ハザードマップ等により、災害が想定されている区域や避難先、避難経路を確認してください。	警戒レベル2
・早期注意情報（警戒級の可能性） 注：大雨、高潮に関して、[高]または[中]が予想されている場合	災害への心がまえを高める必要があることを示す警戒レベル1です。最新の防災気象情報等に留意するなど、災害への心がまえを高めてください。	警戒レベル1

さくいん

あ

アネロイド気圧計	40
雨	32
アメダスの4要素	49
あられ	33
暗域	124
アンサンブル平均	325
アンサンブルメンバー	324
異常伝搬	188
一次細分区域	291
一カ月予報	299
一致率	313
ウィンドプロファイラ	183
渦度	275
雲形別雲量	28
雲頂強調画像	127
雲底高度	76
雲量	26
衛星画像	92
エコー頂高度	175
沿岸波浪図	58
沿岸波浪24時間予想図	59
エンセルエコー・CAE	173
鉛直P速度	263
鉛直方向の気圧傾度力	252
塩風害	347
煙霧	35
応用プロダクトの作成	217
大雨警報	360
大雨注意報	360、364
大雨特別警報	364、371
大雪警報	360、367
大雪注意報	360、367
遅霜	362
オゾンゾンデ観測	86
オホーツク海高気圧	355
オメガ方程式	275

か

海上気象観測	54
外水氾濫	346
解析	224
解析雨量	192
解析雨量図	192
解析値	220
解像度	93
回転式日照形	48
海面エコー	172
海面気圧	13
海面更正	14
海面高度	68
海面水温	54
確率予報	296、327
がけ崩れ	344
可降水量	103
量	36
火災警報	376
可視画像	98
可視光線	106
可照時間	48
河川の氾濫	344
滑走路視距離	76
カテゴリー予報	304
かなとこ雲	132
雷監視システム（LIDEN：ライデン）	50
雷注意報	360、361
雷ナウキャスト	195
空振り率	305
カルマン渦	133
カルマン渦列	133
カルマンフィルター	288
乾いた雪	37
感雨器	50
乾球温度	44
乾球温度計	43
寒候期予報	299
乾湿湿度計	43
乾燥注意報	360、361
乾風害	347
気圧傾度力	266
気圧座標系	265
気象警報	360
気象情報	377
気象台	50
気象注意報	360
気象庁風力階級	23

気象特別警報	372
気象ドップラーレーダー	176
気象レーダー方程式	149
季節アンサンブル予報モデル	245
季節予報	290
基礎方程式	215
輝度温度	110、113
基本方程式	215
客観解析	213
協定世界時（記号：UTC）	12
強風	346
強風注意報	360、367
極軌道衛星	94
局地モデル	202、240
霧	34
霧雨	32
記録的短時間大雨情報	378
クーラン条件	233
屈折	65
雲画像	92
クラウドリーフ	140
系統的誤差	282
警報級の可能性	373
決定論的予報	324
圏界面	81
現地気圧	13
高温注意情報	300
高解像度降水ナウキャスト	206
黄砂	35、137
高指数	334
格子点法	235
格子点モデル	235
洪水	345
降水エコー	172
降水確率	296
洪水キキクル	379
降水強度	150
洪水警報	360、365
降水短時間予報	193
洪水注意報	360、365
降水ナウキャスト	205

さくいん　381

降水量 ……… 29
高度座標系 ……… 265
降灰 ……… 35
降ひょう ……… 352
後方散乱 ……… 164
後方散乱断面積 ……… 164
コスト ……… 320
コスト・ロス ……… 320
コリオリ力 ……… 266

さ

最高・最低気温分布予報 ……… 300
最高温度 ……… 42
最盛期 ……… 140
最大瞬間風速 ……… 18
最大波高 ……… 56
最短視程 ……… 37
最低気温 ……… 42
砕波 ……… 68
細氷 ……… 33
砂じん嵐 ……… 35
サブグリッドスケール現象 ……… 270
三角波 ……… 67
山岳波 ……… 131
山岳波抵抗 ……… 273
三カ月予報 ……… 299
サングリント ……… 135
三次元変分法 ……… 225、241
シークラッター ……… 172
シーロメーター ……… 76
潮目 ……… 136
時間積分 ……… 215
じすべり ……… 344
湿球温度 ……… 44
湿球温度計 ……… 43
指定河川洪水警報 ……… 367
指定河川洪水注意報 ……… 366
指定気圧面 ……… 80
時定数 ……… 42
視程不良害 ……… 351
シビア現象 ……… 352
地ふぶき ……… 34
地面現象警報 ……… 360、369
地面現象注意報 ……… 360、369

霜 ……… 34
霜注意報 ……… 360、362
霜柱 ……… 34
週間天気予報 ……… 290
周期 ……… 55
自由大気 ……… 271
重力波抵抗 ……… 273
重力波ドラッグ ……… 273
浸水キキクル ……… 379
浸水警報 ……… 360、370
浸水注意報 ……… 360、370
振動式気圧計 ……… 40
吸い上げ効果 ……… 69
水銀気圧計（フォルタン型） ……… 40
衰弱期 ……… 140
水蒸気画像 ……… 120
水蒸気吸収帯 ……… 120
吹走距離 ……… 62
吹走時間 ……… 63
水防警報 ……… 376
数値波浪モデル ……… 73
数値予報 ……… 212
スキル ……… 326
ステファン・ボルツマンの法則 ……… 107
スプレッド ……… 326
スプレッドとスキルの関係 ……… 326
スペクトル法 ……… 235
スペクトルモデル ……… 235
スレットスコア ……… 305
静穏 ……… 21
静水圧平衡 ……… 250
晴天エコー ……… 173
正の相関 ……… 259
正偏差 ……… 333
西谷 ……… 336
西谷の流れ ……… 336
静力学平衡 ……… 250
積雲対流 ……… 273
赤外画像 ……… 106
赤外線 ……… 106
赤外放射 ……… 270
静止気象衛星 ……… 92
積乱雲 ……… 352
接線速度 ……… 182

説明変数 ……… 280
全雲量 ……… 26
浅海効果 ……… 63
全球アンサンブル予報モデル ……… 244
全球モデル ……… 235,238
線形 ……… 288
先行降雨 ……… 344
浅水変形 ……… 65
全天日射量 ……… 15
潜熱 ……… 43
全般海上警報 ……… 376
全般気象情報 ……… 378
全般季節予報 ……… 299
全般週間天気予報 ……… 297
前方散乱 ……… 164
早期注意情報 ……… 373
早期天候情報 ……… 339
層厚 ……… 332
相当温位 ……… 124
相当黒体温度 ……… 112
ゾーナルインデックス ……… 333

た

第一推定値 ……… 220
大気海洋結合モデル ……… 246
大気境界層 ……… 271
大気光象 ……… 36
大気じん象 ……… 35
大気水象 ……… 32
大気電気象 ……… 36
大気のカオス的性質 ……… 244
大気の窓領域 ……… 116
大規模降水 ……… 273
帯状対流雲 ……… 133
対地雷 ……… 50
対地放電 ……… 88
タイムステップ ……… 233
太陽電池式日照計 ……… 48
太陽放射 ……… 106、270
対流海面 ……… 81
対流不安定成層 ……… 125
ダウンバースト ……… 207
高い地ふぶき ……… 34
高潮 ……… 68
高潮警報 ……… 369

高潮注意報 ………… 360、369	等圧線 ……………………… 14	**は**
卓越視程 …………………… 76	凍雨 ………………………… 33	
竜巻注意情報 …………… 207	等価黒体温度 …………… 112	バイアス ………… 282、316
竜巻発生確率ナウキャスト	東京湾平均海面 …………… 68	バイアススコア ………… 307
………………………… 195	東京湾平均海面 ………… 369	波向 ………………………… 54
短期予報 ………………… 290	動径速度 ………………… 180	波高 ………………………… 55
暖候期予報 ……………… 299	東西指数 ………………… 333	波状雲 …………………… 130
短時間強雨 ……………… 352	東西流型 ………………… 334	パターンマッチング …… 200
短波放射 ………………… 270	等波高線 …………………… 58	8分雲量 …………………… 28
地域確率 ………………… 296	東谷 ……………………… 336	波長 ………………………… 55
地域時系列予報 … 290、292	東谷の流れ ……………… 336	白金抵抗温度計 …………… 41
地球放射 ………………… 270	特別警報 ………………… 371	発生期 …………………… 140
地形エコー ……………… 172	特別地域気象観測所 …… 49	発達期 …………………… 140
地形性巻雲 ……………… 130	土砂キキクル …………… 379	早霜 ……………………… 362
地上実況気象通報式 …… 27	土砂災害 ………………… 344	パラメタリゼーション …… 270
地点確率 ………………… 296	土砂災害警戒情報 ……… 378	バルジ …………………… 140
地方海上警報 …………… 376	土砂災害の危険度分布 … 379	波浪 ………………………… 54
地方気象情報 …………… 378	土壌雨量指数 …………… 364	波浪警報 ………………… 368
地方季節予報 …………… 299	土石流 …………………… 344	波浪注意報 ……… 360、368
地方週間天気予報 ……… 297	突風 ……………………… 352	氾濫危険情報 …………… 366
地方天気分布予報	突風率(ガストファクター) 18	氾濫警戒情報 …………… 366
………………… 290、292	ドップラー効果 ………… 176	氾濫注意情報 …………… 366
着雪 ……………………… 350	ドブソン分光光度計 …… 87	氾濫発生情報 …………… 366
着雪・着氷注意報 ……… 363	ドボラック法 …………… 135	低い地ふぶき …………… 34
着雪注意報 ……………… 360	ドライスロット ………… 142	非降水エコー …………… 172
着氷 ……………………… 350		非静力学モデル ………… 262
着氷性の雨 ……………… 32	**な**	非線形 …………………… 288
着氷注意報 ……………… 360		ひまわり ………………… 92
中期予報 ………………… 290	内水氾濫 ………………… 346	ビューフォート風力階級 … 23
潮位 ………………………… 68	内挿 ………………………… 80	ひょう …………………… 33
超音波式積雪計 …………… 47	雪崩注意報 ……… 360、363	氷あられ ………………… 33
長期予報 ………………… 290	南岸低気圧 ……………… 356	氷霧 ……………………… 34
長波放射 ………………… 270	南北流型 ………………… 334	表面雨量指数 …………… 364
直達日射量 ……………… 15	虹 ………………………… 36	被予測因子 ……………… 280
通風筒 …………………… 42	二重偏波レーダー ……… 185	品質管理 ………………… 213
津波警報 ………… 360、369	二時細分区域 …………… 291	風化波 …………………… 131
津波注意報 ……… 360、369	日最大瞬間風速 ………… 18	風じん …………………… 35
露 ………………… 34、34	日最大風速 ……………… 18	風雪注意報 ……… 360、367
低温注意報 ……… 360、364	日照率 …………………… 48	フェーン現象 …………… 347
低指数 …………………… 334	日本海寒帯気団収束帯 … 134	吹き寄せ効果 …………… 69
低地の浸水 ……………… 344	日本版改良藤田スケール	府県気象情報 …………… 378
テーパリングクラウド …… 132	………………………… 354	府県週間天気予報 ……… 297
的中率 …………………… 305	日本標準時(記号：JST) … 12	府県天気予報 …………… 290
鉄砲水 …………………… 344	ニュートラルネットワーク 288	藤田スケール …………… 353
電気式温度計 …………… 41	ノア ……………………… 94	フック …………………… 141
電気式気圧計 …………… 40	濃霧 ……………………… 361	フックパターン ………… 141
電気式湿度計 …………… 43	濃霧注意報 ……… 360、361	負の相関 ………………… 259

● さくいん　383

ふぶき	34
吹雪	351
ブライアスコア	316
ブライトバンド	170
プリミティブ方程式	215
分解能	93
分割表	304
平均誤差	316
平均受信電力	148
閉塞期	140
平年偏差	333
ベクトル	70
ベクトル合成	72
暴風	346
暴風警報	360、368
暴風雪警報	360、368
補外予測	198
捕捉率	311

ま

マルチパラメータレーダー	185
みぞれ	33
見逃し率	305
明域	124
メソアンサンブル予報モデル	245
メソスケールモデル	202、239
メソモデル	202、239
メンバー	324
毛髪湿度計	43
猛吹雪	351
目的変数	280
もや	34

や

矢羽根	20
山崩れ	344
融解層	170
有義波	59
有義波高	56
有義波周期	59
湧昇	72
融雪注意報	360、363

雪	33
雪あられ	33
雪板	47
雪尺	47
雪水比	37
四次元データ同化	224
四次元変分法	225、241
予測因子	280
予報サイクル	224

ら

雷光	36
雷電	36
雷鳴	36
落雷	50、352
乱渦	272
乱流	272
離散値	235
リチャードソンの夢	217
流域雨量指数	365
流下過程	365
流出過程	365
レイリー近似	160
レイリー散乱	160
レーダーエコー	148
レーダーエコー合成図	174
レーダー反射因子	149、154
ロジスティック回帰	285
露場	40
ロス	320

アルファベット

AWJP	58
BS	316
C	320
CFL条件	233
Cバンド	187
Cバンド気象レーダー	187
FWJP	59
Fスケール	353
GPSゾンデ	80
GPV	215
GSM	238
IR	106

IR	106
JPCZ	134
KLM	288
L	320
LFM	240
LOG	285
M1	310
M2	310
ME	316
MOS	281
MPレーダー	185
MSM	202
N	310
N1	310
N2	310
NOAA	94
NRN	288
PPM	281
PPM	284
P系	265
P座標系	265
QC	213
RMSE	316
TP	369
VIS	98
VS	98
WV	120
XRAIN	187
Xバンド	187
XバンドMPレーダー	187
Xバンド気象レーダー	187
Z-R関係式	150
Z系	265
Z座標系	265
ω方程式	275

数字

1／3最大波高	56
1／3最大波	59
10分雲量	26
2乗平均平方根誤差	316

巻末資料集

気象写真は、カラーで見ないとよくわからないものもあります。本書に記載した資料で、カラーで見たほうがわかりやすいものを再掲しました。詳しい説明は、本文を見てください。

(すべて気象庁提供)

● 雲頂強調画像 → P127

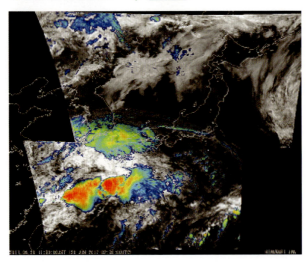

● レーダーエコー合成図 → P174

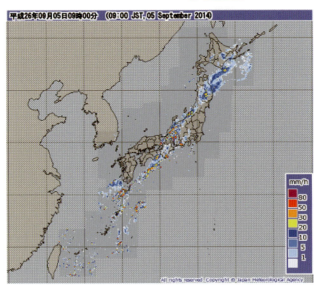

●ウィンドプロファイラ → P184

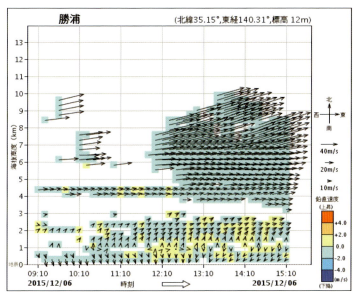

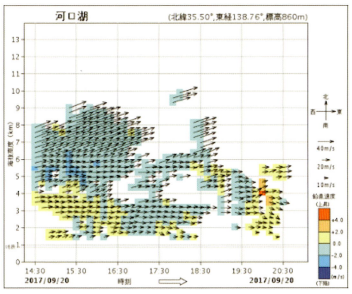

● 解析雨量図　→ P192

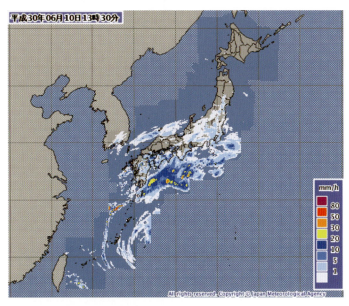

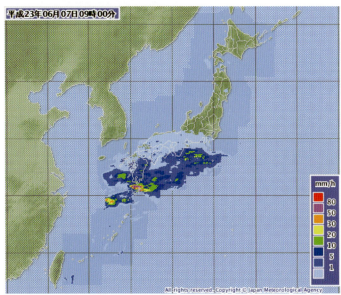

● 降水短時間予報の例 → P194

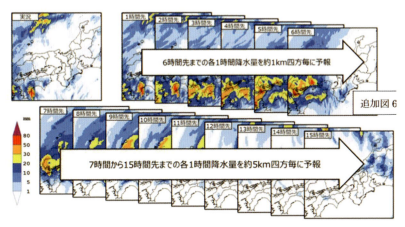

降水短時間予報の例（気象庁提供）

● 降水ナウキャストの例 → P205

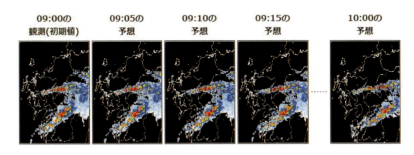

降水ナウキャストの例（気象庁提供）

● 高知の細分区域　→ P291

平成22年3月2日現在

● 天気分布予報　→ P292

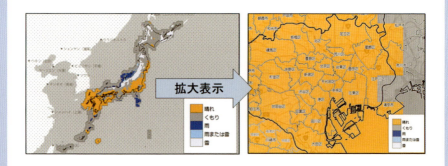

●早期注意情報（警報級の可能性） → P373

翌日まで
前日の夕方の段階で、必ずしも可能性は高くないものの、夜間〜翌日早朝までの間に警報級の大雨となる可能性もあることが分かる！

翌日まで
・天気予報と合わせて発表
・時間帯を区切って表示

2日先〜5日先まで
・週間天気予報と合わせて発表
・日単位で表示

〇〇県南部	3日	4日				5日	6日	7日	8日
警報級の可能性	18-24	00-06	06-12	12-18	18-24				
大雨	[中]	—				—	—	[中]	—
暴風	—	—	[高]			—	[中]	[高]	—
波浪	—	—	[高]			—	[中]	[高]	—
高潮	—	—	[高]			—	[中]	[高]	—

[高]：警報を発表中、又は、警報を発表するような現象発生の可能性が高い状況です。明日までの警報級の可能性が[高]とされているときは、危険度が高まる詳細な時間帯を気象警報・注意報で確認してください。

[中]：[高]ほど可能性は高くありませんが、命に危険を及ぼすような警報級の現象となりうることを表しています。明日までの警報級の可能性が[中]とされているときは、深夜などの警報発表も想定して心構えを高めてください。

※警戒レベルとの関係
　早期注意情報（警報級の可能性）＊・・・【警戒レベル１】
　＊大雨、高潮に関して、［高］又は［中］が予想されている場合。

2日先〜5日先まで
数日先の荒天について可能性を把握することができる！

●著者　中島　俊夫（なかじま・としお）

1978年大阪府生まれ。高校卒業後、路上で弾き語り中、突然の雨に打たれて気象予報士を目指すことに。専門学校で勉強をして2002年に資格取得。そのあとは大手気象会社で予報業務に就く。現在は個人で気象予報士講座「夢☆カフェ」を立ち上げ、受講生に勉強を教えている。また気象予報士の劇団「お天気しるべ」を結成し、2013年には旗揚げ公演。著書に「よくわかる気象学（ナツメ社）」「気象予報士かんたん合格10の法則（技術評論社）」などがある。特技はイラストと歌うこと。

気象予報士 中島俊夫の「夢は夢で終わらせない」ブログ
http://ameblo.jp/nakajinoyume

気象予報士受験のかてきょ「夢☆カフェ」ホームページ
https://yumecafe2016.wixsite.com/yumecafe2016

気象予報士の劇団「お天気しるべ」ホームページ
https://www.otenkishirube.com/

ナツメ社Webサイト
https://www.natsume.co.jp
書籍の最新情報（正誤情報を含む）は
ナツメ社Webサイトをご覧ください。

本書に関するお問い合わせは、書名・発行日・該当ページを明記の上、下記のいずれかの方法にてお送りください。電話でのお問い合わせはお受けしておりません。
・ナツメ社webサイトの問い合わせフォーム
　https://www.natsume.co.jp/contact
・FAX（03-3291-1305）
・郵送（下記、ナツメ出版企画株式会社宛て）
なお、回答までに日にちをいただく場合があります。正誤のお問い合わせ以外の書籍内容に関する解説・受験指導は、一切行っておりません。あらかじめご了承ください。

イラスト図解 よくわかる気象学【専門知識編】

2019年11月1日　第1刷発行
2025年7月1日　第8刷発行

著　者	中島俊夫	© Nakajima Toshio, 2019
発行者	田村正隆	

発行所　**株式会社ナツメ社**
　　　　東京都千代田区神田神保町1-52　ナツメ社ビル1F（〒101-0051）
　　　　電話03（3291）1257（代表）／FAX03（3291）5761
　　　　振替00130-1-58661

制　作　**ナツメ出版企画株式会社**
　　　　東京都千代田区神田神保町1-52　ナツメ社ビル3F（〒101-0051）
　　　　電話03（3295）3921（代表）

印刷所　**ラン印刷社**

ISBN978-4-8163-6727-4　　　　　　　　　　　　Printed in Japan
＊定価はカバーに表示してあります　　＊落丁・乱丁本はお取り替えします

本書の一部または全部を著作権法で定められている範囲を超え、ナツメ出版企画株式会社に無断で複写、複製、転載、データファイル化することを禁じます。